"十二五"职业教育国家规划教材
经全国职业教育教材审定委员会审定

普通高等教育"十一五"国家级规划教材

上海普通高校优秀教材
首届中国会展经济研究优秀成果奖

复旦卓越·21世纪会展系列教材

会展策划（第三版）

许传宏　主编

复旦大学出版社

内容提要

　　会展策划是会展产业相关学科和专业的一门核心主干课程。在整个会展活动的运作中,"策划"可以说是"头脑",它是会展活动的灵魂。本书通过对会展策划原理的系统阐述,将会展策划的知识体系以及会展策划的基本操作技能融为一体,并且通过对会展策划经典案例的分析,使读者能够掌握规律,明确理论,指导实践。读者在详细了解会展策划的知识体系之后,可以全面掌握会展策划的基本操作技能,熟悉现代会展的策划运作。

　　本书包括会展策划概述、会展的调查与分析、会展目标与选题立项策划、会议活动策划、会展设计与品牌策划、会展宣传与广告策略、会展项目管理策略、会展相关活动策划、会展策划案以及会展预算与效果评估等部分。

　　本书适合会展相关专业作教材,也可适合于会展从业人员参考。

　　本书第二版是普通高等教育"十一五"国家级规划教材,修订时,完善和修订了理论,更新了案例和数据。

教材学习导引

本教材为"主辅合一型",它把主教材、学习指导和学习参考融为一体,其内容编写和体例编排都不同于以往教材,为帮助学好这门课程,我们设计了8个学习模块,具体使用方法如下。

1. 学习目标和基本概念

在每一章的开头,都用"学完本章,你应该能够:"的表述,把教学要求具体化。在学习中,要按目标要求去掌握教材的内容,保持清晰的思路。

2. 旁白

正文中使用了旁白的版式,这块留白实际上是师生交流的园地,其目的就是使学生的学习由被动接受型向主动参与型转化。在这里使用了五种不同的图标,每种图标的含义如下:

资料补充。包括教材中提及的人物、著作的介绍,概念的解释,短小案例等。

问题思考。就教材内容提出的思考问题。

要点提示。对教材中重点问题的提示和归纳,起强化和提醒的作用。

记住。提示需要记忆的内容。

媒体使用指南。提示相关内容在其他媒体中的安排。

3. 小结

是对全章内容的概括总结。在阅读本章之前可以先浏览小结的内容,对全章有大概的了解。学完全章之后再认真阅读一遍,对全章进行回顾和归纳,加深理解。

4. 学习重点

明确本章在学习中应重点理解和掌握的内容。学习重点既是课程的基本知识,又是考试的重点内容。

5. 前沿问题

学科正在研究尚未解决的前沿问题、前沿争议内容、研究思路的简单介绍。

6. 案例分析

每章的学习指导后都配有案例,要求运用本章所学的知识对案例进行分析评判,培养分析问题和解决问题的能力。

7. 练习与思考

我们按考试要求为每章编写了一套练习题,要求课后独立完成,其目的是为了巩固所学知识和熟悉考试题型。

8. 思考题答案

本教材只给出填空题和选择题的答案,请在做完题后仔细对照检查,简答题和论述题答案根据教材自己归纳。

第三版前言

近年来，中国会展市场总量延续了上升趋势，年增长率超过 10%。仅以展览为例，据中国国际贸易促进委员会发布的《中国展览经济发展报告 2013》显示：2013 年全国举办经贸类展会 2 363 个，比 2012 年增长 15%；展览总面积约为 7 015 万平方米，比 2012 年增长 16%，约有一半的展会规模扩大。会展业良好的发展态势，使得专业人才需求旺盛。而具有一定的会展策划水平，又是会展业对会展专业人才必须具备的一项专业能力特殊要求。

《会展策划》（第二版）自 2010 年出版以来，深受业内人士与广大读者的厚爱，作者经常收到来自本教材使用者与读者的鼓励之声。浙江杭州的一位读者在邮件中还提出了中肯的修改意见，在此，对所有关心本书的读者一并表示深深的谢意！

在本次修订中，重点围绕以下几个方面进行。

一是对会展策划的理论与逻辑体系作进一步的修订与规整。例如，本书的第五、六、七章，都增加了"策划"的理论与逻辑内涵。

二是更新了一些会展业动态发展的数据。例如第二章中，国际会议协会（ICCA）关于中国国际会议发展的最新排名；第八章中，有关"中国国际投资贸易洽谈会"的最新数据等。

三是修改了一些欠准确的语言描述和错误。例如第一章中，把"本课程"修改为"本书"，"程序化和科学化"修改为"程序化和科学性"，"创新性是会展策划所追求的目标"修改为"创新性是会展策划所追求的重要原则"；在第三章的练习与思考中，部分参考答案的"（三）1. C"修改为"（三）1. A"等。

四是增大了插图、实训项目以及案例的比重。

由于编者的学识与水平所限，本书中还一定存在需要完善和补充的地方，也恳请广大读者与业界专家批评指正！

许传宏

2014 年 1 月于上海

第二版前言

新时期以来,我国会展业经历了一个"从少到多,从小到大"的发展历程,行业经济规模逐步扩大,专业场馆建设日臻完善,成为国民经济发展的新亮点。据悉,2008年度,全国仅在会展中心举办的展览会总面积就达到了 36 767 023 平方米,展览会的直接收入超过 145 亿元。与会展业的蓬勃发展相比,高等院校和研究院所的会展学科建设、人才培养等方面都远远落后于行业的发展。因此,在未来相当长的一段时期内,中国会展业对包括会展策划人才在内的专业会展人才的需求将会不断增加。

《会展策划》教材自 2005 年出版以来,受到广大读者的厚爱。本书也先后获得首届中国会展经济研究成果奖和上海普通高校优秀教材奖,并且,获得了教育部普通高等教育"十一五"国家级规划教材等荣誉。

本次修订主要围绕以下几个方面进行。

首先,对会展策划理论体系进行了完善与修订。

例如,对"会展"概念进行了新的界定,采用了学术界近年来的共识——会展是包含"会议"、"展览"、"节事",以及"演出"、"赛事"等在内的一个完整的理论体系,而不是仅仅指"会议"或"展览"。

在修订中,本书第一章在"会展策划的基本原则"一节中,增加了"借势原则";在"会展策划的内容和基本流程"一节中,增加了"会展策划的基本方法"部分;第六章和第七章分别修订为"会展宣传推广策划"和"会展项目管理策划"。这样,全书在理论体系上,更趋于系统与完整。

第二,更换了部分新的典型案例。

近年来,由于会展业的长足发展,涌现了不少经典的策划案例,如"上海旅游节策划"、"法兰克福书展活动策划"等,借本书再版的机会,及时将这些新的案例补充了进去。

第三,更新了一些处于发展变化中的会展数据。

例如,UFI 认证问题,截至 2009 年底,全球得到 UFI 资格认证的展会数量已从 4 年前的 600 个,发展到 845 个;中国获得 UFI 认证的展会数量也从 15 个上升到 75 个。

可以说,会展还是一门新兴的学科,对会展策划与应用的研究也处于一个不断深入探讨的阶段。由于编者的学识所限,本书中一定还存在着不妥或不当之处,也恳请广大读者能予以批评指正。

最后,对本书的所有读者以及关心支持本书出版的各界朋友致以深深的谢意!

许传宏
2009 年 12 月于上海

第一版前言

从1851年第一届世博会——伦敦世界博览会开始算起,会展作为盛事迄今也已经有150多年了。会展业被称为"无烟产业"、"朝阳产业"、"绿色产业",会展经济成为当今经济领域中的一个热点。20世纪90年代以来,我国会展业平均每年以20%以上的速度递增,并且随着2010年上海世博会的到来,会展业还将引起人们越来越多的关注。

本书在编写过程中,吸收了国内外会展理论研究的新成果。因此,它既可以作为会展专业相关课程教学的教材使用,也可以作为从事会展工作人员的参考书和岗位培训用书。

本书由许传宏统稿,修改定稿。各章具体撰写情况如下。

第一章、第三章、第四章、第八章由许传宏编写;第二章、第六章由刘静编写;第五章由许传宏、覃旭瑞编写;第七章由代晓蓉、许传宏编写;第九章由陈红艳编写;第十章由龙怡编写。

本书是在上海市教委重点支持建设课题——"会展策划课程建设"课题研究的基础上精心编写而成的。它凝聚着课题组成员多年的智慧与心血,在此,对所有给予本书编写以支持的同仁们表示感谢!

在本书的编写过程中,还曾得到上海工程技术大学马新宇院长(教授),《会展财富》杂志社总编朱立文先生,华东师范大学商学院周茹燕、何佳讯教授以及复旦大学出版社李华博士等的热情支持和关怀,在此,对他们深表感谢!

由于会展学在我国还是一门年轻的学科,对会展策划进行专门研究是一个富有挑战性的课题。本书中一定存在诸多不够完善的地方,这有待于今后不断的补充、完善,恳请读者谅解!

许传宏

2005年9月于上海

目录 Contents

第一章　会展策划概述 …………………………………………………………… 1

  第一节　会展策划的概念、特点及作用 ……………………………………… 1

    一、策划的概念 …………………………………………………………… 1

    二、现代会展的概念 ……………………………………………………… 2

    三、会展策划的概念 ……………………………………………………… 4

    四、会展策划的特点 ……………………………………………………… 5

    五、会展策划的作用 ……………………………………………………… 6

  第二节　会展策划的基本原则 ………………………………………………… 9

    一、借势原则 ……………………………………………………………… 9

    二、目的性原则 …………………………………………………………… 10

    三、操作性原则 …………………………………………………………… 10

    四、创新性原则 …………………………………………………………… 11

    五、有效性原则 …………………………………………………………… 11

    六、规范性原则 …………………………………………………………… 11

  第三节　会展策划的内容和基本流程、方法 ………………………………… 12

    一、会展策划的内容 ……………………………………………………… 12

    二、会展策划的基本流程 ………………………………………………… 13

    三、会展策划的基本方法 ………………………………………………… 18

第二章　会展调查与分析 ………………………………………………………… 24

  第一节　会展调查的提供者和使用者 ………………………………………… 25

    一、会展调查的提供者 …………………………………………………… 25

    二、会展调查的使用者 …………………………………………………… 26

  第二节　会展调查的种类 ……………………………………………………… 27

    一、为会展组办方提供会展策划必要资讯的调研 …………………… 27

二、为参展方提供会展选择与决策依据的调研 ……………………………… 31
　　三、展会评估调研 ………………………………………………………… 32
　　四、以展会为平台所进行的调研 ………………………………………… 32
　第三节　会展调查的过程 ……………………………………………………… 33
　　一、确定课题的目的 ……………………………………………………… 33
　　二、生成调研设计 ………………………………………………………… 34
　　三、选择基本的调研方法 ………………………………………………… 34
　　四、抽样过程 ……………………………………………………………… 34
　　五、搜集数据 ……………………………………………………………… 34
　　六、分析数据 ……………………………………………………………… 34
　　七、报告撰写 ……………………………………………………………… 34
　　八、跟踪 …………………………………………………………………… 35
　第四节　会展调查的方法 ……………………………………………………… 35
　　一、观察法 ………………………………………………………………… 35
　　二、询问法 ………………………………………………………………… 36
　　三、实验法 ………………………………………………………………… 41
　　四、二手资料分析 ………………………………………………………… 41

第三章　会展目标与选题立项策划 ………………………………………………… 49
　第一节　展会目标与题材的选择 ……………………………………………… 49
　　一、关于展会的目标 ……………………………………………………… 49
　　二、展会题材的选择 ……………………………………………………… 55
　第二节　会展主题的确立 ……………………………………………………… 57
　　一、会展主题的概念与类型 ……………………………………………… 57
　　二、会展主题的确定与选择 ……………………………………………… 60
　　三、会展主题实例 ………………………………………………………… 61
　第三节　展会项目立项策划 …………………………………………………… 63
　　一、展会的名称和地点 …………………………………………………… 63
　　二、办展机构 ……………………………………………………………… 65
　　三、办展时间 ……………………………………………………………… 66
　　四、展会定位 ……………………………………………………………… 66

  五、参展计划 67
  六、招展策划 67
  七、招商策划 68

第四章　会议活动策划 76
第一节　会议活动概述 76
  一、会议的概念 76
  二、会议的要素 78
  三、会议筹备 79
第二节　会议活动策划 80
  一、确定会议目标和诉求 80
  二、选择召开会议的形式 81
  三、会议的流程与设计 83
  四、组织与主持会议 85
第三节　会议活动策划方案 88
  一、一日会议的策划方案 88
  二、简便的三日会议策划方案 92
第四节　会议活动策划的相关事务 94
  一、资源中心 95
  二、文化活动 95
  三、休息区 96
  四、纪念礼品 96
  五、影像纪录 96

第五章　会展设计与品牌策划 101
第一节　会展设计的立体策划 101
  一、关于立体策划 102
  二、会展设计立体策划的特点 102
  三、会展设计的文化维度与立体策划 105
第二节　会展设计策划 108
  一、关于系统设计 108

二、展示设计的流程与策划 …………………………………………… 109
　　三、展示空间的分类及设计准则 ……………………………………… 113
　　四、展示照明设计策划 ………………………………………………… 116
　　五、展示道具设计策划 ………………………………………………… 117
　第三节　展会品牌策划 …………………………………………………… 118
　　一、展会品牌理论 ……………………………………………………… 118
　　二、建立品牌展会的要素 ……………………………………………… 121
　　三、建立品牌展会的途径 ……………………………………………… 123
　　四、建立品牌展会的基本策略 ………………………………………… 125

第六章　会展宣传推广策划 …………………………………………………… 134
　第一节　展会宣传与推广的目的 ………………………………………… 135
　　一、提升展会的知名度 ………………………………………………… 135
　　二、扩大展会的品质认知度 …………………………………………… 135
　　三、努力创造积极的展会品牌联想 …………………………………… 135
　　四、不断提升目标参展商和观众对展会品牌的忠诚度 ……………… 136
　第二节　展会宣传与推广的内容 ………………………………………… 136
　　一、展会基础资讯的宣传与推广 ……………………………………… 136
　　二、展会相关活动的宣传与推广 ……………………………………… 137
　　三、展会品牌的宣传与推广 …………………………………………… 141
　第三节　展会宣传与推广的手段 ………………………………………… 143
　　一、广告 ………………………………………………………………… 144
　　二、新闻宣传 …………………………………………………………… 145
　　三、公关活动 …………………………………………………………… 146
　第四节　展会广告推广策划 ……………………………………………… 148
　　一、广告宣传推广的步骤 ……………………………………………… 148
　　二、媒体选择策划 ……………………………………………………… 149

第七章　会展项目管理策划 …………………………………………………… 157
　第一节　会展项目管理的基本理论 ……………………………………… 157
　　一、项目及项目管理 …………………………………………………… 157

二、会展项目管理的具体内容 ………………………………………………… 158
　　三、会展项目管理与策划的基本流程 …………………………………………… 161
　第二节　会展人力资源管理策划 …………………………………………………… 167
　　一、会展人力资源管理概述 …………………………………………………… 168
　　二、会展人力资源管理策划要点 ……………………………………………… 168
　第三节　会展物流管理策划 ………………………………………………………… 171
　　一、会展物流管理概述 ………………………………………………………… 171
　　二、会展物流管理策划要点 …………………………………………………… 172
　第四节　会展项目沟通管理与策划 ………………………………………………… 177
　　一、沟通管理概述 ……………………………………………………………… 178
　　二、会展项目沟通管理策划要点 ……………………………………………… 180

第八章　会展相关活动策划 ……………………………………………………………… 190
　第一节　会展相关活动策划的作用与原则 ………………………………………… 190
　　一、举办会展相关活动的作用 ………………………………………………… 190
　　二、举办会展相关活动的原则 ………………………………………………… 191
　第二节　会展相关活动的种类与策划 ……………………………………………… 192
　　一、专题会议策划 ……………………………………………………………… 192
　　二、表演、比赛活动策划 ……………………………………………………… 194
　　三、其他相关活动 ……………………………………………………………… 197
　第三节　会展旅游活动策划 ………………………………………………………… 198
　　一、会展旅游的概念 …………………………………………………………… 198
　　二、会展旅游活动策划 ………………………………………………………… 200

第九章　会展策划案 ……………………………………………………………………… 209
　第一节　会展策划方案的作用和种类 ……………………………………………… 209
　　一、会展策划文案的作用 ……………………………………………………… 209
　　二、会展策划文案的种类 ……………………………………………………… 210
　第二节　展览策划方案的撰写 ……………………………………………………… 211
　　一、展览策划方案的写作结构与要求 ………………………………………… 211
　　二、大型展览策划方案的写作结构 …………………………………………… 212

三、展览策划案例文 ·· 214
第三节　会议(节事)策划方案的撰写 ······································ 220
　　一、会议(节事)策划方案的写作结构与要求 ···························· 221
　　二、会议(节事)策划案例文 ·· 222

第十章　会展预算与效果评估 ··· 232
第一节　会展预算 ··· 232
　　一、制定会展预算的过程 ··· 232
　　二、会展预算的具体内容 ··· 234
第二节　会展评估 ··· 240
　　一、会展评估的运作 ··· 240
　　二、我国会展评估的现状 ··· 245
　　三、分析比较国内两个会展评估指标体系的内容 ······················· 253
　　四、国外会展评估指标简介 ··· 257

参考文献 ··· 265

第一章

会展策划概述

 学习目标

学完本章,你应该能够:
1. 了解现代会展的概念、特点及作用;
2. 对现代会展策划的内容和基本流程、方法有一个较全面的认识与理解。

 基本概念

策划　现代会展　会展策划　会展策划的特点　会展策划的作用　会展策划的基本原则
基本流程　市场调查　会展策略　媒体策略　设计策略　预算方案　策划方案　效果评估

　　会展活动,尤其是大型的博览活动是个复杂而系统的工程,成功而卓有成效的策划起着至关重要的作用。通过本章的学习,我们将从会展策划的基本概念出发,对会展策划的相关内容有一个整体的认识。

第一节　会展策划的概念、特点及作用

一、策划的概念

　　从中文词源来看,"策"同"册",最早是指古代书写的一种文字载体,古代用竹片或木片记事著书,成编的叫作"策"。以后又发展为应考者参加科举考试的一种文体,今天已演变为"计谋、策略"之意。譬如,人们常说的"上策"、"下策"、"献计献策"、"束手无策"等都是这种用法。策划的"划",亦写作"画",也是"计划、打算"之意。由此可见,策划是指与计谋相关的一种行为过程和方法系统。

　　从英文词源来看,策划一词发源于战略中的计划"strategy",以后又演变为"strategy"和"plan"的结合,也有人将之翻译为"企划",它与"策划"概念相同。

　　20世纪初,美国著名公共关系专家艾维·莱特贝特·李通过他所创办的美国第一家

专门从事公共关系业务的企业——宣传顾问事务所,开展了一系列的公共关系策划活动,其后"策划"一词首先在公共关系领域使用了。

据查,"策划"一词的最早出现是在20世纪50年代中期。1955年,爱德华·伯纳斯在《策划同意》一书中提出了"策划"的概念。此后,"策划"这一概念被广泛应用于公共关系、广告等各种领域以及社会生活的各个层面。

在现代社会中,"策划"已成为一种具有方法论意义的思维方式和运作方式。有人将策划分为广泛性策划、机能性策划、物质策划、政府策划、社会经济策划等诸多类型。本书将从社会经济策划的角度,探讨"策划"在会展经济中的具体运用。

二、现代会展的概念

什么是会展?会展经济是怎么样的一种经济?我们来看下面的一些阐释。

《辞海》关于"展览会"的词条是这样说的:"用固定或巡回的方式,公开展出工农业产品、手工业制品、艺术作品、图书、图片,以及各种重要实物、标本、模型等,供群众参观、欣赏的一种临时性组织。"《简明不列颠百科全书》关于"展览会"的词条是:"为鼓舞公众兴趣、促进生产、发展贸易,或者为了说明一种或多种生产活动的进展和成就,将艺术品、科学成果或工业制品进行有组织的展览。"

从《辞海》和《简明不列颠百科全书》的定义我们可以分析得出:所谓展览会的"会"和我们通常所说的开会、会议有所不同,它主要是指为了实现某种目的集中在一起,进行交流——既是参展商的交流,也是观众的交流,更是观众与展商的交流;所谓"展"就是陈列、展示(物品)。从"展览"或"展览会"的角度来说,就是会展的参与者通过物品或图片的展示,集中向观众传达各种信息,实行双向交流,以达到扩大影响、树立形象,实现交易、投资或传授知识、教育观众的目的。

由于展览的一个显著特点是它常常与会议、各种"节"的结合,所以现代意义上的展览并不是孤立的"展"或"展览",而是有将展览与会议、各类贸易、旅游、节庆活动等相结合的趋势。这一方面是展览与会议、节事的内在联系使然,另一方面则反映了主办者对展览的重视,希望更隆重、更有效地举行。它大大地丰富了展览的内容,提高了展览的档次,增加了展览的吸引力。

综上所述,会展也就是会议、展览和节事等集体性活动的简称,是指在一定地域空间,由多个人集聚在一起形成的,定期或不定期的集体性的物质、文化交流活动。简言之,会展是指特定空间的集体性的物质文化交流交易活动。

会展的外延很广,包括各种类型的会议、展览展销活动、体育竞技活动、集中性商品交易活动以及各种节事活动等。在现实中,如世界贸易组织会议(大型会议)、我国的广交会(交易会)(见图1-1)、上海世界博览会(博览会)(见图1-2)、奥运会(体育运动会)、高新技术展览会、旅游节等都属于会展的范围。

图 1-1 广交会

图 1-2 上海世博会中国馆

 你认为会展的外延与内涵是什么?

  与会展紧密相连的会展经济即以会议、展览和节事活动作为发展经济的手段,通过举办大规模、多层次、多种类的会议、展览和节事活动,带动源源不断的物流、人流、商流、资金流和信息流,从而创造商机、吸引投资、推动商贸旅游业等的发展,进而拉动其他产业发展的一种经济现象和经济行为。一般认为,会展活动拉动经济的比为1∶10,会展在城市经济的发展中起着重要作用。

会展是什么?

市长说:会展是一项提升城市两个文明建设、利国利民的德政工程。
学者说:会展是智者的峰会,是传播新思想、新观念的论坛。
模特儿说:会展梳妆台,企业争先来,靓女靠打扮,产品靠会展。
建筑家说:会展场馆规模宏大、气派,是城市标志性建筑。
数学家说:会展的布展是排列与组合、平面与立体、黄金分割与数模运筹的应用。
搭建商说:会展是"奢华",一掷千金三五天,是最短的装饰工程。
美术家说:会展是生活中又一道五彩斑斓、丰富靓丽的色彩。
经济学家说:会展是经济发展的又一个新的增长点。

三、会展策划的概念

会展策划,是在会展活动开始的最初阶段就要进行的,有时甚至要贯穿于会展活动始终的一种优先的、提前的、指导性的活动。

> 会展策划是对会展进行管理和决策的一种程序,它是一种对会展活动的进程以及会展活动的总体战略进行前瞻性规划的活动。

在会展的决策过程中,由于举办者的机构不同、所针对的问题不同、会展项目的新旧不同等,决策的程序也不尽相同。

大型活动,如以国家政府部门、贸促机构、工商会、集团公司等为主办者的会展,它们大多有相应的部门或人员专门从事展会工作并有固定的决策程序,会展策划的环节相对也比较规范合理。对于小的公司而言,可能策划的环节会比较简单。对于那些连续参加或者连续举办的展会,决策过程可以比较简单些,这一方面体现举办者政策和战略的连续性,另一方面也反映出这些展会项目合适、效果好。对于这些项目,举办者无需再作决策,只要在局部或细节上加以调整即可。但对于初次举办的项目,举办者应该充分调研、全面考虑、慎重选择。只有加强决策的科学性,才能避免盲目性。

 会展策划的要素有哪些?

一般说来,一项完整的会展策划,基本上包括策划者、策划对象、策划依据、策划方案和策划效果评估等要素。

策划者在会展过程中起着"智囊"的作用,策划者的素质直接影响着会展成果的质量水平;策划对象既可以是某项整体会展活动,也可以是会展诸要素中某一要素(如会展设计);策划依据包括策划者的知识结构、信息储存,以及有关策划对象的专业信息;策划方案是策划者为实现策划目标,针对策划对象而设计创意的一套策略、方法和步骤;策划效果评估是对实施策划方案可能产生的效果进行预先的判断和评估。

会展策划诸要素之间互相影响、互相制约,构成一个完整的体系。

本书所涉及的会展策划是使会展策划(设计)人才具有全局性、前瞻性的专业理念,在全球化的背景下,既能站在会展业的前沿,高屋建瓴地进行策划,又能掌握系统扎实的会展设计、管理等知识,从而更好地胜任会展策划及其相关的工作。

四、会展策划的特点

会展策划具有针对性、系统性、变异性、可行性等特点。

1. 针对性

会展策划是具有针对性的活动,是会展理论在会展活动中的具体运用。在进行会展策划时,应首先明确会展活动应达到什么目的,是针对什么问题而举办的。譬如,有的会展以特定消费群体的生活方式为依据,具有鲜明的主题,这就要求在进行策划时必须围绕主题组织展品、开展活动。

2. 系统性

会展策划是对整个会展活动的运筹规划,因此具有系统性的特点。

系统性表现在策划时要针对会展的各个方面、各个环节进行权衡,通过权衡,使企业目标特别是通过参展而实现的企业市场营销目标具有一致性,使其在产品、包装、品牌、价格、服务、渠道、推销、广告、促销、宣传等方面保持统一性。系统性可以减少会展策划的随意性和无序性,提高效率。

近年来,随着会展理论研究的不断深入,有学者提出"立体策划"的概念,可以说是会展策划系统性的一种表现。

3. 变异性

《孙子兵法·虚实篇》中说:"兵无常势,水无常形。能因敌变化而取胜者,谓之神。"这里的"神"是指战术上的灵活性、变通性。市场永远是千变万化的,会展策划也必须充分考虑到市场的变化。例如,2003年春,突如其来的"非典"疫情打乱了几乎所有的会展计划,作为会展的策划者必须有充分的应对措施,才能适应这个变化。据悉,由于SARS的重创,中国会展业当年损失40亿元人民币,占会展全年收入的1/2。然而,当年的广交会开拓网络展览,其网上展览成交额达2.18亿美元,中国会展人首次学会了对危机说"不"。

变异性强调对市场环境的适应性,是为了更有效地实现既定的战略目标。

4. 可行性

可行性是指会展策划方案在现实中要切实可行。没有可行性的策划方案写得再美,也只是纸上谈兵。一般来说，会展策划方案必须经过分析论证才能实施。分析论证策划方案的可行性，主要围绕策划的目标定位、实施方案以及经济效益等主要方面进行。

五、会展策划的作用

对于会展的组织者来说，会展策划是会展运作的核心环节；对于参展商来说，会展策划提供的是参展策略和具体计划。

会展策划的重要作用主要有以下几点。

（一）战略指导作用

策划是一种理性思维，以确保未来即将进行的活动，有条不紊地按预定的目标进行，是策划者为策划目标进行决策谋划、探索、设计多种备选方案的过程。决策者以策划方案为基础，进行选择和决断，从而保证决策的程序化和科学性。

战略指导作用是指会展策划能为会展活动的执行提供总体的指导思想。

以展览策划为例，如展览场地、展会规模、展会的主题及时间的安排、展会品牌、主要合作伙伴(行业)等方面，在会展策划方案中都要事先提出详细的预案。

（二）实施规划作用

实施规划作用是指会展策划能为会展活动提供具体的行动计划。一般来说，会展策划方案通过之后，在具体的实施过程中可以根据情况作适当调整，但会展活动运行的总体思路与要求是不会改变的，策划方案是会展活动实施的主要依据。

实训1-1：

仔细阅读下列某展览会的日程安排计划，试比较在展览会开幕的一年前和半年前工作安排的差异。

1) 一年前

(1) 草拟展览会说明书及合同；

(2) 收集参展商名单；

(3) 招展工作正式开始；

(4) 印制并寄发宣传手册及相关表格(mailing list)；

(5) 确认演讲人和嘉宾是否接受邀请，并提供论坛题目；

(6) 选制展览会纪念品、资料袋、奖牌等(数量、确认交货期)；

(7) 向政府有关部门报备本次展览会的举办时间；

(8) 联络并确定展览会的有关供应商(视听音响、灯光设备、旅行社、交通、餐饮、会场布置等)。

2) 半年前

(1) 检查展览会的各项准备工作；

(2) 安排展览会的会议议程，并挑选论坛主持人；

(3) 寄发通知函件给申请参展者，告之其参展申请是否被接受以及展览会的具体日期、地点；

(4) 寄发通知给所有受邀请的主持人并提供相关参考资料，如参展商构成、演讲人背景等。

（三）进程制约作用

进程制约作用是指会展策划能安排并制约会展活动的进程。尤其是大型会展活动，所涉及的工作千头万绪，在会展活动执行的进程中，必须严格按照策划所提出的方案进行工作，这样才能确保会展活动的顺利进行。

实训1-2：

阅读下列某博览会的网络宣传策划，比较展前、展中、展后的异同。

1）展前：为博览会制作专题网站
（1）利用网络对博览会做全方位的宣传推广。
（2）提供网上在线参会申请注册、在线申请参会券注册等。以最便捷的方式，方便参展企业上网浏览会议信息和在线参会。

2）展中：及时更新网站内容
（1）方便大参展商及时了解博览会召开情况，提供最新的展会讯息。
（2）为一部分不能到现场的参展商和专业观众做好现场的报道，使他们也能进行网络观展。

3）展后：跟踪报道 总结成果 展望未来
（1）做好展后新闻报道，对博览会做跟踪报道，包括下一届的筹备情况等。
（2）发布权威的博览会总结报告。
（3）聚焦地区经济发展亮点，关注参展商动态；展会准备期间，扩大对博览会的宣传推广工作。
（4）每周都对博览会的专题网站进行网络维护，以保证其运行稳定。

（四）效果控制作用

策划一般会对会展活动发展的长远问题或本质问题，针对会展环境的未来变化发展，进行超前研究、预测发展趋势、思考未来发展问题，以提高会展活动策划主体适应未来和创造未来的主动性。

效果控制作用是指会展策划能预测、监督会展项目活动的效果。某一会展活动在执行过程中是否达到预期的效果，通过对照策划方案的相关要求就能够清晰地看出。会展策划一方面能对会展活动的最终完成效果进行控制，另一方面也可以对策划方案本身的可行性、合理性进行检验。

（五）规范运作作用

会展策划者在进行计划或规划之前，运用科学的策划运作程序对计划进行构思和设计，为计划生成提供智谋，使计划切实可行，使预算投向可靠。

规范运作作用是指会展策划能使会展运作趋于科学、合理、规范。

典型案例1-1：

莫言创作研讨会的构思与设计

（一）主办单位

复旦大学

(二)议程

7月11日

时间：上午9：00至11：30，下午14：00至17：30

地点：复旦大学光华楼东辅楼103室

上午 开幕式(9：00至9：50)

主持人：陈思和

发言人：王德威、王安忆、陈徵、莫言

合影、茶叙：9：50至10：20

大会发言(10：20至11：30)：《莫言创作的民间世界》

主持人：王安忆

发言人：

1. 陈思和：《莫言的民间立场》

2. 陈晓明：《不可书写的书写与意外的文学性——关于巴金、莫言、阎连科的三篇小说的文本游戏问题》

3. 张清华：《莫言小说的美学根基》

4. 曹元勇：《〈蛙〉，一个艺术文本的诞生》

5. 倪伟：《莫言近期小说中的历史与现实》

午餐：旦苑二楼学生餐厅，工作餐

下午《莫言作品讨论》圆桌会议

上半场(14：00至15：40)

主持人：王德威

发言人：栾梅健、李楠等

茶叙(15：40至15：50)

发言人：栾梅健、李楠等

下半场(15：50至17：30)

主持人：栾梅健

会场摄影师：楼乘震

合影摄影师：照相馆

会场负责人：张勐、赵倩倩

茶叙负责人：闵诗惠、赵琼宇

晚餐：18点至20点，正大宾馆餐厅(复旦校园内)

(三)事项

1. 7月10日：住宿代表报到

皇冠假日酒店：张勐、赵倩倩负责接待

复宣酒店：闵诗惠、赵琼宇负责接待

上海市会议代表可直接到会场，不安排住宿的代表直接到会场

2. 会议代表凭餐票就餐

3. 会议正式代表凭胸卡领取会议礼品

4. 除特别注明外,每人发言10分钟,第一声铃响8分钟提醒,第二声铃响停止发言,剩余时间开放提问、讨论

(资料来源：http://www.douban.com/event/11900788/discussion/25089743/)

第二节 会展策划的基本原则

会展策划是为专业性、综合性、大规模的会展活动提供策略的指导和具体的计划,必须遵循市场经济的客观规律和会展活动的基本原则。

会展策划的基本原则主要有六个方面。

一、借势原则

所谓借势,就是借助别人的优势为己所用,优秀的会展策划人要懂得"巧借东风为我用"的策划原则。借势有借大势、借优势、借形势之分,亦即通常所说的"三借"原则。

人们往往讲大势所趋,就是指客观事物的发展是阻挡不了的,它告诉我们宜应势而动,顺应时代发展的潮流,才能有所作为。

对于会展活动来说,全球会展经济的发展是大势,某一会展企业的战略发展也是大势。大势就是指事物的战略性发展规律。掌握大的形势,有利于在会展策划时保持主动。例如,在秉承科学发展观、构建和谐社会的今天,会展策划只有乘势而前,高效、节俭、务实地办会展,遵循可持续发展的大势才是健康、可取之路。

借优势一方面要了解掌握本部门、本单位的优势,另一方面要了解掌握竞争对手的优势,知彼知己,百战不殆。特别是在产品同质化竞争日益激烈的今天,从企业参展的策划来说,要想在某一展会上脱颖而出,就必须发挥自己企业的优势,或是拿出具有独特性能或创新性的展品,或是提供给目标客户周到的服务,或是设计出新颖别致的展台,精心策划,以己之长,取得竞争的优势。

以达沃斯论坛为例,首先,瑞士得天独厚的中立政治和文化地理的优势,为世界经济论坛的建立和发展提供了优越的条件。瑞士地处欧洲中南部,经济发达、交通便利,语言和宗教信仰多样,是欧洲多元文化的集中地。其次,论坛总部所在地日内瓦优越的经济状况,为世界经济论坛的建立和发展创造了良好的条件。再次,日内瓦地处风景宜人的莱蒙湖畔,依山傍水、景色秀丽,夏无酷暑、冬无严寒,自然条件优越。论坛年会地点达沃斯是瑞士著名的旅游滑雪胜地,自然条件和人文环境无与伦比,如图1-3所示。凭借这些优势,使得达沃斯论坛闻名遐迩。

形势一般指当前事物发展方向,一个国家,一个企业,首先要制定战略发展目标,也就是长期目标。但事物发展总是要起伏变化的,往往一些新的变化,使我们不得不修改既定的方针。对于会展策划来说,掌握市场变化的信息很重要,策划人要能胸怀大局,面对变化,随时拿出符合事物发展规律的主意、方法、措施。

图 1-3 达沃斯风光

二、目的性原则

会展，从大的方面说，或者为促进地区经济的增长，或者是为传递有关的信息、知识、观念，或者为打造城市品牌，促进经济一体化发展，总有一定的目的。从展览的组织者和参展商方面来说，或塑造展会品牌，或塑造企业形象，或凸显公司知名度，也都有着某种特定的目的。因此，在会展策划过程中，应该遵循目的性的原则。具体在策划过程中，应针对某一特定的问题进行市场调查，在会展的决策、计划，以及运作模式、媒体策略等方面都必须有针对性地进行。

第23届洛杉矶奥运会，美国政府及洛杉矶政府都表示不予提供经济援助，但是美国第一旅游公司副董事长尤伯罗斯实行了一系列策划方案，如出售电视转播权、以每千米300美元卖出火炬传递权、提升开幕式和闭幕式门票价格等，成功地改写了奥运会亏损的历史，并盈利2.5亿美元。

三、操作性原则

会展策划不但要为会展活动提供策略的指导，而且要为它们提供具体的行动计划，使会展活动能够在总体策略的指导下顺利进行。会展的实施是会展策划的直接目的，因此会展策划应该有充分的可操作性。会展策划的操作性原则要求在做策划方案时要结合市场的客观实际情况，以及企业、会展公司的具体情况、实施能力来进行；否则，就是纸上谈兵。

四、创新性原则

创新性是会展策划所追求的重要原则。在市场经济条件下,要达到万商云集、闻名遐迩,会展形式与内容的新颖性是必不可少的。会展的"新"首先体现为策划的"新"。

会展策划的创新性主要表现在会展理念的创新、目标的选择与决策的创新、组织与管理的创新、会展设计的创新等。

> 第5届中关村电脑节,为了突出中关村的高科技优势,策划人员聘请了10位院士,利用指纹触摸电脑显示屏上按键的方式拉开了电脑节的开幕式,获得了极大的成功。

五、有效性原则

不论是社会效益,还是经济效益,任何会展活动都应该产生一定的效果,而且不仅仅是有效,还必须达到预期效果或者超出预期效果。会展活动的效果不应仅仅凭借会展策划者的主观臆想来预测,而应该通过实际的、科学的会展效果预测和监控方法来把握,如图1-4所示。

六、规范性原则

随着中国加入WTO,作为服务贸易的一部分,会展业也应全方位对外开放,服务贸易壁垒将逐步被拆除,中国展览业将面临外国同行更为直接和激烈的冲击,会展经济将会以更快的速度和国际接轨。因而,尽快建立统一、公平、有序的市场体系,提高会展市场的透明度和规范度,是我国会展业亟待解决的问题。

图1-4 展览项目管理——从调研到评估封面

会展策划的规范性原则要求,首先必须遵守法律的原则,在不违反法律条规的前提下展开会展策划。我国会展方面的法律规范主要包括国务院部委颁布的行政法规和其他一些规范性文件,如《中国加入世贸组织(WTO)服务贸易谈判中关于展示和展览服务中的承诺和减让》、《展会知识产权保护管理办法》,以及国家工商行政管理局发布的《商品展销会管理办法》、《展览会的章程与海关对展览品的监管办法》等。其次,必须遵守伦理道德,在不违背人们的价值观念、宗教信仰、图腾禁忌、风俗习惯下进行策划。

规范性还要求会展策划必须遵循行业规范,做到管理规范、程序合理、操作有方、竞争有序,在深刻把握会展经济内在规律的基础上完成策划。

第三节 会展策划的内容和基本流程、方法

一、会展策划的内容

会展策划行为离不开市场,策划者必须以市场为导向,利用各种宣传、广告手段,营造商业氛围,形成市场声势,并利用各种关系和途径,建立起庞大的展会营销网络,进行广泛的市场推广和招展招商,最终令目标客户纷纷前来报名参加。在整个策划活动中,以专业的展会服务,赢得买家和卖家的支持与信赖十分重要。以展览为例,会展策划原则上是应该使80%以上的参展商都达到参展目的,使70%以上的参观商都达到参观效果为标准。

会展策划是一项综合性的工程,所涉及的内容是多方面的。一般来说,会展策划的内容有会展的调查与分析、会展的决策与计划、会展的运作与实施、会展的效果评价与测定等。

1. 会展的调查与分析

会展的市场调查是选定会展项目的重要依据。它是会展策划的基础,也是必不可少的第一步。

一般情况下,市场调查要根据本地、本区域的经济结构、产业结构、地理位置、交通状况和展会设施条件等特点,围绕市场进行调查。市场调查的主要内容包括会展环境的调查、会展企业情况的调查、会展项目情况的调查、会展市场竞争情况的调查,以及参观商、支持协助单位情况的调查。只有在充分了解市场潜力、市场限制以及市场动态等信息的基础上,才能有的放矢地进行策划。

2. 会展的决策与计划

作会展决定是一个决策的过程,应该掌握一定的决策策略。影响会展决策的要素有营销需要、市场条件、营销方式、内部条件等,会展的决策与计划应从分析决策的要素入手,确定会展的基本目标、集体目标和管理目标,然后决定展会的战略安排、市场安排、方式安排等。

3. 会展的运作与实施

会展的运作与实施是进行会展的中心环节,也是会展策划的重心之所在。在这个阶段,会展策划人员根据《会展策划书》的计划与安排,进行广告宣传工作、组织招展招商工作、会展设计工作以及会展相关活动策划等具体安排会展的工作方案。

会展宣传的主要方式包括媒体广告和户外广告等。媒体广告(包括专业媒体,如报纸、杂志、网站等;大众媒体,如电视、电台、主导性报纸等),主办者可以围绕不同的会展特点和亮点来进行宣传;除此之外,还可以通过新闻发布会、行业研讨会等形式来传播展会信息。户外广告,则是利用人流量较大的公共场所,以海报、灯箱、广告牌、宣传布幅、彩旗等形式,进行宣传。

组织招展招商工作要求充分宣传、认真选择。在招展招商的准备阶段,需要建立潜在客户名单,设计并发放参展说明书,熟知参展中的知识产权问题等。

展会工作筹划的步骤一般为:第一,按实际需要将工作分为招展招商组团、设计施工、展品运输、宣传联络、行政后勤、展台工作、后续工作等几大类;第二,在各大类之下详细列明具体事项;第三,弄清工作之间的关系;第四,要定期检查工作进度和质量,及时发现并解决问题,以保

证整体工作协调正常运作。

4. 会展的效果评价与测定

计划、实施、评估,是现代经营管理的三个步骤。会展的效果评价与测定是全面验证会展策划实施情况必不可少的工作。当整个会展策划、实施工作结束后,会展人员应及时进行评估,总结经验、寻找问题,并写出评估测定工作总结报告,为以后会展工作准备可借鉴的历史参考文献,不断提高会展策划的水平。

会展评估工作一般可分为以下两个方面:一是对展会环境、对展会筹办工作及展会后台工作的评估,这一部分工作在展会结束时完成;二是对展台工作及展会前台工作进行评估,这一部分比较复杂,先在展会结束时针对展台工作进行评估,然后在展会的后续工作过程中,跟踪评估。

二、会展策划的基本流程

大型展会如世博会的策划,不仅要考虑经济因素,还要考虑政治因素、社会文化因素等,因而,它的策划有时国家的有关部长乃至元首都会参与。在我国,虽然展会市场化的进程在加快,但不少的大型展览会还带有政府行为的色彩,因而,其决策规划情况更加复杂。这里,参照国际展会的一般惯例,就一般展会的策划流程进行概述。

会展策划的基本流程。

1. 成立策划小组

会展策划工作需要集合各方面的人士进行集体决策,因此,首先要成立一个会展策划小组,具体负责会展策划工作。一般而言,会展策划小组应由以下几种人组成。

(1)项目主管。一般由总经理、副总经理或业务部经理、创作总监、策划部经理等人担任。在会展公司里,业务主管(贸易展会经理)具有特殊地位,他是沟通会展公司与展会服务承包商、参展商,乃至专业观众的中介。一方面,他代表会展公司与展会服务承包商、参展商等洽谈业务;另一方面,他又代表会展服务承包商、参展商等监督会展公司一切活动的开展。

(2)策划人员。一般由策划部的正副主管和业务骨干来承担,主要负责编拟会展计划等。

(3)文案撰写人员。专门负责撰写各种会展文案,包括会展常用文书、会展业务社交文书、会展业务专用文书、会展业务推介文书、会展业务事务文书、会展业务合同协议文书、会展业务法律文书以及会展策划方案等。

文案撰写人员应该能够精确地领悟策划小组的集体意图,具有很强的文字表述能力。

(4)会展设计人员。专门负责进行各种类型视觉形象的设计,是策划小组很重要的组成部分。因为在整个会展策划过程中,如各种类型的广告设计、展示设计、展示空间设计等都需要设计人员的参与。设计人员必须具有很强的领悟能力和很强的将策划意图转化为文字、图画的能力。

(5)市场调查人员。能进行各种复杂的市场行情调查,并能写出精辟的市场调查报告。

(6)媒体联络人员。要求熟悉各种媒体的优势、劣势、刊播价格,并且与媒体有良好的关系,能按照会展策划的部署,进行媒体规划,争取最佳的广告宣传效果。

(7) 公关人员。能够为会展公司创造融洽、和谐的公众关系氛围,获得各方面的支持帮助。同时,能够从公关的角度提供建议。

在会展策划过程中,由项目主管负责,各方面人员需通力配合、协调一致,形成策划团队,共同做好会展策划工作,如图1-5所示。

2. 进行市场调查

市场调查是以科学的方法,有系统、有计划、有组织地收集、调查、记录、整理、分析有关产品或劳务市场等信息,客观地测定与评价,发现各种事实,用以协助解决有关营销的问题,并作为各种营销决策的依据。

会展市场调查是会展策划的基础。从传播学的角度来看,市场调查是会展策划者为了了解市场信息,把握市场动态,进而确定会展

图1-5 会展策划团队

目标和主题、编写会展策划方案、选择会展策略、检查会展效果等所必需的调研工作。只有在系统地收集有关市场与相关背景的资料,并加以科学概括分析基础上确立的会展策划,才能卓有成效地实现其总体目标。

在执行市场调查时,不仅要考虑本区域的优势产业和主导产业,还要考虑重点发展中的行业、政府扶植的行业等。具体分析行业市场状况,要摸清市场的归属,即买方市场还是卖方市场等。

主办者需要将市场调研的重点放在以下四个方面:

(1) 市场前景分析(如政策可行性、市场规模及类型等)。

(2) 同类展会的竞争能力分析。

(3) 本次展会的优势条件分析。

(4) 潜在客户需求调查。

总之,在瞬息万变的市场中,如果没有科学的市场调研和预测做先导,会展的策划、运作就很难达到预期的目的。

3. 决定会展策略

作出会展决定是一个决策过程,应该有相应的程序。在一般情况下,会展决策应考虑营销需求、市场条件、营销方式、内部条件等因素。

在充分地进行市场调研与预测之后,接下来,需要进行会展目标市场的定位与制定会展营销计划。

以展览会为例,组织者在进行目标市场定位时需考虑以下因素:

(1) 展览会的类型。组织者首先要明确自己所主办的是什么类型的展览会,因为政府主办的展览会、公益性质的展览会和商贸展览会在具体操作模式和策略的制定上有很大区别。

(2) 产业标准。导致展览目标市场定位复杂的原因之一,是一次展览会往往要涉及多个产业。例如举办一次汽车展览会,组织者除考虑汽车生产企业外,还要努力吸引销售、运输等汽

车需求较大的企业,甚至一些研究机构等。

（3）地理细分。由于不同地区的参展商和专业观众有着不同的需求特征及营销反映,所以地理变量经常被作为划分展览市场的依据。在进行地理细分时,展会组织者不仅要分析不同国家的参展商对展览会的个性化要求,而且要弄清参展商在本国的具体分布,这样才能行之有效地进行决策。

（4）行为细分。行为细分是指根据参展商的参展动机、购买动机、购买状态或对展览会的态度等进行划分,其中参展动机被认为是进行展览市场细分的最佳起点。

决定会展策略应该在充分掌握现有相关资料的基础上进行,如宏观政策环境、企业经营实力、会展市场竞争状况、顾客满意程度等。例如从会展营销的角度来说,一份会展营销计划应包括会展营销现状分析、企业(或具体会议、展览会、节事活动)SWOT 分析、营销目标的确立、市场营销组合策略、具体的行动方案、营销预算费用,以及营销计划的执行与控制等。

4. 制定媒体策略

现代社会是一个信息社会,人与人之间、企业与企业之间都需要交流,而信息交流的主要载体便是各种各样的媒体。实施有效的媒体策略对会展活动组织者至关重要,会展组织者要根据有限的广告预算以及举办会议、展览会、节事活动的需要和条件,来选择合适的媒体。在选择媒体的类型时,需要综合考虑目标受众的媒体习惯、产品性质、信息类型,以及广告成本等因素。

在市场经济的冲击下,现代传媒的市场化步伐越来越快。市场化程度的提高,带来了媒体的迅速成长或衰落,会展专业媒体也不例外。因而,在制定具体的媒体策略时,必须要分析媒体在会展活动中的成长策略。以展览活动为例,在制定策略上,要综合考虑媒体在宣传活动中、在联系活动中以及在提升展览企业形象活动中的成长策略等。

在会展活动中,不同利益的相关主体面向特定的公众需要采取不同的媒体策略。

例如,若从提升城市形象的角度分析,在一次大型的国际会议、展览会或节事活动中,城市政府面向媒体的主要工作包括以下三点。

（1）在会展活动开始之前,政府需要媒体对展会前期的准备工作、展会的特点及创新性等作大量宣传报道,具体方式有举行记者招待会、组织专家学者讨论,并在专门的媒体上发表声明,以吸引市民和潜在专业观众的注意。

（2）在展会举办期间,继续组织有关媒体,尤其是本地的主流报纸或电视台对会展活动作进一步宣传,以满足不同公众对此次活动的关注需要。

（3）活动结束之后,政府应该鼓励媒体对此次活动的效应和成果等作总结性的报道,以加深公众的印象,并达到提升城市形象的目的。

若从参展商与媒体的角度来说,在展会开幕之前,参展商除了可以通过直接邮寄等方式与客户联系并邀请对方光临自己的展台外,还要积极利用各种形式的媒体对本企业的参展活动作大量的宣传,可以在报纸、杂志或参展手册上刊登广告,也可以利用展会主办者发行的展会快讯,宣传和介绍企业参展产品,以吸引专业买家来洽谈。在展会期间,还可以通过别出心裁的现场表演、公关事件,或召开新产品推介会等,来吸引媒体和专业观众的广泛关注。

另一方面,为推广企业的品牌形象或提高产品的知名度,参展商必须与媒体保持良好的关系,并积极提供有价值的新闻,争取让媒体在展会期间对本企业给予更多的报道。

随着会展活动的不断升温,不仅是大众媒体,专业媒体也跟着热起来。纵观现有的会展杂志、报纸及网站的竞争格局和特点可以发现:专业刊物正走向多元化,刊物定位也更加鲜明;媒体的形式丰富多彩,互联网等新的媒体形式正在被深入地应用。因而,在会展的媒体制定上,必须与时俱进,选择更加有效的媒体策略。

5. 制定设计策略

商业展览展示设计是以传达展览信息、吸引参观者为主要机能,而有目的、有计划的环境、展台、展品设计。好的设计能提高展会的品位,吸引参展者、参观者,对产品营销也起着潜移默化的作用。

一般而言,较大的展会活动,会展的有关设计问题在开展前9个月就开始了。

 你所了解的展会设计策划问题是怎样的?

从参展商的角度来说,设计不仅仅是一个展台设计的问题,在策划阶段就要考虑设计展览结构、取得展览公司的设计批准、制作展会宣传册等。

展台设计根据具体情况要求有不同的设计原则、功能区分,所以其设计的策略也是千变万化的。

我们以宣传材料的设计与制作为例。对于参展商来说,狭义的宣传材料主要指各种文字资料,如宣传册页、新闻稿件等。而事实上,宣传材料不仅仅限于现场分发给观众或记者的文字资料,它还包括很多形式,如直接邮寄资料、产品介绍、DVD、纪念包(手提袋)、酒店的户外广告或展会的每日快讯等。

在宣传材料外观的设计上,必须要尊重整体风格,同时,要能形成强大的视觉冲击力。外观设计主要是要解决材料的形状和大小两个问题,并要求设计富有人性化,便于人们携带,如图1-6所示。

图1-6 中国花卉博览会宣传袋外观设计

6. 制定预算方案

良好的财务管理和预算控制是筹办会展最重要的因素之一,如果安排得当不仅将起到增加收益、提高效益的作用,而且,能使管理者了解收入的来源及比例、分析主要的投入项目、确定主要的收入来源。预算是协助实现财务目标的一个工具,可以看作是一张特有地图,它能引导公司达到所寻找的目标。为了达到这个目标,会展在制定预算时必须做到有计划、有步骤,不断更新信息。

制定会展预算所考虑的内容。

一般说来,制定一份会展预算至少包括以下几方面的内容:
(1) 历史数据。回顾过去的工作,以便制定出相对精确的新预算。
(2) 行政管理费。包括项目共享的费用,如工资、奖金和复印、电话、信函来往、计算机等要支付的费用。
(3) 收益。即预算带来的收入,包括拨款、预算、注册费、出售展品和纪念品的收入、赞助等。
(4) 固定费用。如印刷和邮寄宣传资料所需的费用。
(5) 可变费用。如餐饮费等。
(6) 详细开列的项目。详细开列的项目列明预算中的各个项目。
(7) 调整控制。由于预算是根据估计而制定的,因此不一定准确,需要不断地调整。
在会展活动中,为了衡量一个项目的财务成果,必须设置一个用于实现既定财务目标的预算开支。预算采用的方式,可视具体情况而定。

7. 撰写策划方案

会展策划就是会展的策略规划,为了会展的成功举办,必须对会展的整体性和未来性的策略进行规划。它包括从构想、分析、归纳、判断,一直到拟定策略、方案的实施,事后的追踪与评估过程。

会展策划方案的概念。

会展策划与计划不同,它有为达到目的的各种构想,这些构想和创意是新颖的,与目标保持一致的方向,有实现的可能。把策划过程用文字完整地记录下来,就是会展策划方案。

广义的会展策划方案,可以涵盖经市场调查而产生的可行性研究报告、项目意向书、项目建议书以及广告策划方案、宣传手册等,包括围绕某次会展的展前、展期、展后所有的策划文案。

8. 实施效果评估

展会的效果是长期的。展出者在重视并投入很大力量进行展台设计、产品展示、展览宣传、展台接待和推销等工作的同时,也应当投入相当的力量做会展后续工作。如果说会展相当于"播种",建立新的客户关系,那么,会展的后续工作就相当于"耕耘"与"收获",将新的关系发展为实际的客户关系。会展的后续工作有很多,实施效果评估是其中的重要一环。

会展的效果评估内容也很丰富,有展会工作评估和展会效果评估。

展会效果评估需要由展出者自己安排或委托专业评估公司来做,评估内容有定性的内容也有定量的内容。条件许可的情况下,尽量用定量的评估内容,这样,能使评估的结果更客观、更有价值。

三、会展策划的基本方法

方法是对具体行动方案如何产生的反映,是如何制定方案的一种行为。通常所说的策划方法,就是指利用现存的可利用资源,选择最佳手段完成策划目标的过程。会展策划的方法是多种多样的,到底选择何种方法进行策划,不仅要看会展策划团队所能利用的资源条件如何,更要看策划者本身所具备的学识、能力和素养。

以下是一些人们在策划中常使用的方法,因而,对会展策划也是适用的。

(一) 系统方法

系统方法的主要原理是把事物看成是一个完整的系统,这个系统既包括自身组成要素的各个方面,又包括各要素间的联系以及各相关事物间的关系与地位。系统的方法要求从系统的一方面或几个方面或整体出发,对策划对象进行不同角度的整体分析。

系统方法通常有以下五个步骤。

1. 确定策划目标

从系统的整体要求出发,提出需要解决的中心问题,确定会展活动所必须达到的目标与希望达到的目标。

2. 综合拟订方案

根据既定的会展策划目标,制定出可以实现的各种方案。

3. 分析评价方案

策划所形成的各种方案各有优缺点,应该通过分析、比较和评估,确定具有最佳价值标准、满意程度高的方案。

图 1-7 头脑风暴

4. 系统选择,策划优选

通过综合分析、比较和计算,从诸多备选方案中选出最优化的方案。会展策划人员应该提出书面的策划报告,由会展项目主管部门决定最终方案。

5. 跟踪实施、调整方案

策划人员应跟踪方案执行情况,以便及时发现问题,修改、补充原方案,最终实现策划目标。

(二) 头脑风暴法

所谓的头脑风暴法是指采用会议的形式,如召集专家开座谈会征询他们的意见,把专家对过去历史资料的解释以及对未来的分析有条理地组织起来,最终由策划者作出统一的结论,在这个基础上,找出各种问题的症结所在,提出针对具体项目的策划创意(图1-7)。

这种策划方法在进行会议时,策划人要充分地说明策划的主题,提供必要的相关信息,创造一个自由的空间,让各位专家充分表达自己的想法。为此,参加会议的专家的地位应当相当,以免产生权威效应,从而影响另一部分专家创造性思维的发挥。专家人数不宜过多,应尽量适中,因为人数过多,策划成本会相应增大,一般5~12人比较合适。再者会议的时间也应当适中,时间过长容易偏离策划方案的主题,时间太短策划者很难获取充分的信息。这种策划方法要求策划者具备很强的组织能力、民主作风与指导艺术,能够抓住策划的主题,调节讨论气氛,调动专家们的兴奋点,从而更好地挖掘专家们潜在的智慧。

头脑风暴法的优点是:获取广泛的信息、创意,互相启发、集思广益,在大脑中掀起思考的风暴,从而启发策划人的思维,想出优秀的策划方案来。

(三) 德尔菲法

德尔菲是古希腊地名,如图1-8所示,人们借用此名用于各领域的预测。

图1-8 德尔斐古镇

所谓德尔菲法是指采用函询的方式或电话、网络的方式,反复咨询专家们的建议,然后由策划人作出统计,如果结果不趋向一致,那么就再征询专家,直至得出比较统一的方案。这种策划方法的优点是:专家们互不见面,不能产生权威压力,因此,可以自由、充分地发表自己的意见,从而得出比较客观的策划方案。

运用这种策划方法时,要求专家具备策划主题相关的专业知识,熟悉市场的情况,精通策划的业务操作。根据专家的意见得出结果后,策划人需要对结果进行统计处理。但是这种方法缺乏客观标准,主要凭专家判断,再者由于次数较多,反馈时间较长,有的专家可能因工作忙或其他原因而中途退出,影响策划的准确性。

（四）智能放大法

智能放大法是指对事物有全面而科学的认识，然后在这种认识的基础上对事物的发展作夸张的设想，运用这种设想对具体项目进行策划（见图1-9）。

图1-9　智能放大图示

由于这种方法受到一定的时间、地点以及人文条件的制约，具体操作要靠策划人自己来准确地把握。这种策划方法容易引起公众的议论，形成公众舆论的焦点，进而很快拓展其知名度，成为炒作的原料。"没有想不到的，只有做不到的"，是这种策划方法的原则。但是这种策划方法并不是一味地往大处想，而是在现有的客观条件下，合理地考虑到公众的心理承受力。这就是说，智能放大法是有一定风险的，太过于夸张，容易导致策划向反面发展，从而彻底改变策划的初衷。

需要指出的是，不论采取哪种策划方法，都必须围绕会展的主题和目标进行。从根本上来说，会展策划是调动一切可能利用的资源，运用科学合理的方法与手段，对会展项目的开展进行筹划，指导运作、实施的过程。会展策划所采用的方法得当，往往是策划方案是否可行的重要因素。

总之，会展作为一种营销方式，在开拓市场、巩固市场等方面发挥着重要作用。但是会展是一项复杂、浩繁的工程，它的工作环节很多，为了保证其可行、顺利、有效地开展，必须要重视会展的策划工作。有学者指出，只有当会展被认为是最有效的营销方式时才决定会展，而在决定会展后，能激发创意，有效地运用手中的资源，选定可行性的方案，达到预期目标或解决一个难题，就是策划。会展策划在整个会展过程中扮演着一个重要角色。

小结和学习重点

(1) 现代会展的概念。
(2) 会展策划的概念。
(3) 会展策划的特点。
(4) 会展策划的作用。
(5) 会展策划的基本原则。
(6) 会展策划的内容和基本流程。
(7) 会展策划的基本方法。

会展包括会议、展览和节事活动等方面，会议侧重于信息交换，可以是经济行为，也可以是政治行为、科技行为；展览则侧重于产品展示和技术交流，主要是一种经济行为；节事活动则是各类节日、庆典与活动的总和。会展是一种特殊的流通媒介，是信息传播与实物传播的载体。本章在梳理清现代会展概念的基础上，对会展策划的概念、特点、作用、基本原则，以及基本内容和基本流程、基本方法作了细致的分析。最后将会展归结为经济活动中的一种"最有效的营销方式",给会展策划以确切、合理的定位。

 前沿问题

(1) 目前会展的学科定位尚处于学术探讨阶段,会展学是一门新兴学科。

(2) 会展策划是从事会展行业工作的必修课,但行业实际需要的策展师是有限的,会展人才定位问题值得关注。

案 例 分 析

一届成功的博览会

一届博览会要办得好、办得出色,其中有很多影响因素。主办城市、国家、一个好的策划、诱人的主题和展览场地紧密地联姻,所有这些都足以成为吸引相当数量的国家为了它们自身利益而参与世博会的理由。如果举办国本地的企业和社团确信举办博览会及为其筹措资金是物有所值,而且外国参展者认为博览会对其有足够的吸引力,其他因素就会集中起来造就一项伟大的盛事。

参观博览会的兴奋和从博览会获取知识两者之间存在着差异,它们属于不同的范畴。博览会将为参观者带来一种多感观、多文化的体验,它会使参观者尝尽神奇,经受激励和感受舒畅。人们会牢记参观世界博览会的体验,但他们并不会记得黄金时间播放的电视节目或大多数参观主题公园的体验。参加博览会是一种能使参观者认识和牢记的体验,而其他的体验只是使人感到眼花缭乱。

在更传统的意义上考虑,举办博览会仍有较大的空间。博览会能为艺术、科学技术、新建筑、建筑材料、构架、雕刻和绘画的创新提供一个巨大的平台,并为艺术家和创作者提供了充分展示其想象力和创造力的良机。几乎所有主要的艺术家和创作者都会向同时代的博览会提交作品。博览会的变革是重要的,但我们不应当失去我们对时代的感觉,不应该单纯为了博览会跟上现代潮流,而否定对博览会的经典诠释。

1992年,塞维利亚世博会秘书长说过:"像1992年塞维利亚世博会那样的博览会再也不会出现了。"

诚然,就国际参与度、建筑和流行及经典文化的提供而言,这确是一次气势宏大史无前例的盛会,也许是最后一次按照传统所举办的综合类博览会。但是必须记住,1992年塞维利亚世博会是为了庆祝发现美洲500周年而举办的盛会,从国际社会对本次博览会的关注程度和参展国家的范围等方面的反响来看,选择塞维利亚作为这次盛会举办地是适宜的。大家认为,塞维利亚博览会的风格有利于强调主题和客观形势。

塞维利亚世博会的亮点之一在于,许多新成员来自非洲和美洲大陆,它们的积极参加,不仅拓宽了博览会参展国的范围,而且为世博会增添了新的风格。

现在对1992年塞维利亚世博会作历史性评价还为时过早。毋庸置疑,西班牙和安大路西亚在许多方面受益最大。

(资料来源:世博信息丛书——《国际级博览会影响研究》)

思考:
1. 办好一届成功的博览会其主要因素有哪些?
2. 为什么说"像1992年塞维利亚世博会那样的博览会再也不会出现了"?

练习与思考

(一) 名词解释

策划　现代会展　会展策划　会展策略

(二) 填空

1. 会展的外延很广,它包括_____、_____、_____、集中性商品交易活动等。

2. _____,美国政府及洛杉矶政府都表示不予提供经济援助,但是美国第一旅游公司副董事长尤伯罗斯实行了一系列策划方案,成功地改写了奥运会亏损的历史,并盈利_____美元。

3. 从理论上来说,一份完整的会展策划,基本上包括_____、_____、_____、_____和策划效果评估等要素。

4. 一般说来,会展策划的内容有_____、_____、_____、会展的效果评价与测定等。

(三) 单项选择

1. 会展在城市经济的发展中起着重要作用,一般认为,会展活动拉动经济的比为(　　)。
   A. 1∶5　　　B. 1∶6　　　C. 1∶8　　　D. 1∶10

2. 会展策划原则上是应该使(　　)以上的参展商都达到参展目的,使70%以上的参观商都达到参观效果为标准。
   A. 60%　　　B. 70%　　　C. 80%　　　D. 90%

(四) 多项选择

1. 下列各条准确描述会展策划特点的选项是(　　)。
   A. 针对性　　　B. 怪异性　　　C. 系统性
   D. 可行性　　　E. 方案性

2. 下列属于策划小组的人员有(　　)。
   A. 项目主管　　　B. 会展设计人员　　　C. 媒体联络人员
   D. 市场调查人员　　　E. 公关人员

(五) 简答

1. 会展策划有哪些具体作用?

2. 进行会展策划应遵循哪些原则?
3. 会展策划的基本流程是怎样的?
4. 会展策划有哪些基本方法?

(六)论述

1. 随着中国加入 WTO,会展经济以更快的速度和国际接轨,目前我国会展业亟待解决的问题有哪些?
2. 有学者指出,只有当会展被认为是最有效的营销方式时才决定会展,为什么?

部分参考答案

(二)填空
1. 各种类型的会议　展览展销活动　体育竞技活动
2. 第 23 届洛杉矶奥运会　2.5 亿
3. 策划者　策划对象　策划依据　策划方案
4. 会展的调查与分析　会展的决策与计划　会展的运作与实施

(三)单项选择
1. D　2. C

(四)多项选择
1. ACD　2. ABCDE

第二章

会展调查与分析

 学习目标

学完本章,你应该能够:
1. 明确会展调查的两大主题;
2. 了解会展组办方进行的会展调查所包含的基本项目;
3. 熟悉会展调查的基本流程;
4. 掌握基本的会展调查手段。

 基本概念

会展调查　会展调查的提供者　会展调查的使用者　会展调查的种类　会展调查的过程

会展业,是指现代城市以必要的会展企业和会展场馆为核心,以完善的基础设施和配套服务为支撑,通过举办各种形式的会议、展览或节事活动,吸引大批与会人员、参展商、贸易商及一般公众前来进行经贸洽谈、文化交流或旅游观光,以此带动城市相关产业发展的一种综合性产业。对于会展这种新兴产业,我们应从营销和传播两个层面对其功用进行思考。

本章中对会展调查的分析主要围绕两大主题:一是为会展本身提供资讯的调研;二是以展会为平台解决营销问题的调研。

 会展调查这一概念包含两个层面:一是为会展本身提供资讯的调研;二是以展会为平台解决营销问题的调研。不要简单地以为会展调查就是在会展过程中进行的调研。

首先,无论是行业展会、地方性商贸洽谈会、艺术文化展,还是经 BIE(Bureau of International Expositions 国际展览局)认可举办的大型博览会,其成功的关键都在于严密的计划和细致入微的先期准备工作。各种展会需要解决的课题不同,其基本调查实施的内容也随之有别。这类会展调研主要采用传统调查研究的思路与方法,对展会进行描述、诊断、预测和评估。其次,拥有成熟品牌的展会是进行市场调研的极佳场所。在这样的展会中,汇聚了行业或市场中的主要企业及消费者,能够充分、全面地反映产品最新动态、市场供求现状、销售渠道状况、消费需求变化,甚至行业发展趋势。本章中,也将对适宜在展会中使用的调研手法予以介绍。

第一节 会展调查的提供者和使用者

今天,全球花在营销调研、广告调研和民意调研服务上的费用每年超过90亿美元,其中美国占到全球总花费的一半以上。我国的调研领域近年来也有长足发展,特别是营销方面的调研投入不断增加,技术水平和专业化程度也在不断提高。会展业作为新兴产业,其营销传播效果正逐步被认识和发掘,紧扣会展特性的会展调研咨询业也初现端倪。

 会展调查与其他营销调研有怎样的关系?

一、会展调查的提供者

1. 会展行业的专门机构

当前,国内会展调查的提供者主要来自会展行业内部,包括会展咨询公司、会展策划公司、展会广告代理商以及会展现场服务公司。由于国内的专业会展咨询公司还刚刚起步,因此大量为会展本身提供资讯的调研主要还是来自会展策划公司和展会广告代理商,会展现场服务公司的工作主要是收集数据,不进行调研设计,也不进行分析。会展现场服务公司是数据收集专家,根据转包合同为企业的市场调查部门、会展公司或专业市场调研公司收集数据。这些专门机构提供的相关调研以描述性调研为主,调研的内容主要围绕会展的基本信息展开,调研的目的主要是为会展策划作必要的资讯准备,同时大量描述性信息也有助于展会招商。

随着全球广告业的发展和广告公司业务的拓展,越来越多的广告公司不仅代理展会的广告宣传业务,更是深入会展业内部,参与展会招商、管理以及调研业务。在日本,大量会展调研的提供者都是参与会展策划与实施的广告代理公司及其委托公司。

全球最大的会展广告代理公司——电通公司

电通公司内部常年设有现场服务事业部,参与各种展会的策划与现场服务,在大型博览会的申办、承接甚至后续工作中,电通始终是国家政府或地方政府最权威的合作伙伴。电通内部的现场服务事业部、情报科学研究所、多媒体技术中心、布鲁塞尔技术中心等常年为各种展会提供调研服务。

2. 市场调研行业

市场调研行业所展开的会展调研多是为制造商和经销商服务,大型市场调研公司往往是将展会作为调研的平台,根据展会特点,选择使用特定的调研手段,将展会调研纳入相关的系统营销研究之中,同时也为参展商提供独立的展会效果评估等服务。规模较小的定制调研公司通常在展会过程中,为参展商提供定制的、非重复性的营销调研项目。

3. 企业营销调研部

商业展会中,参展方主要是企业。企业是大多数市场调研的最终消费者和发起者,所以,理解会展调研如何运作的逻辑起点也应该是企业。多数大公司都有自己的调研部门,一些公司把市场调研和战略计划部门结合在一起,而另一些公司则把市场调研与客户满意部门相结合。企业在参展的同时,派出目的明确的市场研究人员参与展会的全过程,运用科学的研究手段,为企业完成相应的营销调研课题。

商业展会中的调研工作更接近于竞争情报工作,这是正在全球推广的营销手段之一。竞争情报工作有助于企业分析对手和供应商,从而减少意外情况的发生。竞争情报工作使得企业管理者能够预测商业关系的变化,把握市场机会,对抗威胁,预测对手的策略,发现新的或潜在的竞争对手,学习他人成功和失败的经验,洞悉对公司产生影响的技术动向,并了解政府政策对竞争产生的影响。约有 2/3 的美国大公司建立了竞争情报部门或系统。展会是竞争情报工作的圣地。

每年在拉斯维加斯召开的计算机分销商展览会(COMDEX),是一个计算机和电子工业的大型商业展示会。若干年前,康柏电脑公司在个人电脑市场上还名不见经传,当时,它主要生产超高品质和高成本的工程计算机,而忽略了广大的个人计算机市场。公司内部的一些人却已经通过连续几年在 COMDEX 上的情报收集工作认定,公司可以在高品质专营业务之外,采用不同厂商提供的一般性组件生产个人电脑。这些人秘密地在次年的 COMDEX 上设立展位,展出测试性机型。这些个人电脑不仅品质优良,而且大幅度降低了成本。进而,他们在公司内部发动了一场"宫廷政变",一支新的管理队伍取代了公司创立者和总经理。由此,康柏电脑公司开辟了一条全新的战略航线,并成为世界上最大的个人电脑制造商之一。

在商业展览会上,竞争情报工作者可以收集对手的销售传单和产品宣传册,与对手的供应商、经销商自由交谈,核对产品价格,了解新技术和新产品,并把握行业动态。

在美国,竞争情报行业发展过程中较早的个案是电路之城公司,该公司每次都会派出 20 人左右的参展队,参加半年一度的家用电子产品展览会。参会的每人都担负着专门的情报收集任务,有的负责收集操作信息,有的负责观察某个对手的市场策略,等等。

二、会展调查的使用者

1. 当地政府

会展举办地政府关注会展调研的结论,其主要目的在于研究会展经济与区域经济的发展战略与政策,通过建立并运用数学模型,进行科学的定量研究和中长期预测,提出对策建议,权衡各产业间的均衡发展,促进有序竞争,制定可持续发展策略,宣传推广城市文化等。

2. 会展组办方

会展组办方对调研数据的需求和使用主要基于以下几点：

（1）确定展会的各项策略的需要，如展会主题、办展时间、招展招商对象等。

（2）为具体计划作准备。在基本构想的基础上，组办方必须制定详尽的执行计划，包括场馆计划、财务计划、展示计划、活动计划、宣传计划、招展计划、招商计划、情报系统计划等，所有这一系列具体计划都不可能凭空制定，相关的调研数据将为这些计划的制定提供信息。

（3）制定预算的需要。对预算的有效把握是展会成功举办的最基本要求，支出项目与数量以及展会所能产生的直接或间接经济效益都是组办方最为关注的内容。准确、有效的调研结论能够科学指导预算的制定，因此也是会展组办方使用调研结论的一个重要原因。

（4）招商的需要。会展组办方在招商过程中，往往会采用多重手段对本次展会进行推介，那么推介过程中最具有说服力的就是各种各样真实可靠的数据。这些由专业机构或会展组办者提供的调研数据，能够大大强化参展商对展会的信心和兴趣，从而推进组办方的招展工作。

3. 参展商

整合营销传播的理念日益深入人心，商业展会的参展商在作出出展决策之前都希望对展会的各项指标有所了解，他们可能要求展会组办方提交相关数据资料，也有可能委托其广告代理商进行调研。随着会展咨询业的不断发展，参展商还将有可能直接向会展咨询公司购买数据用以指导决策。

4. 相关广告商

相关广告商包括两类：一类是展会广告代理商，这类广告代理商主要负责展会本身的广告宣传工作；另外一类是为企业服务的广告代理商，这类代理商对展会调研数据的需求相对较大。展会作为整合营销传播中必不可少的元素，越来越多地被广告公司用于营销和传播组合中。因此，展会的实际效果、展会的性价比等成为广告代理商希望获得的重要信息。

第二节 会展调查的种类

一、为会展组办方提供会展策划必要资讯的调研

展会的内容和形式多种多样，以展览为例，一般可以分为如下几种。

（1）行业展，如电子展、轻工展、食品展、石化展、汽车展、纺织服装展、建材展、房产展等，行业展中，目前发展较成熟且在国内外影响较大的，如北京国际机床展、上海国际汽车展（见图2-1）等。

（2）商贸洽谈会，如有"中国第一展会"之称的"广交会"等。

（3）艺术文化展，如全国美术展（见图2-2）等。

（4）博览会，如BIE的专业博览会——昆明世界园艺博览会（见图2-3）、注册博览会——2010年上海世界博览会等。

图 2-1　上海车展海报

图 2-2　全国美展油画展开幕现场

图 2-3　昆明世园会

展会的类别和目的不同。其组办方的构成也多有不同。行业展与商贸洽谈会多是由政府职能部门牵头,行业协会参与组织,由专业会展公司执行实现的展会类型。行业展和商贸洽谈会往往担负重要的商业职能,要尽可能多地实现直接经济效益,因此会展组办方所需要的基础资讯主要集中于参展商的数量、级别、性质、需求等。多数行业展和商贸洽谈会都是定期举行的,因此组办方对参展单位的满意程度、相关要求也非常在意。一些会展承办机构,如专业会展公司、现场服务公司为了获取这些重要资讯,一般采用自行收集的方法。不过,一旦展会规模庞大,专业会展公司常常无法驾驭专业的调研任务,因此,专业的市场调查行业的协助便成为必需。

为了成功举办展会,组办方必须自行完成或委托完成一些基本调查,主要包括以下几方面。

1. 项目调研

项目调研,即为了解决选择什么样的项目作为城市发展会展业基点的调研。此类调研必须全面了解本地、本区域的经济结构、产业结构、地理位置、交通状况、展馆条件等因素,优先考虑本区域的优势产业、主导产业、重点发展的行业、政府扶植的行业,具体分析行业市场状况,摸清行业归属;分析办展资源,如资金、人力、物力、信息(目标客户的信息、合作单位的信息、行业产业信息)和其他社会资源(政府主管部门、全国及海外合作伙伴、招展组团的代理机构、专业传媒和大众传媒等)。

2012年5月,国际会议协会(ICCA)公布了2011年接待国际会议国家排名,中国大陆位居全球第8位,亚太地区第1位,会议总量为302个,延续排名在世界前十强。在ICCA公布的城市排名中:北京、上海、杭州、西安等城市均榜上有名。由此可见,中国会议产业的发展十分显著。在ICCA中国委员会的积极推动下,国际性会议的组织和举办在中国保持着良好的发展态势。

2. 主题调研

展会项目确定之后,展会策划人员还必须就展会的具体主题进行相关的研究分析。由于定期举行的常年固定展会在宣传推广以及品牌建设方面具有先天优势,因此多数展会在策划之初都是以此为目标,从而,调研的前期准备就显得尤为重要。展览会的名称、基本理念和具有延续性并相互独立的主题等,都应在相关调研的基础之上予以确立。主题调研不仅应广泛研究已有展会的主题性质与分类,同时也可以通过民意调研的手段,广泛了解和听取市民意见。

3. 场馆调研

近年来,国内各大型城市纷纷建设会展场馆,如图2-4所示,场馆的规模、设施、地点、服务水平等各有差异。场馆相关调研具体包括:① 硬件条件调研,如场馆地点、交通情况、周边住宿条件、停车位数量、场馆空间规模、内部空间使用的便利程度、陈列道具的种类、多媒体设备条件、照明、空调、消防等;② 软件条件,如网络通讯便利程度、邮政电信便利程度、管理系统等;③ 服务水平,如基本设计制作水平、场馆内部搭建服务水平、施工水平等。

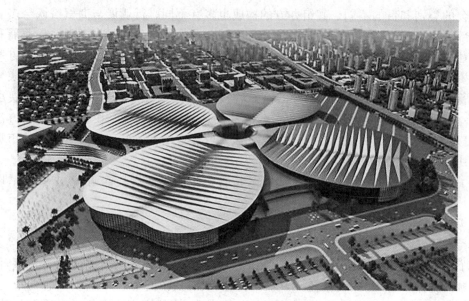

图 2-4 大虹桥国家会展中心

在美国,美国商务手册出版公司每年都会出版汇集当年商业展览会信息的《博览会、展销会和展览会手册》,手册中对遍布全国的各级各类展会场馆都有详尽客观的介绍和评估,可以直接解决会展场馆调研的需要。

4. 参观人数预测

无论是以营销为主要目的的商业洽谈会,还是以宣传为主要目的的文化展览,参观人数都是重要的指标。参观人数预测直接影响场馆选择、门票定价、办展时间、预算等一系列重大决策。即便对于举办多年的固定展会,人数的预测仍非易事,诸多不确定因素都有可能导致预测的失误,如天气条件、突发事件、同类展会的竞争等。因此,参观人数并不能简单地根据往届实际参观人数进行预测,还是应该在展会筹备之前通过科学的定量调研予以预测。

5. 同类展会竞争者调研

同类展会竞争者不断涌现,就国内案例而言,最著名的一对竞争对手就是北京国际汽车展和上海国际汽车展。在相同的行业、相同的主题下,要想成功举办展会就必须对竞争展会的规模、具体参展商、展会时间、效果、满意度等进行详尽的调查研究,不仅要知己知彼,更要取长补短,避免恶性竞争。

例如,每年8月中旬到9月中旬,甘肃兰州的兰州商品交易会和新疆乌鲁木齐的乌鲁木齐商品洽谈会几乎同时进行,同是西部重镇,经济发展水平相似,交易商品相近。为此"乌洽会"组办单位进行了细致认真的调查研究,最终调整办展策略,积极吸引中亚、东欧客商参展,使"乌洽会"成为西部最大的进出口贸易平台,从而与"兰交会"实现了共同成长(见图2-5)。

6. 住民意识调研

展会有的时间较短,2~3天;有的时间较长,一个月甚至更长,如BIE的注册博览会时间可长达250天。如此长时间的展会必将对场馆附近,甚至整个城市的普通市民的生活造成影响。特别是开闭幕式、论坛时频繁有重要领导甚至国家元首到来,对市民的工作、休息、学习、交通、餐饮、卫生、安全等方面都会造成影响。而当地住民的态度和认识将在很大程度上影响

图 2-5 乌洽会开幕现场

展会的效果,热情好客的当地居民不仅可以很好地配合组办者的各项安排,积极参与展会活动,为展会制造人气,同时也可以给参展商留下美好的印象。相反,居民的抵触情绪将给展会带来不必要的麻烦。因此,组办方会在基本调研中特别强调住民意识的研究,发现问题尽早想办法疏导、解释、宣传,以期营造出展会最佳的外部环境。

7. 环境影响调研

展会期间,交通工具和流动人员暴增,将在一定程度上影响城市环境;展会过程中,大量宣传品从展会现场被带出,在相当大的范围内造成环境污染或卫生清洁工作的压力;展会期间的声光电污染也高于平常。撤展后,大量展会现场遗留的垃圾也增加了城市的环保投入。特别是大型展会,如世界博览会,相关的环境影响问题就更加严重。政府的有关部门要求展会组办方在展会申报时,必须提交环境影响调研的预计结论以及解决方案;同时,还有一些民间组织将对展会的全过程进行监督。

可以预计,这些前期调研在未来中国会展业的发展过程中将会逐步地提到日程上来。

二、为参展方提供会展选择与决策依据的调研

对于参展方而言,展会是有效实施营销计划的媒介平台之一。参展方必须在选择展会时遵守"恰当"原则,即恰当的地点、恰当的时间、恰当的价格、恰当的主题以及恰当的形式,参展方必然会选择能够在各方面实施有效控制的展会。

 会展调研在参展商选择展会过程中的作用和地位如何?

近年来,展会数量与日俱增,同一主题的展会遍地开花,良莠不齐,商业展会更是如此。对

于打算参展的参展方而言,常常无法取舍、难以选择。开展此类调研将是国内会展咨询业发展的有利契机,采用媒介监测的手段,对各种展会进行分类监控,最终向使用者提供调研数据。

三、展会评估调研

展会评估是对展会环境、工作效果等方面进行系统、深入的考核和评价,是展会整体运作管理中的一个重要环节。科学、有效的展会评估应当以数据库为基础,通过建立数学模型实现客观、公正的评估结论。而在实际工作中,展会评估则更多是流于形式,其真正的意义与作用并没得到各展会组办方以及会展行业主管部门的重视,其原因一方面是由于对展会评估的认识不够,另一方面也是因为缺乏专业的机构和人员。当前,展会评估调研的内容仍比较表面,如参展商数量、参观人数、取得的利润等,在评估的内容和方式上也落入窠臼,评估也仅仅只是停留在数据的统计和整理上,并没有深入地挖掘下去。同时,每一届展会举办的宏观大环境都会有所不同,而这种变化也必然会导致展会评估内涵、特征发生变化。因此,展会评估应根据相关的展会调研来深刻地分析、评价当前的展会市场环境和走向,为今后展会项目的市场开发、运营管理提出相应的建议。

展会评估调研的项目及其内容。

展会评估调研的项目应包括以下几个:

(1) 展会基本情况。创办时间、展会周期、展会时间、主办商、办展展馆、联系电话、展会互联网地址、电子邮箱、主要服务内容、主要参展产品、开幕时间、门票价格、场地面积、同期举办的展会、参展面积、参展商、参展商分布统计、参展商产品行业分布、观众来源、观众分布统计、观众关注行业统计、签约项目数、成交金额等。

(2) 展会主题。主题是否明确、是否服务地方经济,主题的延续性、会展主题的推广效果等。

(3) 展示设计。展示手段、多媒体技术使用情况、展示种类分布、展台设计、科技含量、展示效果、展示成本分布等。

(4) 招商组展。招商方式、招商成本、招商时间、组展筹备时间等。

(5) 广告宣传。展会前期广告宣传手段与策略、广告投入、新闻宣传策略、新闻稿数量、促销活动等。

(6) 展会后勤服务。展场指南、食宿安排、交通服务、展会会刊等。

(7) 经济与社会效益。交易额、协议数量与金额、贸易商满意度、相关行业受益情况、社会反响、市民认知度等。

四、以展会为平台所进行的调研

展会是进行营销研究的重要舞台,具有许多特有的优势。首先,在展会中生产商、批发商、零售商、消费者、政府主管官员、行业主管人员、专业人士、专家大量聚集,诸多市场调研(特别是访谈)中不易接触到的对象都有可能集中出现在展会过程中,这使得调研成本大大降低,调研效果大大提升。其次,展会过程中,参展商往往能够在相当宽松的条件下公开产品、生产、营销等商业信息以吸引新客户、实现新订单,这为商业情报的收集提供了很好的机会。再次,消费者直接接触产品和生产企业,对产品性能、定价等方面的问题可以给予直接反馈。

以展会为平台的调研所要解决的营销课题包括以下内容。

(1) 产品调研:新产品的接受与潜力、新兴产品测试、包装研究、价格研究、竞争产品研究等。

(2) 企业研究:短期预测、长期预测、行业趋势研究、进出口研究、公司内部员工研究等。

(3) 消费研究:消费者购买行为、使用习惯、态度,以及品牌市场概念的定量研究和定性研究。

(4) 销售与市场研究:市场潜力的衡量、市场份额分析、市场特性的确认、销售分析、分销渠道研究、促销研究等。

(5) 民意研究:生活形态研究、价值观念研究等。

(6) 其他:政策研究、生态影响研究、法律限制研究、企业公众形象研究等。

以上这些营销课题通过日常的市场调研也可以实现,但是借助于展会的特别属性,可以快捷有效地实现。但是必须注意的是,会展时间往往较短,进行会展调研必须做好前期准备,包括问卷或访问稿的设计、日程的安排、样本的选取与确定、访员的培训、礼品的准备、调研设备的准备、访谈地点的确定等。只有先将以上各项准备工作确定落实后,才能顺利完成会展调研工作。

第三节 会展调查的过程

收集市场信息是策划举办一个展会最基础的工作,市场信息收集的过程是一个系统的、有目的的市场调查过程。它主要通过各种市场调查手段,有目的、系统地收集、记录和整理有关市场的信息和资料,客观地反映市场态势,为全面认识市场、进行市场分析和预测,以及为办展机构进行科学决策提供依据。

会展调查的过程与一般的各种调查研究相同,本节将予以简要介绍。

一、确定课题的目的

确定开展会展调研目的的两个层面。

首先,为了谁?

不同的对象对调研的要求也有所不同,政府部门关注宏观数据,生产企业关注具体情况,调研也应该因对象而异。

其次,它要解决的问题是什么?

调研过程的开始首先是认识问题,应该准确把握数据的真正作用,明确开展调研究竟要解决什么问题,哪些问题是通过会展调研可以解决的,哪些不能或不用通过会展调研解决;否则,大量的财力、人力和时间就将被浪费。同时由于展会时间的限制,必须认真对待那些在展会过程中难以完成的任务。

另外，展会中大量信息是公开的，完全不需要画蛇添足，因此，确定课题目的的时候应该向委托方说明。

确定了课题的目的，就应形成调研目标，目标应尽可能具体和切实可行，这样可以避免许多不必要的麻烦。向委托方复核过调研目标之后，就可以形成初步的假设了，假设是在给定信息的条件下，被认为是合理的初步陈述。调研假设的提出，为生成调研设计奠定了基础。

二、生成调研设计

调研设计是指实现调研目标或调研假设需要实施的计划。调研人员需要建立一个回答具体调研问题的框架结构。当然，客观上不存在唯一最好的调研设计，不同的调研设计都各有优缺点，重要的是必须权衡调研成本和信息质量。通常，所获得的信息越精准、错误越少，成本就越高，但是由于会展调研的特殊性质，调研设计者应以有效性原则为基本准则。

三、选择基本的调研方法

调研人员可以根据调研项目的目标，选择描述性、因果性或预测性的调研设计。随后是确定搜集数据的手段，有三种基本的调研方法：观察法、询问法、实验法。具体的操作方法我们将在后面的章节中予以介绍。

四、抽样过程

不同的调研手段对样本的要求也有所不同，会展调研中抽样与调研手段的对应关系与一般调查研究中一样，应根据具体情况灵活运用。

五、搜集数据

大多数数据是由市场调研公司、现场服务公司从展会现场搜集得到的，同时，展会的组办方掌握有大量免费公开信息，无须麻烦便可获得。

六、分析数据

分析的目的是解释所搜集的大量数据，并提出结论。数据的分析需要具备一定的专业技巧和手段，专业分析人员不仅可以对数据进行简单的频次分析，同时能够使用复杂的多变量技术进行交互、聚类、因子等分析，建立回归模型等，从而使搜集到的数据解释更多的信息。

七、报告撰写

会展调研的报告形式因提交对象的不同而有所不同，一般市场调研报告都要求简明、清晰，如果报告是提交给政府部门用作宏观分析，那么，报告就应详尽丰富了。

实训 2-1：

阅读下列材料，学习会展调查报告的写法。

一般来说，会展项目调查报告应该包括以下内容：

（1）说明调查目的及所要解决的问题。

(2) 介绍会展市场背景资料。
(3) 分析的方法,如样本的抽取、资料的收集、整理、分析技术等。
(4) 调研数据及其分析。
(5) 提出论点,即摆出自己的观点和看法。
(6) 论证所提观点的基本理由。
(7) 提出解决问题可供选择的建议、方案和步骤。
(8) 预测可能遇到的风险、对策。

八、跟踪

跟踪调研成果的应用情况,不仅可以督促和帮助委托方,还能有效地提高调研服务的水平。

第四节　会展调查的方法

一般调查研究,特别是市场调研,所采用的方法主要是三大类:观察法、询问法和实验法。

根据会展调研的特性,本节简单介绍一些相应的具体执行手段。另外,二手资料的分析使用也是会展调研的重要方法。

一、观察法

观察调研法主要是观察人们的行为。明确地讲,观察调研法可以被定义为不通过提问或交流,而系统地记录人、物体或事件的行为模式的过程。当事件发生时,运用观察技巧的调查员客观见证并记录信息,或者根据以前的记录编辑整理证据。展会主题明确,参展商与参观者已经过明确的细分,绝大多数展会对专业参观者和普通参观者又进行区别,因此在客观上符合使用观察法的条件。

会展调研所使用的观察法大致分为以下两类。

1. 非参与观察法

指将受访者视为局外人,从旁进行观察,而不参与其活动。调查员可以分布在展会的不同位置,根据之前统一的要求进行现场观察,并在印制好的记录单上予以记录,记录单可以使用按秩序圈选的封闭式量表,也可以使用记录具体情况的开放式表格。调查员的观察不应打扰参会者的行为,最好能够避免引起参会者的注意。另外,也可以安装一些被允许的装置进行机器观察,如流量计数器、条形码识别仪、录像机、现场监测仪等。

2. 参与观察法

与前者不同的是要和受访者直接相处并与其一起活动,从中可以更深入地了解被访者。

参与观察法仍是以观察为主,调查员可以作为展会中的一分子,参与试用、参加专业研讨等,有的放矢地进行观察研究,当然这种研究对调查员的能力要求就更高了。

二、询问法

询问法是最为广泛使用的调研手段,通过此种方法能够收集到广泛的资讯。询问法又可分为问卷访问法、小组访谈法、深度访谈法、投射法等。

(一)问卷访问法

问卷访问法在调研中最为通用,包括个别访问法、集体访问法、电话访问法、邮送法、留置法、计算机访问法等。问卷访问的每一种形式都依赖于问卷的使用,问卷几乎是所有数据收集方法的一般思路。问卷是为了达到调研项目目的和收集必要数据而设计好的一系列问题,它是收集来自被访者的信息的正式一览表,是提供标准化和统一化的数据收集程序。会展调研中所使用的问卷,应注意区别调研目的和调研地点。

典型案例 2-1:

广东会展业信息技术使用现状调查问卷

因进行"信息技术在广东会展业中技术水平的作用分析"的课题研究,需要了解目前广东会展业的信息技术使用情况,在此设计调查问卷征集您的意见,为下一步广东会展业信息技术使用的再设计做好准备。谢谢!

1. 问卷填写人来自于_____。(单选)
  A. 组展公司   B. 场馆企业
  C. 参展商   D. 会展行业协会
  E. 会展行业专家   F. 参展观众
  G. 其他_____

2. 问卷填写人所属企业涉及的会展项目是_____。(可多选)
  A. 展览策划   B. 会议展览策划
  C. 现场布置   D. 后期市场调查
  E. 展示设计   F. 宣传推介
  G. 其他_____

第一部分:(供会展企业人员填写)

(一)会展企业信息技术使用基本情况

3. 请对贵公司目前的信息技术水平进行一个总体性评价为_____。(单选)
  A. 无
  B. 初级水平:涵盖业务窄、系统不统一、孤立化
  C. 中级水平:涵盖50%以上领域、部分集成
  D. 高级水平:涵盖全部领域、集成、统一

4. 贵公司现有信息化硬件装备(不包括废旧淘汰设备)主要有_____。(可多选)

A. 服务器 B. 台式 PC 机
C. 笔记本电脑 D. 其它网络设备
E. 移动通讯设备 F. 多媒体设备
G. 其他设备（请注明）_____

5. 贵公司当前已应用的信息技术有_____。（可多选）
   (1) 互联网应用类
       A. 企业网站 B. 电子商务/网络营销
       C. 移动商务/协同商务
   (2) 业务管理类
       D. 财务管理 E. 办公自动化协同（即 OA）
       F. 客户关系管理（即 CRM） G. 人力资源管理（EHR）
   (3) 信息资源管理类
       H. 行业专用数据库资源建设 I. 知识管理（KM）/项目管理（PM）
       J. 决策支持系统（即 DSS） K. 数据仓库（即 Date Warehouse）
       L. 数据挖掘（即 Data Mining）/商业智能（BI）
   (4) 信息化评估及其他类
       M. 安全解决方案/信息安全评估与审计
       N. 信息化能力与绩效评估
       O. 其他_____（请注明）

6. 贵公司信息技术使用的总体规划_____。（单选）
   A. 已制定 B. 正在制定
   C. 计划制定 D. 无计划

（二）会展企业网络信息应用现状

7. 贵企业互联网技术及电子商务技术应用现状：
   (1) 企业互联网技术的应用有？_____。（多选）
       A. 信息搜索与信息发布 B. 网上洽谈/采购/销售/订单
       C. 与会展相关企业沟通信息 D. 在线支付
       E. 企业邮件系统 F. 电子邮件应用
       G. 其他_____（请注明）
   (2) 是否通过互联网开展会展商务活动？_____。（单选）
       A. 是 B. 否
   (3) 开展会展商务活动通过的平台（方式）是？_____。（多选）
       A. 自建企业商务网站 B. 行业电子商务平台
       C. 第三方平台 D. 其他_____（请注明）
   (4) 网上贸易额（包括通过网上信息获取的贸易机会）占企业贸易额的比重是_____。（单选）
       A. 10%以下 B. 10%～20%
       C. 20%～30% D. 30%～40%

E. 40%～50%　　　　　　　F. 50%以上

(5) 开展电子商务后,总营业额的变化为_____。(单选)

A. 变化不大(在10%以下)　　B. 变化较大(10%～30%)

C. 变化很大(30%以上)

(三) 会展企业信息技术应用的未来打算

8. 贵公司未来信息技术使用设计是_____。(可多选)

A. 网上会展　　　　　　　　B. 会展企业管理信息系统

C. 实物会展与网上会展相结合　D. 会展电子商务

E. 会展企业网站　　　　　　F. 其他_____

第二部分：

9. 您对广东会展业信息技术使用的总体评价是_____。(单选)

A. 使用程度高　　　　　　　B. 使用程度较高

C. 使用一般　　　　　　　　D. 使用较差

10. 您对所参加的会展的信息技术使用所带来的成效的评价是_____。(单选)

A. 满意　　　　　　　　　　B. 较满意

C. 一般　　　　　　　　　　D. 较差

11. 您认为广东会展网络平台搭建是否完善？_____。(单选)

A. 是　　　　　　　　　　　B. 否

您认为应如何改进？_____。

12. 您认为广东发展"网上会展"时机是否成熟？_____。(单选)

A. 是　　　　　　　　　　　B. 否

请说明原因_____

13. 您认为阻碍广东发展"网上会展"的障碍是_____。(可多选)

A. 行业整体技术水平不高

B. 网络安全威胁

C. 技术环境的脆弱性,包括会展信息系统技术上和管理上的缺陷

D. 会展企业人才技术水平参差不齐,对网络安全技术的应用存在差距

E. 技术或人力因素限制了电子商务网站的规划、应用及管理

F. 配套基础设施投资成本过大,超出企业负荷

G. 客户的商务习惯一时难以改变

H. 行业信任成本过高

I. 其他_____(请注明)

感谢您的合作!

(来源：深圳会展协会)

问卷访问法是最基本的调研手法,本节在此就不赘述了,仅就网上问卷调研予以简单介绍。会展调研的网上操作主要有如下几种。

1. 网上会展搭载的调研

网上会展方兴未艾,特别是在2003年"非典"期间更是异军突起。网上会展成本相对低

廉,同时不受时间、地点、天气条件、交通条件的限制,不仅是长年不落幕的展示平台,同时也是成熟的BtoB平台。搭载于会展网的调研项目通常成本较低,数据的回收与分析在技术上可以实现即时化。通常,填答问卷的上网浏览者都是专业人士。由于其专业特点,问卷的设计不必像一般的网上调研那么简短,可以使用较长的问卷。同时,在网上会展参展商身份确认过程中,也可以进行大量信息的收集与整理。在技术上,调研员能够跟踪受访者,进行更深入的研究。

2. 门户网站的会展频道搭载的调研

门户网站的会展频道也备受专业人士的关注,自然也是开展会展调研的极佳途径。此类调研也可辅助完成展会满意度、展会需求等方面的调研课题。

典型案例 2-2:

门户网站搭载的调查问卷

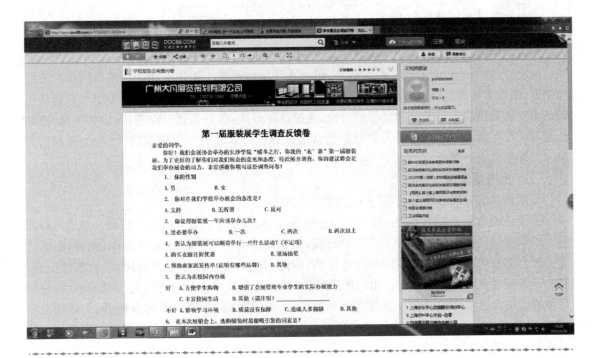

3. 邮寄问卷

这种方式是指制作一份问卷,通过 E-mail 发送给被访者。被访者收到问卷后自行决定是否填写,如果填写则再通过 E-mail 把答案寄回。问卷可以使被访者在闲暇完成,这种方式很像现实生活中产品或服务的调查问卷或用户意见反馈表。一般的网上展会的参展商和浏览者都是以会员的形式加入后才取得相应的展示浏览权限,因此单位、机构或个人的邮箱很容易得到。

展会举办的时间长短因展会的性质不同而有所区别,展销会一般时间较短,在 3 天左右,行业型年度展会时间稍长;文化型展会时间更长一些,可达十几日甚至几十日;博览会时间最长,往往在 150~200 日。因此,不同展会过程中所采取的调研形式也应有所不同。短期展会中适宜采用节省时间、节省费用的方式和手段,许多定性调研手段皆适合使用。定性研究是以小样本为基础的无结构式的、探索性的调查研究方法,目的是对问题的定位或启动提供比较深层次的理解和认识。调研的结果不经量化或数量分析,通常用于分析态度、感觉和动机。定性调研通常比定量调研费用低,并且能大大提高调研的效率。定性与定量调研比较,见表2-1。在寻找处理问题的途径时,定性调研常用于指定架设或者确定研究中应包含的变量,有时定性调研和二手资料的收集分析可以构成调研项目的主要部分。

表2-1 定性调研与定量调研

	定 性 调 研	定 量 调 研
目 的	对潜在的理由和动机求得一个定性的理解	将数据定量表示,并将结果从样本推广到所研究的总体
样 本	由非常有代表性的个案组成小样本	由具有代表性的个案组成大样本
数据收集	无结构的	有结构的
数据分析	非统计的方法	统计的方法

(二)小组焦点访谈

展会过程中,通过有意识的信息收集,可以更便捷地开展小组焦点访谈。来自四面八方的经销商、消费者汇聚展会,使得平时几乎无法实现的小组焦点访谈成为可能。小组焦点访谈可以使参与者对主题进行充分和详尽的讨论,通过这种方法,参展商可以对定价、销售手段、产品性能等需要了解的主题进行深入研究。展会组办方也可以通过小组焦点访谈,对参展商的需求以及满意度进行调研。

(三)深度访谈法

深度访谈的方法在展会过程中,也能够得到充分应用。

深度访谈适用于两类人群:其一是参会的重要官员、学者和企业高层管理者。这类人群在日常的深度访谈操作中皆是难于接洽的对象,但是在展会过程中往往相对集中;同时,由于大部分展会都有明晰的主题或单一的行业性质,因此访谈的实际操作也容易深入,有效性更高。其二是参观者。不论是企业自己组织的现场介绍,还是委托专业公司进行的会场演示,都是极好的直接面对参观者的机会。商业展会参观者中,有代理商、经销商以及消费者;文化展会参观者,大都是专业人士或爱好者。通过相对无限制的一对一会谈,可以实现多种调研目的。受访者与面谈者很容易在展会这样一个特定环境中达成相互间的融洽关系,同时与主题无关的信息也将比一般情况少。

实施小组访谈和深度访谈时,应该注意以下几点:
(1)明确调查目的及提问内容。
(2)寻找适当样本。
(3)把握访问机会。
(4)遵循提问的逻辑顺序。
(5)使受访者在充分了解的情况下作答。

三、实验法

以实验为基础的调研与以询问为基础的调研相比有着根本的区别,其对调研环境、技术、人员素质的要求都非同一般。在展会过程中,要想实现真正意义的实验调研是很困难的。但是,实验法有许多值得在会展调研中积极采用的思路和手段。比如在展会中设置实验区域,请消费者现场实验产品功效,一方面可以起到宣传促销的作用,另一方面也可以为参与观察的调查员提供条件进行观察记录。

四、二手资料分析

以上三种方法是调查研究中常见的获取一手资料的方式和手段,但并非调研的全部,在会展调研中,二手资料的分析运用也相当重要。

从展会上可以搜集到大量的二手资料。这些二手资料不仅有助于明确或重新明确探索性研究中的研究主题,而且可以切实提供一些解决问题的方法。政府或企业所面临的问题,以及下达给会展调研者的问题很大程度上并不是前所未有的问题,很有可能曾经有过类似的研究,可能有人已经收集了所需的精确资料,只不过不是针对当前的问题。做好这方面资料的搜集可以说是事半而功倍。

二手资料主要有以下几个来源。

1. 来自组办方

展会组办方都会在展会过程中免费发放各种名录,如参展商名录,内有详细的地址、联系方式、产品介绍、工厂分布、主要领导的姓名、员工数量、销售水平、市场占有情况等。

2. 来自参展商

参展商在展会中更是会准备大量资料,这些资料中就有可能包括平时难得一见的内部资料,如新产品研发档案、年度报表、股东报告、新产品测试结果、公司内部刊物等。

3. 来自行业管理部门或行业协会

展会中常设有免费公开的信息查询系统,提供诸如行业发展趋势、市场分布等来自权威机构的统计结果。

4. 会展项目管理系统

越来越多的大型展会开始使用会展项目管理系统。这种系统实际上是一个庞大的数据库,可以为各个方面提供所需要的二手资料。

(1) 展位预订管理系统:可在线查询展位状态,通过平面图和三维演示浏览展位位置和周边设施。

(2) 邀请函、参展手册发放管理系统:可调用企业资料、已发送邀请函邮件列表,显示发送状态。

(3) 新闻信息发布管理系统:可对展会新闻、图片新闻、会议新闻、专题新闻栏目进行查询。

(4) 论坛管理系统:对展会期间的论坛主题、时间、日程安排、演讲内容纲要等予以发布。

(5) 网上招商管理系统:组委会进行展会招展招商内容发布修改、有效参展信息过滤、预订反馈信息管理、网上预订业务跟踪、在线参展合同签订落实等都可查询。

（6）网上门票预订管理系统：网络在线进行门票预订发售、个人资料提交、预订处理、门票发送（下载打印或邮寄）、网上观众信息统计管理等。

（7）展会观众登记管理系统：现场观众登记数、发放参展商胸卡数、通过条码识别进行身份认证、通过照片进行个人识别、网上预订观众汇总、大会贵宾和重要买家的到场情况等。

典型案例2-3：

中国智博会网络预登记系统上线

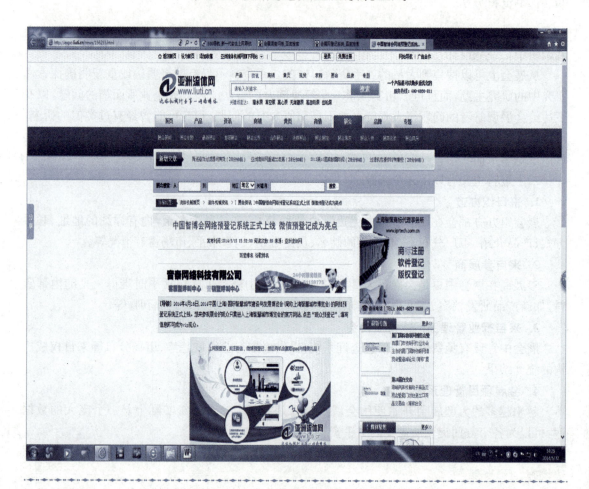

（8）展会现场网上直播管理系统：可提供现场图片即时传输和现场摄像即时传输两种方式等。

这些资源可以以付费的方式单项或全部出售给数据的使用方，对于二手资料收集者而言也是意义重大的。

计算机数据库、公开的二手资料、因特网和内部数据库都是一个组织的信息管理系统的重要组成部分，掌握好的信息，才能作出明智的决策。

小结和学习重点

(1) 不同主题会展调研的内容。
(2) 会展调研的操作流程。
(3) 会展调研的基本手段。

本章对会展调研的分析主要围绕两大主题：一是为会展本身提供资讯的调研，这类会展调研主要采用传统调查研究的思路与方法，对展会进行描述、诊断、预测和评估；二是以展会为平台解决营销问题的调研，这类调研主要是利用展会汇聚了行业或市场中的主要企业及消费者，能够充分、全面地反映产品最新动态、市场供求现状、销售渠道状况、消费需求变化，甚至行业发展趋势的特点和性质所展开的调研。本章还对适宜在展会中使用的调研手法作了介绍。

前沿问题

(1) 展会效果评估调研的价值究竟应如何看待？
(2) 应用观察法进行调研的过程中，应如何保护参展商的商业机密和参观者的个人隐私？

案 例 分 析

2009年北京教育装备展示会观众调查报告

2009年北京教育装备展示会于4月2日至3日在北京海淀展览馆胜利召开，自1989年起，北京教育装备展示会已连续成功举办了21届。本届展会共有122家企业参展，共计240个展位，整体规模是近五年来最大的一次。

作为展会成功举办的一个重要决定因素是观众的邀请与组织。本届展会组委会在会前做足了功夫，成立了专门的"观众邀请工作组"，不仅会前分两个时段对华北五省教育用户，北京高校、高职、中职、普教用户，北京近百家科研院所等单位发函邀请，同时对于组团报名参观的各级各类院校，观众邀请工作组都设专人负责联络与接待。因此，整个展会的观众组织也是盛况空前，据统计共有117家教育单位组团参观，组团参观的登记观众人数达6 000多人，散户观众达2 000多人，观众人数总计8 000多人。北京的中职、高职用户均集中大量组团参观，是本届的一大亮色，这是较往届展会所不多见的。很多中职、高职整个学校的任课教师集体前往展会参观，职业教育用户井喷式涌现，这一方面说明国家对职业教育建设的投入明显，广大职业院校都在通过软硬件设施的采购积极推动教学条件的改善；另一方面也说明各中职、高职院校在建设过程中，正在将教育装备的选择采购与学科建设、课程教改、实训基地建设结合起来。

种类齐全、数量众多的教育装备产品在北京教育装备展示会上集体亮相，诸多教育装备生产企业、经销企业通过展会这种集中展出的方式,使出浑身解数让观众更加深入地了解其产品的种类及特色。这种集中展示的供需交流方式,不仅能让需方——学校用户及时了解到科技含量高、符合质量标准的教育装备产品,而且还能让供方——生产企业、经销企业把握与各级各类学校建设同步的需求信息和教育装备市场的动态走势。同时组委会也从2005年起,在展会"报到处"进行了观众问卷调查,通过会后对于问卷调查的整理分析,使参展用户能更加直接、系统地了解需方用户市场的整体需求状况与发展趋势,可为教育装备生产企业、经销企业在市场决策中提供参考。本届展会共收回有效问卷调查共计3 278份,现就其中数据进行汇总、分析。

1. 参观展示会主要目的的统计

近几年,随着政府采购的实施与推进,教育装备展的功能与定位发生了转变,由昔日的定货会演变成了今天的展示会、见面会。虽然在当今的展会上已少见了最初办会时的现场签单、成功交易的场面,但是借助展会,教育与科研机构等需方用户仍可对本年度采购计划进行一次集中摸底,为接下来的采购计划的完善调整与执行提供了可行性分析与技术支撑。

通过调查问卷显示,有采购需求人数占54.33%(见附表1);该项目内容的基本比例比2008年展示会高4%左右,专业观众的参与度也较去年有了进一步的提高,这也是更多教育装备企业积极参与北京教育装备展示会的一个重要原因。

附表1 参观主要目的的调查

调查选项	数量(人次)	比例(%)
有直接采购需求	880	23.01
近期采购,收集资料	1 198	31.32
了解新品,开阔眼界	1 620	42.35
寻求合作代理	61	1.59
随便看看	66	1.73

2. 开设政府采购专区是否有必要

为进一步促进需方用户的政府采购工作,提高需方采购效率,北京教育装备展示会自2007年起开设了"政府采购推荐展商专区",这一举措得到了参观用户的积极响应,通过调查数据显示,用户对设置这一展区的欢迎度与2008年一样高居94%以上(见附表2),足可见通过这一展区的设置,增进了需方用户对于政府采购以及定点供货商的了解。

通过与往年数据及观众的组成对比,我们知道,在北京高校与普教用户中,政府采购工作已经进行得非常深入了,并且还在进一步推进;与此同时,随着国家对于中、高职用户教育领域的建设经费投入的增加,政府采购工作也在中、高职逐渐展开,面对这一采购方式的实行,除了要深入了解政府采购流程,对于哪些企业具有"政府采购定点企业"的资质,成了需方用户必须要了解的一个问题,这也是"政府采购推荐供应商"展区持续几年广受欢迎的一个主要原因。

附表2　对设置政府采购专区必要性的调查

调查选项	数量(人次)	比例(%)
非常必要	1 608	49.06
必要	1 486	45.33
没有必要	184	5.61

3. 需方用户对主办方举办的专题研讨会是否感兴趣

近几年来,中国教育装备采购网与中国现代教育装备杂志社依托雄厚的政府资源背景与庞大的行业数据库,通过深入了解教育用户的采购需求,针对不同时期的热点问题,举办了形式灵活多样的专题研讨会,如"政府采购专题研讨会"、"数字化校园网专题研讨会"、"校用家具专题研讨会"、"国产仪器仪表研讨会"等,为学校与学校、学校与企业之间搭建了一个切实有效、沟通良好的供需交流平台。

为丰富展会内容,使供需双方能够在展会有限的时间内进行充分地沟通交流,本届展会组委会还在展会期间,分时段开展了针对不同用户、不同产品类型的发布会与供需专题研讨会,极大地丰富了北京教育装备展示会的内容,如汉王手写无线多媒体教室解决方案发布会、北京市基础教育系统采购信息交流会、三维打印机在教育行业中的应用、北京高校仪器设备采购座谈会、北京高职院校实训基地设备采购交流会,各类发布会与研讨会得到了供需双方的极大欢迎与响应(见附表3),每个专题研讨会的参与观众人数都大大出乎组委会的意料。

附表3　对主办方举办的专题研讨会是否感兴趣

调查选项	数量(人次)	比例(%)
很感兴趣	3 148	96.03
没什么兴趣	130	3.97

从本届展会期间的几个研讨会的热烈反响来看,组委会也决定将其作为一项新的展会内容,在以后的展示会中不断更新与丰富。

4. 观众重点关注的产品内容

对于产品的需求与关注,是北京教育装备展示会上的重点内容。需方通过展示会,了解所需教育装备的市场报价与产品的更新升级及发展趋势,为本年的采购做好预算编制等前期准备工作;供方通过展会期间与需方的交流,对于本年度需方的采购需求会有一个整体的了解,便于及时调整自己的产品与市场策略。

从调查的整体数据来看,观众对计算机及其外设与多媒体设备、实验室仪器装置及耗材、校园网及网络产品这三类产品的关注在15类选项中,占到了40%以上(见附表4),从2007年、2008年用户的关注度的对比显示,这三类产品一直高居用户关注的前三名,调查需求的百分比变化浮动也不大。这也说明,对于各级各类院校来说,这三大块的产品几乎可以说是教育装备的通用设备,也是教育的基础设备,每个学校几乎都涉及到了这三类产品,而且根据每年的折旧与新增需求,都有程度不同的更新。因此可以说,这三大类产品对于其他类型的产品在展会上更能吸引眼球,得到注意。

附表4　2009年用户重点关注的产品

调 查 选 项	数量(人次)	比例(%)
计算机及其外设与多媒体设备	1 306	16.78
校园网及网络产品	886	11.39
数字校园及校园安防	616	7.92
数码产品及音像制作设备	596	7.66
广播电视设备及舞台灯光音响	284	3.65
实验室仪器装置及耗材	948	12.18
电工电子实验室设备	396	5.09
工业自动化及机电设备	266	3.42
电子通讯测量仪器及虚拟仪器	210	2.70
专业仪器设备	428	5.50
卫生医疗器械及标本模型	168	2.16
教育软件及音响图书	562	7.22
行政办公及文体设备	482	6.19
校用家具	530	6.81
其　　他	104	1.33

与2008年的用户需求调查相比,电子通讯测量仪器及虚拟仪器、卫生医疗器械及标本模型的产品关注度有了极大的变化,分别从2008年的0.38%与0.29%增长为今年的2.70%与2.16%。这么大的浮动与变化,在各项数据的变化中显得特别突出,这对于其他产品来说是不多见的。相关供应商可以参考这个调查数据,深入用户,尽快了解2009年北京及周边教育市场的变化,寻根溯源,尽快调整市场策略,迎接新的市场变化与挑战。

与往年相比,用户对一些装备产品的需求基本没有太大的起伏变化,都在一个比较小的范围进行浮动与变化,供应商可以通过往年的市场需求,对于2009年的市场政策做微调。

通过对用户关注度的调查与数据分析,以及与往年的调查数据对比,供需双方可以了解到本年教育装备市场的些微变化及其未来的发展趋势,为后续的采购与供应提供一个较为直观的参考。

(资料来源:中国现代教育装备杂志社)

思考:

1. 2009年北京教育装备展示会观众调查主要采取的调查方法是什么?这种方法主要包

括哪些方式?

2. 观众对于产品的需求与关注是通过哪些调查内容反映出来的?结合调查报告试分析相关数据。

练习与思考

(一) 名词解释

现场服务公司　竞争情报工作　调研假设　调研设计　观察调研法　会展项目管理系统

(二) 填空

1. 为会展本身提供资讯的调研,主要采用传统调查研究的思路与方法,对展会进行_____、诊断、_____和_____。

2. 当前,国内会展调研的提供者主要来自会展行业内部,包括_____、会展策划公司、展会广告代理商以及_____。

3. 当地政府关注会展调研的结论,其主要目的在于研究____经济与____经济的发展战略与政策,通过建立并运用数学模型,进行科学的定量研究和_____,提出对策建议,权衡各产业间的均衡发展,促进_____,制定_____,宣传推广_____等。

4. 为了成功举办展会,组办方必须自行完成或委托完成一些基本调查,主要包括:_____、_____、_____、_____、_____、_____等。

5. 深度访谈的方法在展会过程中也能够得到充分应用。深度访谈适用于两类人群:一是参会的_____、_____和企业高层管理者;其二是_____。

(三) 单项选择

1. 展会有的时间较短,有的时间较长,BIE 的注册博览会时间可长达(　　)天。
   A. 100　　　　　B. 150　　　　　C. 200　　　　　D. 250

2. 全球花在营销调研、广告调研和民意调研服务上的费用每年超过 90 亿美元,其中(　　)占到全球总花费的一半以上。
   A. 美国　　　　　B. 英国　　　　　C. 法国　　　　　D. 德国

(四) 多项选择

1. 会展调研方法主要有(　　)。
   A. 询问法　　　　　　　　　　B. 论证法
   C. 观察法　　　　　　　　　　D. 实验法

2. 二手资料主要来源有(　　)。
   A. 组办方　　　　　　　　　　B. 参展商
   C. 行业协会　　　　　　　　　D. 会展项目管理系统

(五) 简答

1. 会展调研的使用者包括哪些人和机构?他们各自有哪些调研需求?
2. 网上会展调研有哪些主要方式?
3. 在展会中使用深度访谈法的优势体现在何处?

(六) 论述
二手资料分析是事半功倍的研究手段,请就展会调研的特点予以深入论述。

部分参考答案

(二) 填空
1. 描述　预测　评估
2. 会展咨询公司　现场服务公司
3. 会展　区域　中长期预测　有序竞争　可持续发展策略　城市文化
4. 项目调研　主题调研　场馆调研　参观人数预测　住民意识调研　环境影响调研
5. 重要官员　学者　参观者

(三) 单项选择
1. D　2. A

(四) 多项选择
1. ACD　2. ABCD

第三章

会展目标与选题立项策划

 **学习目标**

学完本章,你应该能够:
1. 了解展会目标的概念、常见问题;
2. 明确展会题材的选择及方法;
3. 明确会展主题确立的相关问题;
4. 掌握展会项目立项策划的主要内容、方法。

 基本概念

参展目标　展会题材　目标观众　会展主题　办展机构　展会定位　参展计划　招展策划　招商策划

会展活动是一项复杂而系统的工程,其成功的一个关键因素在于选题立项的科学性与合理性。选题立项的基础是充分的市场调查,在掌握了足够的市场信息和相关的产业信息之后,展览目标与题材的选择、展会主题的确立,以及具体展会项目立项策划都是策划举办展会必不可少的环节。

第一节　展会目标与题材的选择

对于一个展会,尤其是展览来说,除了观众之外,至少还有两个核心主体,那就是组办方、参展商。组办方进行会展策划,要完成的是包括市场调查与分析、会展选题立项等在内的全面、系统策划工作;而参展商面对参展的决策,应该做的重要工作是如何确立参展目标和选择展会。因此,本章分别从参展商和组办方两个展会主体角度来阐述相关的策划问题。

一、关于展会的目标

(一) 展会目标的概念

 什么是参展目标?

制定准确的目标是展会取得成功的必要条件。所谓展会目标,是指展出者根据营销战略、市场条件和展会情况制定明确、具体的展出目的,期望通过展会而达到自己的目的。

大型展会,如世博会其参展目标相当复杂。有资料显示:各国参加世博会,首先考虑的是政治因素,其次是经济因素,然后才是社会文化因素。当然,每次参展还有一些特殊原因。比如说,某些邻国举办世博会,或者同属某个区域联盟,如欧盟或东南亚国家联盟,肯定会成为参加世博会的因素,这是特例。

随着冷战的结束,意识形态方面的宣传已经没有必要。因此,博览会的参展国开始将重点从意识形态转移到经济与文化方面。1985年,中国、美国和当时的苏联同时参加筑波世博会,是这三个国家第一次同时参加同一届世博会。

从某一企业或单位的角度来说,设定展会目标尤为重要。

参展目标是展览策划、筹备、展出、后续等一系列工作的方向,也就是每一项工作评价的基础和标准。因此,应当充分考虑遵循市场规律和经营原则,重视展出目标,并做好展出目标的制定工作。

在考虑与会展主办方签署协议之前,你首先就应该问自己以下几个问题。
(1) 为什么我要参展?
(2) 谁是我的目标客户?
(3) 我想要达到什么效果?

你对于上述问题(1)的答案是以下的任意一项吗?
(1) 因为我们总是参加那个会展。
(2) 因为我们的竞争对手会参加那个会展。
(3) 如果我们不参加,那似乎就太糟了。

对不起,上述的答案对于展会目标的确立来说,没有一项是站得住脚的。因为仅仅是觉得不错就去参展,那也太不理智了。

(二) 常见的参展目标

怎样才是理智的目标?

展出的意图多种多样,因此展出目标也是多种多样的。展出目标常见的有以下一些方面。
(1) 建立、维护展出者的形象。
(2) 引导市场调研。

(3) 向市场推出新产品或服务。
(4) 赢得媒体曝光率及公众关注。
(5) 结识大的买家。
(6) 建立新客户关系。
(7) 向潜在客户提供产品或样品。
(8) 培训现有客户,争取潜在客户及零售商。
(9) 有效地将时间花在现有的客户身上。
(10) 销售和成交。
(11) 增强口碑。
(12) 为这一领域的商品经销代理打开门户。

以上这些都是具体而明确的展出目标。目标明晰,所有参加会展的员工才能为之而努力。

德国展览协会(AUMA 奥马)根据市场营销理论将展出目标归纳为基本目标、宣传目标、价格目标、销售目标、产品目标五类,见表3-1。

表3-1 AUMA 所归纳的展出目标

基本目标	A. 了解新市场 B. 寻找出口机会 C. 交流经验 D. 了解发展趋势 E. 了解竞争情况 F. 检验自身的竞争力 G. 了解公司所处行业的状况 H. 寻求合作机会 L. 向新市场介绍本公司和产品
宣传目标	A. 建立个人关系 B. 增强公司形象 C. 了解客户的需求 D. 收集市场信息 E. 加强与新闻媒介的关系 F. 接触新客户 G. 了解客户情况 H. 挖掘现有客户的潜力 L. 训练职员调研及推想技术
价格目标	A. 试探定价余地 B. 将产品和服务推向市场
销售目标	A. 扩大销售网络 B. 寻找新代理 C. 测试减少贸易层次的效果
产品目标	A. 推出新产品 B. 介绍新发明 C. 了解新产品推销的成果 D. 了解市场对产品系列的接受程度 E. 扩大产品系列

(三) 制定参展目标常见的问题

在展会中,参展目标常见的问题主要有以下四个方面。

1. 目标不明确

由于种种原因,特别是集体展出者,除政府部门、贸促机构、商会、工业协会等之外,还有展览公司、咨询公司、公关公司等以营利为目的的多部门组合参展。有些部门的负责人可能将展出看作是例行公事,不认真制定会展计划,造成会展目标不明确。

在制定会展目标时,过于抽象的目标也不行。例如,将"促进友谊,发展贸易"作为展出目标显然是抽象的,难以衡量出展出效果。

2. 目标过高或过低

在制定具体目标时,一定要切实可行,如果展出目标过高,有关人员不论如何努力也达不到,可望而不可即,目标就失去了指导实际工作的意义。比如参展总人数是 3 000 个,却定出要 2 500 人都成为目标客户,显然是不切合实际的。但如果展出目标定得过低,也不容易调动工作的积极性。

3. 目标没有可操作性

目标量化是欧美现代展览的重要观念和技术之一。目标量化可以使参展企业更合理地分配资源,提高参展效率。

在会展实际的操作过程中,要使目标明确,参展目标往往要量化,需要有与之相配套的数据,不能只说"赢得许多可能的顾客"之类的话,要设立详尽而又具有可操作性的目标。例如:

(1) 赢得 50 个可能的客户。

(2) 赢得 5 个媒体部门的关注。

(3) 现场销售额达 50 000 美元。

(4) 派送出 500 份样品。

4. 目标随意更换

展出目标一经确立后,不能因为出现某些问题或更换负责人就随意更改。展出目标一般是根据参展企业的发展需要和发展战略、展览会特点等因素综合考虑后制定的,若随意改变,就必须相应地调整人员、经费和工作重点;否则,就有可能造成参展企业资源的浪费。

企业参加会展的 88 个目的

研究发现,人们参加展会的最普遍原因包括增强竞争能力(人们列出的第一理由)、与专家交流、建立关系网等。对于参展企业来说,应该在参展目的上选取合适的方式,提前做好有效的策划。

(1) 演示新产品和服务。

(2) 建立零售网络。

(3) 与买主进行面对面的会谈。

(4) 培养销售力量。

(5) 与通过观察而预选出来的参观者互相交流。

(6) 培养零售商。

(7) 关注特别顾客的兴趣。

(8) 适应竞争的需要。

(9) 会见通常不能通过个体销售接触到的顾客。

(10) 进行市场调研。

(11) 揭示不为个人所知的购买影响。

(12) 征募员工。

(13) 与其他的供应商相比较。
(14) 吸引新的代理。
(15) 介绍技术支持人员。
(16) 向媒体推荐新产品和服务。
(17) 缩短购买步骤。
(18) 提供三维(立体)销售的机会。
(19) 创造直接的销售。
(20) 发展行为导向的媒体。
(21) 设计形象。
(22) 扩大消费者的队伍。
(23) 创造形象。
(24) 用听觉和视觉手段展示商品和服务。
(25) 继续与消费者进行接触。
(26) 支持批发商。
(27) 会见潜在顾客。
(28) 通过电话与消费者联系。
(29) 使买主具有资格。
(30) 会见高层管理者。
(31) 展示新产品和服务。
(32) 会见大买主。
(33) 演示非便携式的设备。
(34) 通过参加者的类型确定目标市场。
(35) 理解消费者的问题。
(36) 指导零售商的发展方向。
(37) 解决消费者的问题。
(38) 指导批发商的发展方向。
(39) 确定产品的应用。
(40) 为销售代表的发展提供指导。
(41) 演示已列入计划的新产品和服务。
(42) 和没有联系上的潜在客户联系。
(43) 获取产品和服务的反馈。
(44) 和没有联系上的未知的客户联系。
(45) 加强销售以鼓舞士气。
(46) 和需要个人接触的消费者联系。
(47) 缓解消费者的不满。
(48) 会见通常并不拜访的消费者。

(49) 按照总的营销意图整合展览。
(50) 不通过销售电话达到64%的销售目标。
(51) 了解消费者的态度。
(52) 在市场中重新确立公司的位置。
(53) 确立产品和服务的利益特征。
(54) 提高本企业(公司)的洞察力。
(55) 发布产品和服务信息。
(56) 建立卓越的竞争优势。
(57) 进行销售见面。
(58) 加强口头宣传能力。
(59) 引人关注或使人加深印象。
(60) 为向个人提供打折商品大开方便之门。
(61) 提供现场的产品演示。
(62) 进一步为个人提供打折商品。
(63) 支持公司主题计划。
(64) 加强直接邮件联系。
(65) 向消费者介绍新的使用方法。
(66) 减少销售成本。
(67) 向消费者介绍新的促销计划。
(68) 形成良好的购买导向。
(69) 向消费者介绍免费的服务。
(70) 激发消费者的消费欲望。
(71) 分发产品样品。
(72) 创造更多的消费需求。
(73) 向消费者介绍新的销售技术。
(74) 为市场提供多种服务和产品。
(75) 向消费者介绍销售环境。
(76) 提供技术优点、数据和特征。
(77) 创建产品实验室。
(78) 积极提高产品和服务质量。
(79) 使本企业的消息富有戏剧性。
(80) 解决消费者的不满问题。
(81) 在短时间里与每个销售代表建立联系。
(82) 提供产品或服务的资料。
(83) 寻找低成本个人销售机会。
(84) 发现潜在的消费者。

(85) 创造投资高回报的机会。
(86) 支持发起组织。
(87) 让市场了解自己的公司(或企业)。
(88) 让新员工得到锻炼。

资料来源:《会展财富》

二、展会题材的选择

展会题材的选择是展出的一项前期工作,在决定参加任何展会之前,都得做足功课。首先得研究行业的发展趋势,向相关协会咨询或查阅贸易出版物,了解它们所参与的会展。还必须利用相关专业网站做在线研究,按行业、地点及展出时间进行搜索。还应根据不同企业的实际情况,论证展览会是否确实与企业需要的目标市场相吻合。切忌盲目选择。

所谓展会题材,就是举办一个展览会计划要展出的展品的范围。换句话说,也就是计划让哪些物品在展览会上展出。

展会题材的选择是非常细致与专业的工作,题材选择得好坏直接关系到展览效果。

(一) 展会题材的行业选择及方法

一般来说,选择展会的展览题材,要根据展会举办地及其周边区域的经济结构、产业结构、地理位置、交通情况和展览设施等条件,首先考虑本区域的优势产业和主导产业,其次考虑国家或本地区重点发展的产业,再次考虑政府扶持的产业。

对于专业的展览会而言,一个展览会一般只包括一个展览题材。在充分的市场调研之后,可以用市场细分的办法来选定将在哪个行业举办展览会。行业选定之后,就可以进一步选择和确定具体的展览题材了。

选择展览会题材主要有分列题材、拓展题材和创新题材等。

所谓分列题材,就是将办展机构已有的展览会的展览题材进一步细分,分列出更小的题材,并将这些小题材办成独立的展览会的一种选择展览会的题材形式。分列题材的选择使得原有的展览会和依据细分题材所办的新展览会更加专业化。

所谓拓展题材,就是将现有展览会所没有包含的,但与现有展览会的展览题材有密切关联的题材,或是将现有展览会展览大题材中暂时还未包含的某一细分题材列入现有展览会题材的一种方法。拓展题材是展览会扩大规模的一种常用的有效方法。

创新题材是通过对收集到的各种信息进行整理和分析,选定一个本办展机构从来没有涉及的产业作为举办新展览会的展览题材。对于办展机构来说,创新题材是一个新的领域,具有一定的风险性。但是,新题材很多时候是市场的新兴产业,抢先一步,成功的可能性就比较大。

(二) 企业选择展览会的相关因素

企业进行展览选择的目的是找出最有助于达到展出目的的展览会。在理论上,应该事先制定展出目标再选择展览会,因为展览会为展出目标服务。但在实际工作中,也常常是先选展览会,再制定展出目标。企业应根据自己的实际,安排两者之间的具体操作。企业选择展览会应考虑以下因素。

1. 展览种类和特性的选择

展览种类的选择是指在特定市场、特定期间和特定行业里选择类似的展览会。因为展览会是一项极为复杂的系统工程,受制因素很多,从制定计划、市场调研、展位选择、展品征集、报关运输、客户邀请、展览布置、展览宣传、组织成交直至展品回运,形成一个互相影响、互相制约的有机整体,只有了解这些特性,从而选择展览会,才能收到预期的效果。

2. 展览性质的选择

每个展览会都有自己不同的性质。按展览目的,可分为形象展和业务展;按行业设置,可分为行业展和综合展;按观众构成,可分为公众展和专业展;按贸易方式,可分为零售展与订货展;按参展企业分,又有综合展、贸易展、消费展;等等。

许多展览会,包括发达国家的展览会在性质上往往不容易区分。比如,法国巴黎国际展览会,历史悠久、规模庞大,但它却不是贸易性质的展览会,而是消费性质的展览会,不适合贸易企业参展。所以,在选择展览会时,必须先对展览会的性质作出正确的评判。

3. 展览会时间和地点的选择

对于展览会时间的选择,首先是考虑订货季节。大部分产品都有特定的订货季节,也就是订货高峰,在订货季节期间举办的展览会,成交的可能性会大些。其他的考虑因素,包括配额年度、财政年度等一般的规律是前松后紧,上半年额度多、经费松,订货就可能多些。另外,参展企业还要考虑自己时间日程是否能安排过来的问题。

展览会举办地点的选择,一是从贸易的角度考虑,即展览会地点是否生产或流通中心。在生产或流通中心城市举办的展览会有着得天独厚的优势,展出效果要好些。二是从与会者的角度考虑,即展览地点吃住是否便利。

需要注意的是,即使是"全国性"的会展,参观者大部分也会是来自会展举办地,企业如何选择,应从自身的实际情况出发。

4. 展出方式的选择

展出方式可以分为集体展出和单独展出两类。

集体展出是指由政府部门、贸促机构、行业协会,甚至公司组织的有两个以上参展企业的展出形式;单独展出,是指参展企业独立完成的展出形式。

集体办展的形式多为综合单独展览会,如东京中国经济贸易展览会、大阪中国五金矿产展览会等。参展企业应对集体展出项目作较全面的调查,以便有的放矢。

单独展出包括企业直接参加一个展会和企业独立组织展会。单独参展自主权比较大,企业可以设计出自己的特色,显示实力,但需要花费相当大的财力、物力。这种形式比较适合于大中型企业。

5. 目标观众的选择

展会上万头攒动、熙熙攘攘,但对某一参展商来说不一定都是目标观众。展览会需要专业观众,他们是参展商的潜在客户。参展商希望见到有效观众,亦即目标观众。

专业展已成为展览会发展的趋势,市场细分的结果是:参展商要进一步明确产品市场、客户定位,没有必要哪个展览会都参加;主办者要非常明确展览会的主题,要知道应该邀请哪些参展商及目标观众。

(三) 企业参展选择中的常见问题

在展会的选择中,既要考虑企业自身的实际情况,又要考虑市场情况做好选择,应避免出现下列情况:

(1) 因为被邀请,就匆忙选择展览会。
(2) 因为费用低,而选择展览会。
(3) 因为评价好,就不加分析地选择该展览会。
(4) 因为竞争对手参加,而选择展览会。

企业参展选择注意事项

(1) 留心展览会的"历史"。
(2) 核实展览承办方的实力。
(3) 摸清展览会的规模。
(4) 关注展览会的内容。
(5) 查看展览会的宣传。
(6) 查看展览举办的场馆。
(7) 重视展览的展期。
(8) 注重展览承办方的诚信。

第二节 会展主题的确立

一、会展主题的概念与类型

会展主题是贯穿于整个会展所反映的社会生活内容的中心思想,也称为会展主题思想。

按照会展所涵盖的范围,可以将其主题类型分为主题会议、主题展览和主题节事活动三大类。世博会则是汇集各种会议、展览以及活动于一体的盛会,是会展中最具典型的特例。

1. 主题会议

要开好一次大会,必须有一个中心思想,只有紧扣主题,才能将会议组织得有条不紊。

例如,'99《财富》全球论坛于1999年9月27日在上海开幕,本次论坛年会的主题是"中国:未来五十年"。

首届中国国际农产品交易会于2003年11月11日至16日在北京举行,此次农交会的主题是"展示成果、推动交流、促进贸易"。

典型案例 3-1：

博鳌亚洲论坛的主题

（一）论坛由来

博鳌亚洲论坛（Boao Forum for Asia）是一个非政府、非营利的国际组织，由菲律宾前总统拉莫斯、澳大利亚前总理霍克及日本前首相细川护熙于1998年发起。2001年2月，博鳌亚洲论坛正式宣告成立，它是第一个总部设在中国的国际会议组织，从2002年开始，论坛每年定期在中国海南博鳌召开年会。博鳌亚洲论坛的成立获得了亚洲各国的普遍支持，并赢得了全世界的广泛关注。作为一个非官方、非盈利、定期、定址、开放性的国际会议组织，博鳌亚洲论坛以平等、互惠、合作和共赢为主旨，立足亚洲，推动亚洲各国间的经济交流、协调与合作；同时又面向世界，增强亚洲与世界其他地区的对话与经济联系。论坛目前已成为亚洲以及其他大洲有关国家政府、工商界和学术界领袖就亚洲以及全球重要事务进行对话的高层次平台。作为对本地区政府间合作组织的有益补充，博鳌亚洲论坛为建设一个更加繁荣、稳定、和谐自处，且与世界其他地区和平共处的新亚洲作出重要的贡献。博鳌亚洲论坛落户海南后，以此为代表的会展经济日益发展，并成为带动海南旅游业蓬勃发展的重要推动力之一。

（二）历届主题

2002年年会的主题"新世纪、新挑战、新亚洲－亚洲经济合作与发展"。
2003年年会的主题是"亚洲寻求共赢：合作促进发展"。
2004年年会的主题是"亚洲寻求共赢：一个向世界开放的亚洲"。
2005年年会的主题是"亚洲寻求共赢：亚洲的新角色"。
2006年年会的主题是"亚洲寻求共赢：亚洲的新机会"。
2007年年会的主题是"亚洲寻求共赢：亚洲制胜全球经济，创新和可持续发展"。
2008年年会的主题是"绿色亚洲：在变革中实现共赢"。
2009年年会的主题是"经济危机与亚洲：挑战与展望"。
2010年年会的主题是"绿色复苏：亚洲可持续发展的现实选择"。
2011年年会的主题是"包容性发展，共同议程与全新挑战"。
2012年年会的主题是"变革世界中的亚洲：迈向健康与可持续发展"。
2013年年会的主题是"亚洲寻求共同发展：革新、责任、合作"。
2014年年会的主题是"亚洲新未来：寻找和释放发展新动力"。

（资料来源：http://finance.ifeng.com/news/special/2012boao/）

2. 主题展览

一个好的主题对于展览活动来说就好像是一面旗帜。以世博会为例：

历史上成功的世博会都有各具特色的主题。世博会对于主题的要求是非常高的，既要符合国际展览局的要求，适合举办国国情，又要代表世界潮流，能引起大多数国家的兴趣。

关于2010年上海世博会的主题，《国际金融报》曾有报道指出，最初，2010年上海世博会主题征集了32个题目,包括城市、文明和文化、已知和未知、探索与创新、环境、信息六大类。通过评选,初步选择了"已知和未知——信息时代的都市圈"、"沟通和跨越"、"城市与环境"三类主题。第三轮,确定"城市、生活质量"作为申办主题的两个要素。2001年4月25日,"城市,让生活更美好"的主题最后确立。

历届世博会情况,见表3-2。

表3-2 历届世博会举办国、举办地和主题

年 份	国 家	举办地	主 题
1935	比利时	布鲁塞尔	通过竞争获取和平
1937	法 国	巴 黎	现代生活中的艺术与技术
1939	美 国	旧金山	创造明日新世界
1958	比利时	布鲁塞尔	让人类世界更平等,科学文明和人文精神
1962	美 国	西雅图	太空时代的人类
1964	美 国	纽 约	通过理解走向和平
1967	加拿大	蒙特利尔	人类与世界
1968	美 国	圣安东尼奥	美洲大陆的文化交流
1970	日 本	大 阪	人类的进步与和谐
1974	美 国	斯波坎	无污染的进步
1975	日 本	冲 绳	海洋——充满希望的未来
1982	美 国	诺克斯维尔	能源——世界的原动力
1984	美 国	新奥尔良	河流的世界——水乃生命之源
1985	日 本	筑 波	居住环境——人类家居科技
1986	加拿大	温哥华	交通与运输
1988	澳大利亚	布里斯班	科技时代的休闲生活
1990	日 本	大 阪	人类与自然
1992	西班牙	塞维利亚	发现的时代
1992	意大利	热那亚	哥伦布——船与海
1993	韩 国	大 田	新的起飞之路
1998	葡萄牙	里斯本	海洋——未来的财富
1999	中 国	昆 明	人与自然——迈向21世纪
2000	德 国	汉诺威	人·自然·科技
2005	日 本	爱知县	大自然的智慧
2010	中 国	上 海	城市,让生活更美好

3. 主题节事活动

节事活动包括传统节日、法定节日、国际通用节日、民族节日以及各种节庆活动,如商业类的啤酒节、广告节,演艺类的电视节、戏剧节,体育类的国际马拉松赛、"大师杯"网球公开赛(见图 3-1)等。

图 3-1　上海劳力士大师杯赛海报

主题是节事活动内容的高度概括,是举办节事活动的灵魂。因此,节事活动策划要有明确的主题。主题的确定要精炼、新颖、大众化,要能为广大公众所接受,避免雷同现象。例如,上海旅游节近年来的主题有:"人民大众的节日"(2005 年)、"走进美好与欢乐"(2006 年)、"迎奥运,迎世博"(2007 年)、"世界的节日,花的乐章"(2008 年)、"旅游·让生活更美好"(2009 年)、走进美好与欢乐(2013 年)(见图 3-2)。

图 3-2　上海旅游节

二、会展主题的确定与选择

会展主题的确立从行业全景来说,其出发点应从实际出发,根据城市自身的特点,明确宗旨,选准主题。一般,要根据城市地域优势、支柱产业、塑造品牌等要素确立会展主题。

主题是展会的焦点,主题确立的目的是使展会的有关信息在参观者的脑海里留下深刻的印象。因而,对具体的企业来说,展会组织者应该真正了解每一届展会每一个客户的新需求,制定出合适的主题,量身定做,提供给参展商想要的东西。

在会展主题的确定与选择上,不要让主题仅仅是显得可爱。当被作为整个市场计划的一部分时,一个主题可以真正地起到提升品牌的作用。

一般来说,在确立主题之前,首先要收集、整理本企业的宣传册、产品说明、目录以及其他销售资料;然后会见客户,弄清他们最喜欢的产品或喜欢公司的哪一点;最后,研究目前的宣传活动以及网站,从中获得信息或可能的主题。一旦已经掌握了所有这些信息,那么根据最想传达的信息作决定就可以了。用作主题的话应尽可能简单化,要用生活化的语言,而不是行话。

确定主题的关键

与时俱进——紧密结合当前的潮流和时事。
避免陈词滥调或过度使用的主题。
顺应公司的个性(一致性)。
独立于整个会展的主题或定位。
KISS——做到既精巧,又简单。
让全组的所有成员都参与到计划的过程中。
触动敏感神经,着手于参观者的童年或对某个著名地方的印象。

主题一旦确定,就要保持一致性。主题通过展前邮件、展台展示、派发品、后续资料等传播手段影响目标观众,帮助他们记住核心信息,这才是企业参展的根本。

三、会展主题实例

会展主题的拟定是根据具体的展览目标、展览现场情况、展览预算等因素确立的。我们来看下面的案例。

一家小型教育软件公司想要展示它们的新创作——一个园林设计项目,其特点是可以进行在线园艺指导。

会展:本地住宅及花园展览,预计3天内(28小时)有20 000位参观者,是一个一般性的公众会展。

展台:
10 ft×10 ft 的展台。

目标:
对所有在展台前停留的人。
- 卖出250套软件包(零售49.95美元,会展特别价35美元,总计8 750美元)。
- 收集500名参观者的姓名及地址资料。
- 赢得当地媒体的关注(至少两篇新闻)。

分析:
每小时赢得18位客户,售出9套产品。

预算:

1 000 美元　展台租赁；
750 美元　展台设计；
800 美元　会展服务；
750 美元　宣传推广；
400 美元　员工费用；
300 美元　杂费。
主题：科技之花盛开之处。
总计：4 000 美元。

2005 年爱知县世博会的主题是"大自然的智慧"；通过三个亚主题展开，即自然的模型、生活的艺术、生态区的开发；围绕主题又确定了基本目标，包括计划目标与操作目标。具体内容见表 3－3。

表 3－3　爱知县世博会的主题、亚主题与基本目标

	名　称	内　容
主题	大自然的智慧	汇集人类迄今已获得的所有经验、知识和智慧，从中探寻出文化与文明的新理想和新目标，并依照自然的智慧创建一种 21 世纪的社会模型，为解决 21 世纪人类面对的问题以及为我们这个星球的未来寻找新的方向
亚主题	自然的模型	人类想象的宇宙和地球 未来通讯和技术 人类生存和生命科学
	生活的艺术	与自然共有的文化 历代承传的艺术 技术与论证：过去与未来
	生态区的开发	21世纪自然开发、自然保护和环境修复展示 基于再生能源和能源保护理念建立一个全球规模社会制度 建立一个适合全球新居民的生活方式
基本目标	计划目标	探索自然的神秘 尝试在博览会上充分运用信息技术，并验证新的实验 展示人与自然共处的欢乐 为已退休居民提供怡人的模范社会 最大限度地鼓励，包括亚洲居民的各民族之间的对话 展示以环境和谐为特色的模范生态区
	操作目标	通过多种不同形式促进市民参与 促进中部地区更大的发展，充分运用现有的技术力量 建立广泛的合作网络 使 2005 年博览会生趣盎然，赏心悦目

第三节 展会项目立项策划

在确定了展会的目标、题材以及主题之后,就可以进行展会项目立项策划了。所谓展会项目立项策划,就是根据掌握的各种信息,对即将举办的展会的有关事宜进行初步规划,设计出展会的基本框架。

以展览为例,其项目立项策划的主要内容包括:展会的名称和地点、办展机构、展品范围、办展时间、展会规模、展会定位、参展计划、招展策划、宣传推广和招商策划、展会进度计划、现场管理计划、相关活动计划等。以下就其中较重要的几项来加以说明。

一、展会的名称和地点

展会的名称一般包括三个方面的内容,即基本部分、限定部分与行业标识。例如,"第二十一届上海国际广告技术设备展览会",其基本部分是"展览会",限定部分是"第二十一届"和"上海国际",行业标识是"广告"。

典型案例 3-2:

上海国际广告技术设备展览会官网

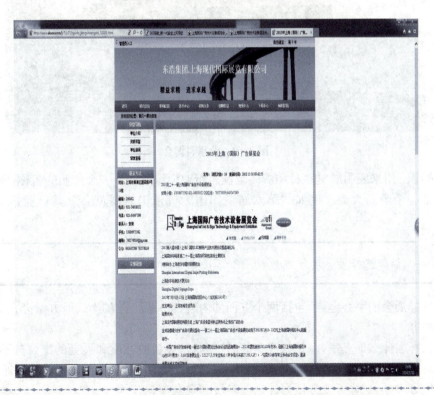

基本部分：用来表明展览会的性质和特征。常用词有：展览会、博览会、展销会、交易会和节等。

一般来说，展览会是以贸易和展示宣传为主要目的的展会，专业性较强，展览现场一般不准零售；博览会是指以展示宣传和贸易为主要目的的展会，展览的题材多而广泛，专业性不强，展览现场一般也不准零售；展销会是指以现场零售为主要目的的展会；交易会和"节"的含义较广，同时具有展览会、博览会、展销会三者的含义。

值得指出的是，尽管以上不同类型展会的功能有所区别，但在实际操作中，有混用的现象，都用来表示展会。

限定部分：用来说明展会举办的时间、地点和展会的性质。常用的时间表示法有"届"、"年"和"季"等，如"第八届中国北京国际科技产业博览会"，限定部分是"第八届"和"中国北京国际"，如图3-3所示。

图3-3 北京科博会

行业标识：用来表明展览题材和展品范围。行业标识通常是一个产业的名称，或者是一个产业中的某一个产品大类。例如，"第六届中国国际机械工业展览会"，其行业标识是"机械工业"。

 如何选择展会的举办地？

策划选择展会的举办地点，包括两个方面的内容：一是展会在什么地方举办；二是展会在哪个展馆举办。

展会选择在什么地点举办，是与展会的展览题材、展会的性质和展会的定位分不开的。一般的选址总是在交通便利和较重要的经济中心。国际性的展会，一般应在对外交通和海关比较便利的地方举办，这样可以方便海外企业参展和观众参观。

在具体选择展馆时,还要综合考虑使用展馆成本的大小如何、展期安排是否符合自己的要求,以及展馆本身的设施和服务水平等因素。

二、办展机构

办展机构是指负责展会的组织、策划、招展和招商等事宜的有关单位,可以是企业、行业协会、政府部门和新闻媒体等。一个展览会的办展机构一般有以下几种:主办单位、承办单位、协办单位、支持单位等。

主办单位:拥有展会,并对展会承担主要法律责任的办展单位。主办单位在法律上拥有展会的所有权。例如,"上海国际工业博览会"其主办单位由国家发展改革委员会、商务部、科学技术部、信息产业部、教育部、中国科学院、中国工程院以及上海市人民政府等多家单位组成。

实训3-1:

浏览"上海国际工业博览会官网",了解上海国际工业博览会办展机构。

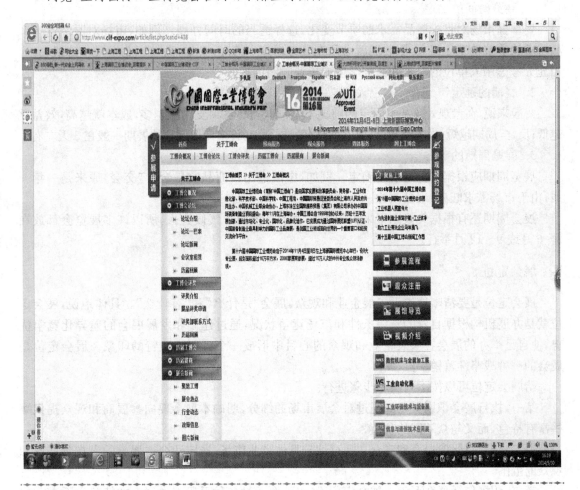

承办单位:直接负责展会的策划、组织、操作与管理,并对展会承担主要财务责任的办展单

位。承办单位是办展机构中较为核心的单位。例如,"第十届大连国际汽车工业展览会"其承办单位由中国国际贸易促进委员会大连分会、中国国际贸易促进委员会汽车行业分会、中国汽车工业协会、中国汽车工业进出口总公司、大连保税区管理委员会等单位组成。

协办单位:协助主办或承办单位负责展会的策划、组织、操作与管理,部分地承担展会的招展、招商和宣传推广工作的办展单位。

支持单位:对展会主办或承办单位的展会策划、组织、操作与管理,或者是招展、招商和宣传推广等工作起支持作用的办展单位。

对于一个展览会来说,主办单位和承办单位是最为核心和最为重要的办展机构,是必不可少的。协办单位与支持单位可视展会的实际需要来定。

三、办展时间

会展时间策划主要解决好三个问题:一是什么时间为最佳办展期;二是展期多长合适;三是展览周期问题。

1. 展览时间的确定

要掌握市场对目标展品需求的季节变化,选择适当的时间办展。例如,市场对服装这一产品需求的季节性变化很大,服装展就必须充分考虑这一情况;又如,高校毕业生人才洽谈会,应当充分考虑用人单位的需求和高校学生的毕业时间因素。

2. 展期的确定

一般来说,在参观人数基本固定的前提下,展期越长,各项支出就越多,成本就越高,效益就越低;反之,周期越短,成本就越低,效益就越好。国际上,许多专业展会的展期一般在3天左右。

3. 展览周期的确定

展览周期应根据市场需求来确定。例如,中国进出口商品交易会(广交会)原来是一年一届,由于市场需求旺盛,现已改为一年两届,每届三期。

展会周期还有根据气候因素来决定的。由于春秋两季气候宜人,所以许多展览会都放在3~6月或9~12月举行。

四、展会定位

展会定位是要清晰地告诉参展企业和观众,展会"是什么"和"有什么"。具体地说,展会定位就是办展机构根据自身的资源条件和市场竞争状况,通过建立和发展展会的差异化竞争优势,使自己举办的展会在参展企业和观众的心目中形成一个鲜明而独特的印象。展会定位是展会的一种战略性营销手段。

给展会定位可以按下列四个步骤进行。

第一,执行展会识别策略。通过对会展市场的细分,明确本展会要向参展商和观众提供哪些富有特色,而又与众不同的价值。

第二,选定目标参展商和观众。通过细分具体产业市场,选定适合本展会的潜在参展商和观众的范围。

第三,积极传播展会形象。展会定位确定后,要通过各种手段将本展会的特色告诉潜在的参展商和观众,让他们了解本展会的定位。

第四,创造差异化优势。本展会与同题材的其他展会相比竞争优势凸现,在众多的展会中就会脱颖而出,取得成功。

五、参展计划

对于参展企业而言,参加展览会不是简单的派几个人带着展品样本去展馆展示企业的产品,而是一个涉及面很广的复杂工程项目,因而制定详细的参展计划就显得十分重要。一个好的参展计划是在一定的投入下,取得最大参展效益的基础。参展计划应该包括在企业的年度工作计划中,统筹安排。参展计划一般包括以下几点。

(1) 展出目标。确定参加展览会的目的或预期要达到的目标。
(2) 选择展会。根据展出目标确定要参加的一个或数个展览会。
(3) 展出重点。确定所参加的展览会所要宣传或展览的重点项目。
(4) 相关活动。确定在展会期间开展各种活动。
(5) 时限要求。按展览会的时间确定各项工作的起止时间。
(6) 人员安排。指定参展项目的管理人员、工作人员,以及各自的分工责任。
(7) 资金计划。安排全年度用于展览会的资金使用计划。
(8) 筹备工作。确定与所参加展览会配套的资料准备、展品制作、运输等工作。

在年度计划的指导下,针对每一个要参加的展览会,应制定出详细的参展方案。参展方案中,除了年度计划中的相应内容以外,还应包括主题、标志、色彩、文字、照片、图片、展品、布局等针对展览会的具体要求,以及对指定的展位设计和施工公司提出的要求。

六、招展策划

招展策划是展会组办方对招展活动方案进行的策划,是展会整体策划中最基础的工作之一,也是展会筹备过程中最重要的环节之一。

1. 目标参展商数据库

招展策划的第一步是通过广泛收集目标参展商的信息,建立一个完整实用的目标参展商数据库,为展会招展做好基础性的准备工作。

所谓目标参展商,是指办展机构认为可能会来参加展出的企业或其他单位。目标参展商是展会招揽展出者的目标范围。

目标参展商的有关信息可以通过行业企业名录、商会和行业协会、政府主管部门、专业报刊、同类展会、外国驻华机构、专业网站以及电话黄页等收集。

收集目标参展商的信息,除了要收集它们的名称、地址、联系电话、传真、网址和 E-mail、联系人等基本信息外,还要收集关于它们生产的产品和种类、目标市场、企业规模等信息,这些信息对以后展会拓展有重要参考价值。

目标参展商数据库的建立需要按标准对数据进行分类、选择合适的软件等,不仅有较强的专业性,而且还需要有足够的耐心,因为进入数据库的信息可能会有几万条甚至几十万条。

2. 招展价格

招展价格就是展会的展位出售价格。一个展会的招展价格一般有两种:一是标准展位价格,通常是以一个标准展位多少钱来表示;二是空地的价格,一般用每平方米多少钱来表示。

制定招展价格要考虑诸多因素,如竞争需要、价格目标、价格弹性、行业状况等。此外,展区和具体位置的差别、国外参展商与国内参展商的差别等也是必须考虑的。

在实际操作中,给予参展商一定的价格折扣,是非常常见的一种促销策略。折扣有统一折扣、差别折扣以及位置折扣等多种,但不管采取何种策略,招展执行价格应保持统一,避免混乱。

3. 招展方案

招展方案是对展会招展工作的总体规划和全面部署,它是展会策划诸多方案中的核心方案之一。

招展方案的内容包括分析产业分布特点、划分展区和展位、确定招展价格、编制发送招展函、招展分工、招展代理、招展宣传推广、展位营销办法、招展预算,以及招展总体进度安排等。在编制招展方案时,要在全面掌握市场信息的基础上,参考展览题材所在行业的特点,对各项招展工作进行统筹规划、合理安排。

实训 3-2:

阅读下列材料,学习撰写一份完整的招展函,注意所包含的内容。

在招展方案中,编制招展函是中心工作。

一般来说,一份完整的招展函至少包括以下内容:

(1) 写给参展商的邀请信;

(2) 展会的基本内容,包括展览会的举办背景分析、展会名称、举办时间及地点、办展机构等;

(3) 往届展览会所取得的成绩,一般包括参展商和专业观众数量、专业观众结构分析等内容;

(4) 本届展会的亮点和创新之处;

(5) 本届展会的专业观众组织和宣传推广计划;

(6) 参展办法,包括参展程序介绍、展位和广告等配套服务报价、参展申请表、付款方式、优惠政策、联系办法等;

(7) 附相关图片,如往届展览会图片、场馆分区图、周边地区交通图等。

七、招商策划

1. 展会招商的概念

展会招商就是邀请观众到展会来参观。观众对于展会来说至关重要,有一定数量和质量的观众是展会成功的关键因素。

一般来说,展会招商所邀请的一些特殊观众,可称为"专业观众"。所谓"专业观众",是指从事展会上所展示的某类展品或服务的设计、开发、生产、销售或服务的专业人士以及该产品的用户。与"专业观众"相对应的是"普通观众"。有些展览会对观众的要求比较严格,如广交会就只邀请专业观众参加,普通观众不允许入场。

除"专业观众"与"普通观众"的划分外,展会还将观众划分为"有效观众"和"无效观众"。所谓"有效观众",是指到会参观的专业观众,以及展会参展商所期望的其他观众。"无效观众",则是展会参展商所不期望的观众。

尽可能多地邀请到"有效观众"对参展商来说意义很大,因而,许多参展商总是在这方面做足文章。

2. 展会通讯

展会通讯是办展机构根据展会的实际需要编写的、用来向展会的目标客户通报有关情况的一种宣传材料，它通常是一本小册子或一份小报，如由上海展报传媒有限公司承办的《展报》、《工博会通讯》等就是常见展会通讯中的一种。展会通讯印制好之后，可通过直邮等方式寄给目标受众，也可以在展会现场作为宣传用品免费发送。

展会通讯可起到及时向目标客户传达信息，促进展会招展、招商，以及树立办展机构良好形象等的作用。

展会通讯的主要内容有以下五个方面。

（1）展会的简报。包括展会名称、举办时间地点、办展机构、展会的LOGO、本展会的特点及优势等。

（2）招展通报。可通报所有参展企业名录，对行业知名企业还可以重点报道。

（3）招商通报。

（4）展会期间相关活动通报，如专业研讨会、信息发布会等。

（5）参展（参观）回执表。回执表目的在于方便客户及时反馈其参展（参观）的有关信息。

为了能使目标客户产生兴趣，展会通讯要做得美观大方，具有知识性、趣味性、时尚性。对于重点客户，除直邮展会通讯外，还要电话回访，以引起重视。

3. 展会招商方案

招商方案是展会整体策划诸多方案中的核心方案之一。展会招商方案是为展会邀请观众而制定的具体执行方案，它是在充分了解展会展品需求市场的基础上，合理地安排招商人员在适当的时间里通过合适的渠道进行展会招商活动，是对展会招商活动进行的总体安排和把握，目的是保证展会开幕时能有足够的观众到会。

国内大多数展会是既对专业观众开放，又对普通观众开放的。因此，其招展也应该是包括这两类观众。

常见的展会招商方案有展会招商分工、展会通讯及观众邀请函的编印发送计划、招商渠道和措施、招商宣传推广计划、招商预算，以及招商进度安排等内容。每一内容都有具体的要求，所以，在制定方案时必须统筹考虑、合理安排。

实训 3－3：

阅读下列材料，学习制作展会通讯，注意展会通讯所包含的内容。

展会通讯是办展机构根据展会的实际需要编写的、用来向展会的目标客户通报展会有关情况的一种宣传资料，常是一本小册子或是小报纸。办展机构一般采用直接邮寄或电子邮件的方式发送给目标客户。

展会通讯可起到及时向目标客户传达信息，促进展会招展、招商，以及树立办展机构良好形象等作用。

展会通讯的主要内容有：

（1）展会的简报。包括展会名称、举办时间地点、办展机构、展会的LOGO、本展会的特点和优势等。

(2) 招展通报。可通报所有参展企业名录,对行业知名企业还可以重点报道。
(3) 招商通报。
(4) 展会期间相关活动通报。如专业研讨会、信息发布会等。
(5) 参展(参观)回执表。回执表目的在于方便客户及时反馈其参展(参观)的有关信息。

为了能对目标客户产生兴趣,展会通讯在写作上要求:具有知识性、时尚性和趣味性,外观美观大方,内容短小精悍,信息真实可靠。对于重点客户,除直邮展会通讯外,还要电话回访,以引起重视。

展会项目立项策划在实际运作中是一个系统、复杂的体系,会展的设计策略、宣传策略、项目管理策略等在后面将有专章介绍,此不赘述。

 小结和学习重点

(1) 制定准确的目标是展会取得成功的必要条件。
(2) 参展目标在具体操作中要注意的问题。
(3) 展会题材的选择是非常细致的专业工作。
(4) 会展主题是贯穿于整个会展过程的中心思想。
(5) 会展项目立项策划的具体内容。

企业参展所设定的展会目标要具体而明晰。研究表明,期望增强竞争能力是企业参加展会的第一原因。从逻辑上分析,会展主题的确立与会展项目立项策划都是围绕参展目标而进行的。会展项目立项策划是一个复杂的系统工程,从内容上来说,每个具体的项目可以是独立的,可以单独进行策划,而所有项目在一起又构成一个整体,是有机相连不可截然分割的。

 前沿问题

(1) 会展项目立项策划应掌握好展会的基本市场信息和相关产业信息,为将来制定展会的各种执行方案、营销策略作准备。
(2) 会展项目立项策划要对该展会的有关发展前景作出预测。

案例分析

第四届上海工博会项目策划

上海国际工业博览会(以下简称"上海工博会")是目前国内唯一的国家级的以高新技术产业和现代工业设备为展示主体的大型工业博览会,每年 11 月在上海举办。2000 年 10 月 18 日,中共中央总书记、国家主席江泽民为"上海国际工业博览会"题写会名。"上海工博会"以

"信息化带动工业化"为主题,立足于"用高新技术和国际先进技术改造我国传统工业,加快提升我国工业的整体素质和国际竞争力"的基本宗旨,努力将信息化和工业化、国际化和工业化结合起来。

本届工博会展览面积达 6.25 万 m^2,设展位 2 700 个。展览会发挥展示、交易、评审、论坛四大功能,通过设立电子信息与网络、电气装备、工业自动化、生物工程与医药、环保与能源、汽车与零部件、新材料、家用电器及科技创新九大展区,推出了数千项投资、产权和高新技术成果项目,并公布外商投资项目,成为中外经济技术交流和经济贸易合作的桥梁。

"西有汉诺威工博会,东有上海工博会",这是上海市政府2001年提出的发展目标。我们来看第四届"上海工博会"的部分项目策划。

一、举办时间、地点与组织机构

日　　期:2002 年 11 月 22—27 日
地　　点:上海市新国际博览中心(上海市浦东新区龙阳路 2345 号)
主办单位:国家经济贸易委员会
　　　　　对外经济贸易合作部
　　　　　科学技术部
　　　　　信息产业部
　　　　　教育部
　　　　　中国科学院
　　　　　中国国际贸易促进委员会
　　　　　上海市人民政府
承办单位:东浩集团上海外经贸商务展览有限公司

二、宣传推介计划

1. 网络宣传

作为"上海工博会"专业网站(www.sif—expo.com),从 2002 年 1 月起,推出第四届"工博会"最新版面和内容。在第三届"工博会"与各网站双向链接的基础上,进一步扩大链接范围,目前已经进行双向链接的网站有 20 多个,包括境内、境外网站。

2. 广告

(1) 2002 年 6 月份起,在上海和各主办单位的专业性报刊上陆续刊登介绍"上海工博会"情况和招展、招商的信息。

(2) 2002 年 6 月份起,在《人民日报》、《人民日报·海外版》、《经济日报》、《国际商报》和《工商时报》及国内有关地方报纸上发布"工博会"广告。

(3) 2002 年 6 月份起,在日本《日刊工业新闻》、中国台湾《经济日报》、印度《今日印度》等报刊上陆续刊登"上海工博会"招展、招商的广告。

(4) 2002 年 6 月份起,在上海卫视、香港卫视等国内重点省市的主要媒体上陆续投放"工博会"的广告。

(5) 在中欧欧洲在线、环球资源和世界经理人文摘网站上发布"上海工博会"广告。

3. 境外宣传推介

(1)"上海工博会"派出7个出访小组,从今年3月份起,分别到西欧、东欧、南欧、美加地区、东南亚及印度等国家,通过举办推介会、拜访商业机构或企业等形式,广泛宣传和推介"上海工博会"。

(2)通过中国驻各国大使馆经商处向各国有关商会、协会等机构进行推介。

4. 环境宣传

(1)在香港机场设立"上海工博会"灯箱广告,扩大影响。

(2)在上海虹桥、浦东机场主干道和候机厅布置灯箱广告。

(3)在"工博会"开幕前三周起,在上海主要街道、机场入口处、展览场地四周悬挂横幅、彩旗、气球广告等。

三、参展参观

(一)日程安排

1. 特装修、搭建布展

11月19日—11月21日　9:00—17:00

11月21日　9:00—14:00

2. 封馆检查

11月21日中午14:00开始

3. 开幕式

11月22日　9:30—10:30

4. 开馆及观众参观时间

11月22日　10:30—17:00

11月23日—11月26日　9:30—17:00

11月27日　9:30—16:00

5. 撤展时间

11月27日　16:00—20:00(参展企业撤展)

11月28日　9:00—17:00

各参展单位工作人员每天应在开馆前30分钟进场,闭馆后30分钟内退场(中午不闭馆)。

(二)参展费用

标准摊位:8 200.00元人民币。

设施包括:一张洽谈桌、四把折叠椅、一块中英文楣板、一个220 V电源插座、两个射灯、摊位内铺满地毯。

室内光地(27 m² 起租):7 700.00元人民币/9 m²。

室外光地(50 m² 起租)：450.00 元人民币/1 m²。

(三) 展览服务

1. 服务项目

(1) 免费服务项目：

统一宣传参展商名录及主要产品品名介绍；

开设"在线工博会"，参展商及产品信息免费上网，实行网上交易；

协助参展商安排各种接洽活动；

统一制作参展商胸卡；

协助参展商与客户联系；

邀请参加开幕式等有关活动。

(2) 收费服务项目：

展览会会刊广告登录；

音像设备租用；

国内国际长途电话及传真；

场内外广告；

代聘翻译及工作人员；

提供国际国内运输代理；

办理展品进出口报送；

安排特殊要求的布展；

展品入馆安放。

2. 贸易与留购

上海商展进出口公司被指定为本届"工博会"贸易商，负责境内外企业展品留购。

公司地址：上海市浦东乳山路 208 号 1101 室

电话：(021)58307677 传真：(021)68757806

3. 商务接待与酒店服务

上海依佩克旅游实业有限公司和香港中国旅行社作为"工博会"指定旅行代理，将为所有参加"工博会"的参展商和观众提供相关酒店的预订服务，同时也提供中国境内旅游服务以及机票、火车票预订服务。

运输服务、展具租赁服务、广告服务等其他服务项目见参展手册。

(四) 参展手册

基本信息

搭建事项

在线工博会

展品评奖

展品运输

会展服务

广告刊例

参展须知

布展须知
会刊登录
会展人员登记表
展具租赁
参展商主要客户

(资料来源：马勇、王春雷主编《会展管理的理论、方法与案例》)

思考：
1. 浏览"上海工博会"专业网站(www.sif—expo.com)，试析"上海工博会"网络宣传策略。
2. 本案例在"展览服务"项目中有无不完善的地方？请指出。

练习与思考

(一) 名词解释
参展目标　展会题材　目标观众　会展主题　展会定位　展会通讯

(二) 填空
1. 有资料显示：各国参加世博会，首先考虑的是_____，其次是_____，然后才是_____。
2. 选择展会的展览题材，要根据展会举办地及其周边区域的_____、_____、_____、_____和展览设施等条件。
3. 在确立主题之前，首先要收集整理本企业的_____、_____、目录以及其他_____。

(三) 单项选择
1. 国际上许多专业展会的展期一般在(   )天左右。
　　A. 3　　　　　　B. 4　　　　　　C. 5　　　　　　D. 6
2. "大自然的智慧"是在日本(   )举办的世博会主题。
　　A. 冲绳　　　　B. 大阪　　　　C. 爱知县　　　　D. 筑波

(四) 多项选择
1. 会展时间策划主要解决的问题是(   )。
　　A. 最佳办展期　　B. 展期多长　　C. 展览周期　　D. 闭馆时间
2. 展览会的办展机构一般有(   )。
　　A. 主办单位　　B. 承办单位　　C. 行业协会　　D. 支持单位

(五) 简答
1. 常见的展出目标有哪些？制定参展目标容易出现哪些问题？
2. 展会题材的选择一般有哪些方法？
3. 确定会展主题有哪些关键因素？

(六) 论述
试述展览项目立项策划的主要内容。

部分参考答案

(二) 填空
1. 政治因素　经济因素　社会文化因素
2. 经济结构　产业结构　地理位置　交通情况
3. 宣传册　产品说明　销售资料

(三) 单项选择
1. A　2. C

(四) 多项选择
1. ABC　2. ABD

第四章 会议活动策划

 学习目标

学完本章,你应该能够:
1. 熟知会议的组成要素;
2. 对会议活动的策划有一个较全面的认识与理解;
3. 了解与会议相关的事件和活动。

 基本概念

会议　会议的要素　会议筹备　会议目标和诉求　会议的流程　并行会议

在会展策划学中,会议的策划既可以纳入到整个会展策划的体系之中,又可以单独成章,成为整个会展策划体系的必要内容。现代会议的发展使得会议活动有着自己的特性。

第一节　会议活动概述

一、会议的概念

孙中山先生曾说过:"凡研究事理而为之解决,一人谓之独思,二人谓之对话,三人以上而循一定规则者,则谓之会议。"(孙中山:《民权初步》)在《现代汉语词典》(商务印书馆,2000年增补本)中,会议被定义为有组织有领导地商议事情的集会。

会议的定义。

所谓"会",是聚合的意思;所谓"议",是指商量讨论。因此我们可以说,会议是人们怀着各种不同的目的,有组织地聚集在一起的议事活动。

会议的规模、种类、时间根据情况各不相同。全世界每天都有许许多多的人参加着各种各样的会议,如政治性大会、会谈、座谈会、研讨会、研习会等。

国际数学家大会

国际数学家大会(简称ICM),是由国际数学联盟(IMU)发起和组织的,已有百余年历史。首届大会1897年在瑞士举行,1900年巴黎大会之后每4年举行一次,除两次世界大战期间外,未曾中断过。它已成为最高水平的全球性数学科学学术大会。

国际数学家大会的最高奖项是菲尔兹数学奖,这一奖项被称为数学的诺贝尔奖,在每届的开幕式上举行授奖仪式。

国际数学家大会邀请的1小时大会报告和45分钟报告,一般被认为代表了近代数学科学中最重大的成果与进展,因而受到高度的重视。能被邀请是一种很高的荣誉。有史以来,我国内地被国际数学家大会邀请作45分钟报告的仅有华罗庚、吴文俊、陈景润、冯康、张恭庆、马志明等屈指可数的几个人。

1998年8月15日,在德国德累斯顿举行的国际数学联盟成员代表大会上,中国赢得了2002年国际数学家大会的举办权。2002年,国际数学家大会在我国成功举办,标志着我国数学科学的研究已经达到较高的水平。

有时,人们为作出决定而举行会议。这类会议的典型是各种政治会议,尤其是当问题涉及团体内许多不同人群的时候。

发布信息是人们举行会议的另外一个重要原因。在会议上,各种不同的目标团体与公众都可以获得相应的信息资源。

在现代社会中,有相当多的会议是与经贸活动有直接关联的,这类会议可以通过组织集会促使公众接受并采取行动,如产品促销会等。

还有许多会议是为了进行学习交流而召开的,如"人力资源开发"、"会展人才培训"、"高级经理培训班"等。

会议的种类林林总总,这里不一一列举。

实训4-1:

阅读下列材料,弄清PCO的概念及其工作。

PCO是英语Professional Conference Organizer的缩写,是指通过为客户组织、经办会议而获取收入的专业的会议组织机构。在欧美会展业发达的国家和地区,PCO发展已很成熟,许多社团组织、企业等机构在开会时都会聘请PCO来帮助它们安排组织。

在中国,目前PCO正在逐步发展。随着我国会议产业的蓬勃发展,举办国际会议的次数越来越多,其组织与策划也越来越同国际接轨,会议主办方也越来越多地将组织工作交给PCO来运作,由PCO为会议提供全方位服务。

PCO在帮助安排、组织会议时,主要有以下工作:

(1) 会议的促销宣传、新闻报道工作;

(2) 各种印刷品的制作安排;

(3) 会议地点和会议场所的选择;
(4) 会议住宿(宾馆)的安排;
(5) 会议餐饮的安排;
(6) 会议预先注册和现场注册工作;
(7) 会议财务管理工作,包括会议预算、会议资金筹集、会议成本控制、会议现金管理等;
(8) 会议临时员工的招聘和培训、管理工作;
(9) 会议翻译(口译和笔译)人员的安排;
(10) 会议技术设备和人员的安排;
(11) 会议社会活动、学术访问的安排;
(12) 会议旅行、游览等活动的安排;
(13) 会议附设展览活动的安排(包括国际会议国外参展商的展品报关等);
(14) 帮助有关机构进行国际会议的申报、申办;
(15) 与海关协调参加国际会议的国外代表入境签证事宜;
(16) 协调、处理与当地政府机构,包括公安、消防和海关等部门的关系。

二、会议的要素

召开一次会议,尤其是大型会议,有很多的构成要素。通常,会议的构成要素有:主办者、承办者、与会者,以及其他与会议有关的人员。

1. 主办者

会议主办者一般指出资举行会议的组织的通称。

主办者分以下三种:

第一,协会等会员主办者。这种主办者为自己的会员举办会议,虽然参加会议者并不只局限于会员,但会议的核心是会员及组织的目标和任务。

第二,雇主主办者。这种主办者是雇主为自己的雇员和其他与组织相关的会员举办会议,如客户、股东、代理、分销商和总代理等。

第三,主办者是为公众举办会议,常常称为公共研讨会。这些会议分营利性和非营利性会议。一般来说,政府机构和公共团体为主办者举行的会议倾向于非营利性;各种媒体、专业协会、公司,以及想出售与会议有关产品的单位与个人举办的公共研讨会常常是营利性的。

2. 承办者

会议的承办者可以是某一具体的单位,也可以指某一会议的主要负责人。会议的主要负责人可以是主办方内部或外部人选。现在出现越来越多的是提供会议承办的服务公司。

3. 与会者

参加会议的人通常被称为与会者。

除一般与会者外,还有一些特殊类型的与会者需要特别予以关注,如贵宾(VIP)、国际与会者、行为障碍者、老年与会者等。

贵宾,如政府要员、影视名人、名著作者、公众名人等,他们应受到特殊对待。会议常常借助贵宾来扩大影响,但近年来贵宾也常常成为恐怖分子袭击的对象。因而,会议应加强对贵宾的安保措施,如是否有专人与贵宾联系、是否需要对贵宾实施特殊的保密措施、会场是否有保安人员和安全程序等。

对于行为障碍者,如盲人与会者会议组织者应给予特殊的帮助,必要时需制作一些特殊的会议简介。

对于乘坐轮椅的与会者,要提供坡道及其他类型的方便设施。

对于有听障的与会者,手势和手语是最常用的交流方式。

一些酒店为有行为障碍的与会者准备了特殊的房间,如乘轮椅者专用房间等。另外,还为有听障的与会者设置灯光系统,分别识别烟雾报警、电话或敲门。

三、会议筹备

会议筹备在逻辑上是按以下步骤进行:
(1) 主办者决定举行一个会议。
(2) 选择或聘请承办者。
(3) 指定策划委员会。
(4) 确定会议目标。
(5) 选择会址。
(6) 选择发言者。
(7) 进行市场营销。
(8) 举行会议。

然而,在实际操作过程中,具体的会议根据其规模、主办组织的结构等不同而有所区别。

会议策划人剪影

现代的会议策划人每年要花去几千小时进行策划活动,从简单的培训会到涉及几千个与会者和几百个参展人员的大型会展不等。这是一个令人激动的、丰富多彩的和不断发展着的职业。

据《会议》杂志进行的一项调查显示,现代会议策划人有以下典型特征:
(1) 男性居多(54%为男性,女性占46%)。
(2) 与大约11个同事共事于同一个部门。
(3) 有8年的业内工作经验。
(4) 年薪平均为52 400美元(从20 000~90 000美元不等,或者更多)。

会议策划人的主要职责包括预算、挑选会址、与饭店和航空公司以及卖主进行谈判、制定活动计划和贸易展览计划、确定餐饮品种、实施饭店及陆地交通的组织工作、进行会后总结,包括向参会人员进行调查并对每项活动所涉及的接待设施和服务进行评估。

为获得最佳市场条件,许多会议策划人同时附属于几家专业协会。对其专业而言,以下技术最为有用:杰出的沟通能力和组织能力、领导素质、灵活性、应对压力的能力。

第二节 会议活动策划

一、确定会议目标和诉求

会议目标和诉求简单地说就是"为什么开会",也就是会议召开的原因和目标。

一般说来,会议活动的目标和诉求分为三个阶段。

第一,明确召开会议的主要原因。

有时会议的目标只有一个,如确定参加某次展览会的相关议题。应该使与会者都清楚,本次会议就是围绕"参展"这一主题召开的,别的问题暂不讨论。

更多的情况是,召开会议的原因很多,需要策划者将会议召开的原因都列举出来,并按重要性先后的顺序逐一排列。

第二,根据原因确定会议目标。

会议的原因只是召开会议的动机,并不是会议所要达到的效果,确定了原因,还要根据它来确定会议的目标。

会议目标的具体形式有若干种,例如:

与会者对一个观点和项目等两方面的共识;

与会者对一个或多个问题解决方案的选定;

讨论、达成一项决议。

第三,再度审核会议的原因和目的。

在确定了会议召开的原因和目的之后,需要再度审核会议的原因和目的。这样做的目的,一方面是要检查会议的原因是否是最重要的,会议的原因和目的之间的关联是否紧密;另一方面则是要将会议的原因和目的总结成条理清晰、语句通畅、通俗易懂的语言,以便可以将其有效传达给与会者,使其真正成为召开会议的原因和目的。

明确会议的目的和诉求是会议准备的第一步,也是整个会议工作最重要的一步。如果会议的目的和诉求不明确,势必将造成会议失控、产生不良的后果等问题。

会议策划相关要素分析

表4-1列举了吸引与会者的因素、成功和失败的原因。

表4-1 会议策划相关要素分析

最吸引与会者的因素	比例	成功的原因	比例	失败的原因	比例
高质量的教育	93%	精心策划的议程	97%	不相关的会议内容	96%

续表

最吸引与会者的因素	比例	成功的原因	比例	失败的原因	比例
完善的配套服务	78%	有用的信息	96%	较差的音响效果	93%
理想的目的地	73%	先进技术/视听设备	79%	与听众不相适应的信息	89%
著名的演讲人	68%	听众高度参与	79%	与会议不配套的信息	88%
充足的休闲时间	35%	优秀的餐饮服务	55%	会议不按时开始或结束	73%
—	—	丰富的娱乐安排	37%	演讲人没有围绕主题	72%
—	—	—	—	缺乏听众参与	68%
—	—	—	—	没有自由时间	53%

二、选择召开会议的形式

会议的召开形式是多种多样的,恰当地选择会议的形式是决定会议成功与否的关键因素。会议的主要形式有以下八种。

1. 两方会议

这种会议形式是为仅有两方的会议设计的。一般适用于共同筹备的活动,或是双方就彼此之间的关系或利益进行谈判,或是利用某种偶然的机会讨论业务。

2. 非正式会议

这种会议通常是由某一个高层人士提出问题,进而由与其关系紧密的另外几方加入并进行的。召开这种会议的目的往往是"聚在一起研讨解决问题的办法"。

3. 集思广益会议

这种会议是临时的、非正式会议的发展,其目的是要产生创造性、改革性的思想。所以,与会人员就不能仅仅限于临时的非正式会议中彼此关系紧密的参与方,而是要扩大范围,加入一些思维灵活、视野宽广或经验丰富的参与者,灵感的产生需要与他人的交往并得到反馈。

4. 紧急委员会

这种会议与常设委员会、非正式会议都有类似之处,目的是解决紧急发生的问题。虽然是临时的,但会议要讨论的内容显然会深入、具体得多,往往会涉及具体的实施细则。相对于常设委员会可以更灵活,不需要事先考虑好很多的框架,如会议日程、会议时间等。虽然这种会议往往于匆忙间召开,但往往都能在短时间内达成决议,所以通常效率很高。

5. 常设委员会

常设委员会覆盖面较广,并通常有特定的组成名目,如董事会、财务管理委员会等。由于是一种常设会议,并且其成员任期也较长,所以显得比较正式,召开会议前需要做好事先准备,并且议程相对固定,内容的变化也只与时间有关。一般来说,公司中高层的例会都可以以这种形式进行。

6. 正式会议

这种会议应当是标准的会议模板，准备充分、议程严密、参与者众多。其目的一般是趋于处理重要的、非争议的问题，提供最终决策，设计实施方案，并要具体落实到每一个参与者的头上。这种会议是商业活动中不可缺少的重要内容，公司的员工大会、股东大会等法定会议或管理层的全体会议都使用这种会议形式。

7. 展示会议

展示会议的主要目的是向与会者传递某些直观的信息。由于展示的信息具有直观性，所以这种会议形式往往能给与会者留下深刻的印象。这种形式一般适用于一部分人向其他人展示或汇报自己的研究报告或工作成绩时使用。

8. 公开会议

公开会议主要目的是为了吸引公众的注意力，以扩大召开会议方的影响力。这种会议准备充分、设计严密，但往往不需要与会者进行交流讨论，决议一般已经作出，只是借会议公开而已，如新闻发布会、商业展示会等。

9. 各种论坛

围绕自然科学和社会科学的理论，以及社会政治、经济、产业、行业、专业、生活中的各种问题进行探讨、演说的会议。例如，达沃斯论坛、陆家嘴论坛等，如图4-1所示。

图4-1 陆家嘴论坛

随着信息化时代的到来，计算机等网络技术的发展给现代会议也带来了新的形式，如现在已经被人们所采用的电视会议、电话会议、网络会议等就属于新的会议形式。这类会议形式运用新的媒体技术，运用得好可以大大地提高会议效率。在这方面，还需要我们不断地研究、探讨。

会议到底应该采取何种形式，要根据具体情况而定。会议形式选择得好坏，直接影响到会议的效果。

根据国际会议协会(International Congress and Convention Association,ICCA)的统计,每年全世界的会议收入约在 2 800 亿美元以上,其中,国际会议收入为 76.2 亿美元。会议业和会议相关产业的联动效应为 1∶9。会议业每年以 8%～10%的速度在增长。

三、会议的流程与设计

成功召开一次会议,需要主办者的精心设计与策划。在可能的情况下,会议的主题应该与主办者的目的和使命相联系。会议的主题应该尽量富有戏剧性,以便引起人们的注意,同时要表现会议的核心议题。

主题要在会议标志中通过图形表现出来。例如,表现"展望未来"主题的标志可以是未来风格的设计,而"世界温饱"的主题则可以用一只空盘子来表现。在现代会议中,"主题"与"主题的标识"可以纳入到有效营销的范畴中去,这也是策划会议时所必须要考虑到的。

在商业性的会议中,会议的主题和标志都可以造成一种氛围,这种氛围在为会议进行市场营销的时候将被进一步强化。与会者到来的一刻是制造氛围的最重要时机,因此,必须考虑到机场迎接、会场迎接、登记注册、签名、开幕式和其他相关事项的处理方法。

从策划会议的角度来说,接下来的步骤是为会议和活动进行日程安排。它需要细致考虑与会者到达时间、最初的活动安排、与会者的预期、与会议主题的关系,以及各类会议等。

实训 4-2:

阅读下列材料,学习会议策划中流程设计还需要弄清的问题。
(1) 会议的名称、时间、地点和主题。
(2) 与会人员范围(含嘉宾、领导、正式代表和列席代表)。
(3) 会议的议程、日程安排方案,会议主持人、讲话人、发言人建议名单。
(4) 会议文件材料(含主持词、大会发言稿、参阅材料)的起草、审批、印发的原则。
(5) 会议报名和签到事项。
(6) 新闻报道的原则。
(7) 与会人员或来宾的接待及食住行安排原则。
(8) 会议合影、参观的组织安排原则等。

会议策划的核心内容之一是会议议程的设计。
会议的议程一般包括以下几个方面。

1. 主席(或主持人)的开场白

开场白是会议开始时首先要进行的部分。开场白的内容主要包括:必要的与会者介绍,此次会议所要解决的问题,问题的有关背景,此次会议的目标等各方面内容。根据会议的种类和性质,开场白之后可以安排专项报告或系列报告,也可以是情况介绍或颁奖等。因而,开场白的形式也是多种多样的,它需要会议主席(或主持人)的灵活掌握与运用。

2. 介绍基本情况

开场白之后，根据会议议程，可以设计几位与会者介绍他们对会议主题问题所掌握的情况，为会议讨论作铺垫。

这项议程的安排需要注意的是，情况介绍者应事先指定，并且是对会议议题有一定研究的人；情况介绍者的发言应简明扼要。

3. 自由发言，讨论问题

在介绍完基本情况之后，会议便可以进入自由发言、讨论问题阶段。

自由发言也应当有所安排，使发言者有心理准备，这样不至于造成冷场的尴尬状态。

在充分讨论会议议题形成相对集中的观点之后，会议有可能出现热烈的场面，这可以说是会议的高潮。同时，也给会议的下一个环节作了良好的铺垫。

4. 整合意见，得出结论

对会议议题的讨论形成了几种不同的意见，最后需要对意见进行整合，找到共同点。这时会议主席应站在主导的位置，促成与会者意见的互相融合，最终达到意见的统一，提交上级或传达下级。

5. 会议结束

会议达成决议后，还不是会议的完全结束，会议的主席或召集者一般还需要对会后工作作简要的安排与部署，或明确地向与会者布置任务。

需要指出的是，以上是会议议程一般所包含的内容。在实际策划会议的过程中，要掌握"科学合理"与"灵活机动"的原则，每一次会议的要求不同，它的具体实施方案也都将有所不同。

大型会议或论坛的程序要复杂得多，根据情况有时需要划分不同的议程板块，如"开幕致辞"、"主题演讲"、"分组讨论"等，每一个板块又分别有不同的设计。

在设计会议议程的时候，还有一些值得注意的事项。例如，在会议议程设计好之后，还应对其各个部分仔细检查一下，看看是否有与主题无关的内容？会议议程安排的逻辑顺序如何？

为了确保会议的顺利进行，可以将会议议程提前通知与会者，以方便与会者及早进行相关的安排。

在对会议议程进行周密设计之后，还应对可能发生的情况有所准备。有时，会议中间可能会因为某一突发事件而导致会议的中止。例如，在商业性的会议召开过程中，可能会出现两个平时关系很好的经理突然反目成仇，互相激烈地指责，或者出现本来一直忠诚的客户突然取消了大额订单等情况。

好的会议设计不只是遵循固定模式就了事的，有句话叫做"细节决定成败"，它对于会议的策划与设计很有启示和借鉴意义。

典型案例 4-1：

APEC 会议的"全家福"

2013 年，在印尼巴厘岛举行的 APEC 会议的一大亮点，就是被称为"全家福"的参会领导人合影,这被称为世界最高级别的服装秀。身穿民族服装合影的传统是从 1993 年西雅图峰会开始的,目的是让峰会更具非正式性。西雅图会议规定所有男性领导都不系领带。从 1994 年茂物峰会开始,由东道主为参会领导人提供统一样式的休闲服装,成为 APEC 会议一条不成文的规定。

演化至今,领导人身着传统服装集体亮相,是每年亚太经合组织领导人非正式会议期间的一道独特风景,体现了共创"亚太大家庭"的理念。服装设计由外交部主抓,经过严格招标和层层选拔后,脱颖而出的公司负责绘制设计稿,最后拍板的是东道国的首脑本人。外交部向东道国提供本国领导人衣服的尺寸,有些国家允许领导人挑选自己喜欢的颜色,有些国家则在最后一刻才公布穿什么。此外,有些东道国并不要求领导人一定要穿着本地特色服饰。例如,1995 年日本大阪峰会期间,领导人穿着就很随意。此外,俄罗斯符拉迪沃斯托克峰会东道国并没有提供统一的非正式服装。

此次印尼巴厘岛峰会,成员国领导人在会议期间穿着由巴厘岛传统布料"安代克"制成的特色服装。据央视报道,做这些衣服的布料,是总统夫人多年来收藏的,哪个领导人穿哪种颜色是由总统夫人决定的。这次领导人的服装中,只有韩国总统朴槿惠是把布料取走,在韩国完成成衣制作。为防止穿上后不合适,裁缝店派出了一位特使,到巴厘岛 APEC 会议现场,随时准备修改。

历届主办方也为这一问题煞费苦心。这类服装一般体现民族特色或者当地风格,如菲律宾国服"巴隆"、加拿大牛皮夹克、马来西亚衬衫、新西兰优质羊毛服饰、文莱丝质"MIB"衬衫、中国唐装等。

关于峰会领导人"全家福"合影的站位排序,国际上并没有统一的规定。一般有三种排序方式:第一种是按照每个国家的第一个英文字母的顺序依次排列,或是按照本国语言的字母来排序。

第二种领导人合影按照领导人职务的高低和任职时间的长短来安排,即以东道主为中心,从前向后依次是:国家元首(主席、总统、国王)、政府首脑(总理、首相)、国际机构代表;在每一个序列中,又按照每个人任职时间的长短从中间向两边排开,如 20 国峰会(G20)。

第三种排法"以右为上",就是东道国总统站中间,右边是下一届东道国的领导人,左边是上一届东道国的领导人。这是 APEC 峰会"全家福"的排法。

——资料来源:和讯网,http://news.hexun.com

四、组织与主持会议

会议的组织工作非常琐碎繁杂,它包括会议召开的时间、地点、规模、人员等方方面面的问题。这些问题虽然都只是细节上的问题,但是却十分重要,稍有不慎则会减损会议的实际效果。

1. 会议时间的确定

高效的会议离不开科学、合理的会议时间安排,如何确定会议的时间,情况比较复杂。这不仅要考虑到与会者的具体情况,而且,不同的会议也有不同的时间选择。

对于日常例会来说,会议时间的确定十分重要,因为例会时间确定之后即有相对固定性,将要长期执行下去。

一般来说，公司或单位的例会安排是在周二至周四上午8：00—11：00或下午2：00—4：00进行比较合理。这是由人们的心理接受和生理状况等因素所决定的。科学研究表明：一天之中，人最清醒的时间是早上8：30—10：30，在这个时间段安排会议可以使与会者精神饱满。而周一与周五不太适宜安排会议是因为紧靠双休日，人的注意力相对不太集中。

对于临时性的会议而言，根据其重要程度，如果是紧急会议，可以不受时间限制。然而，如果不是很紧急的会议，在选择上最好安排在与会者都能出席的时间，如周二至周四上午8：00—11：00或下午2：00—4：00的时间段进行。

2. 会议地点的选择

会议地点的选择是组织会议的重要内容之一。对于公司（单位）内部的会议来说，会议的地点是相对固定的，一般不需要专门讨论。

而对于公司（单位）之间的会议来说，应根据会议举行目的的不同而有所选择。如果是对方公司（单位）派代表与本公司（单位）协商或谈判，最好的会议地点是本公司（单位）的会议室，一方面显示东道主主场的优势，另一方面也让对方对自己公司（单位）的环境有直接的感受，这样有助于合作协议的达成。如果仅是双方公司（单位）的一般交流，则可以选择比较轻松优雅的环境作为会议地点，如郊区的度假村、雅致的茶馆等。如果是双方平等的协商切磋，也可以选在双方都适中的饭店进行有关会议。

对于大型会议来说，专门的会议中心、图书馆、纪念馆等建筑，高等学校的会堂等都是理想的选择。

可以说，会议地点的选择也是一门学问，合适的地点有助于会议的成功。不过近年来，国内一些会议动辄选在人民大会堂或者旅游名胜景点召开，从商业操作的角度上来说是正常的，但若从廉政建设的角度来说又是不可取的，该如何选择这也是会议组织者应当考虑的。

3. 会议规模的确定

确定会议的规模，要根据会议的目的而定。小型的洽谈会，也许三五个人的规模就可以了；但大型的会议，如国家、国际级的年会可以有数千人的规模。一般来说，可以根据需要互动的会议和不需要互动的会议来分别确定会议的规模。

对于需要互动讨论的会议来说，有研究表明，合适的规模是5~7人，少于5人规模的互动讨论会议常常容易被1~2人左右，而人数过多的互动讨论的会议又难免冗员、拖沓，影响会议效果。

对于不需要互动讨论的会议来说，如宣布事情、发布信息等，可根据会议目的具体确定。

值得指出的是，如果仅仅是发布信息，不开会也可以。有调查显示，与会者对低效、频繁、可有可无的各种会议有一定程度的反感。

4. 与会者人员的筛选

管理学有一句名言：多余的参与者就是多余的时间。与会者名单的筛选是组织会议重要的一环，从筛选标准来说主要有以下几个方面。

第一，有利于议题的讨论。

会议的目的之一是确定议题,经与会人员讨论而达成结论。所以,在与会者名单的确定方面,要筛选与讨论题目有直接关联的人。不同的会议由于其专业性情况各不相同,因而,选择确定的专业以及具有独家信息的人参加会议有利于议题讨论的顺利进行。

第二,有利于会议的顺利进行。

为了使会议能顺利进行,在人员的选择上要注意谨慎安排,选择不可缺少的与会者。对于有一定协调能力,有助于会议顺利进行的人员是可以着重考虑的。

第三,有利于召集者的意愿表达。

使会议召集者的意愿得到很好的表达,这也是会议召开的基本目的。在与会者人员的筛选方面就要充分考虑到这一点。

5. 会议主持与设计

在整个会议过程中,会议主持亦即会议主席起着十分重要的作用。例如,如何给大会设计一个好的开场白,如何化解与会者之间的意见冲突,如何处理迟迟不能达成协议的会议等都是对会议主席的一个考验。

在会议召开的过程中,"头脑风暴法"、"名义小组法"以及"德菲尔法"是常用的达成会议协议的方法。

不论采用哪种方法,使会议顺利进行,完成会议设定的目的是根本性的问题。会议的设计应紧紧围绕这一中心进行。

赞　　助

如果适用的话,赞助将使你的会议活动增值,使会议活动价格降低,提升活动质量。请参考下列建议:

(1) 考虑是否值得寻求赞助。
(2) 四处咨询。
(3) 斟酌一下本次会议活动是否适合拉赞助。
(4) 考虑到赞助商要达到的目的。
(5) 要搞清楚赞助商为什么要支持你。
(6) 如果你决意要寻求赞助,那就要有创造性。
(7) 如果潜在赞助商拒绝了你,也不要以为是你个人的原因。
(8) 不要那么快就放弃。
(9) 及早寻求赞助。
(10) 要考虑到以货代款的赞助。
(11) 记得公开表示对赞助商的谢意。
(12) 对于赞助商的竞争环境要敏感。
(13) 在提供什么给赞助商的问题上,态度一定要坚决。

第三节　会议活动策划方案

在会议策划活动中,设计会议日程表是重要的内容之一。会议日程表的设计要充分考虑以下因素:

(1) 在一个对大部分目标听众来说比较方便的时间开始活动。
(2) 预留充足的登记时间。
(3) 由会议主席作简要介绍或致词,以正式开始一天的活动。
(4) 会议时间应长短适中。
(5) 会议间歇休息时间应充分。
(6) 确保充足的茶点供应。
(7) 安排一次总结性的全体会议。
(8) 避免以混乱收场。

下面所列举的两种策划方案只是许多种策划方案中的范例,可供在进行会议策划时参考。在实际会议策划中,可能会有诸多变化的因素。

一、一日会议的策划方案

这是为有50名与会者参加的一日会议策划的方案。大多数一日会议都是为那些在附近地区居住或工作的人举行的,会场通常选在一家有较多会议室的酒店,见表4-2。

表4-2　一日会议的策划方案

事件序号	时　间	活　动	地　点
1	8:30 AM	注册登记	大　厅
2	9:00 AM	全体大会	大会厅
3	9:45 AM	并行会议	(灵活安排)
4	10:30 AM	休　息	大　厅
5	10:45 AM	并行会议	(灵活安排)
6	11:30 AM	自由活动	
7	12:00 Noon	午　餐	大会厅
8	1:30 PM	讨论会Ⅰ	(见"讨论会安排")
9	2:30 PM	并行会议	(见"并行会议安排")
10	3:15 PM	休　息	
11	3:30 PM	讨论会Ⅱ	(见"讨论会安排")
12	4:30 PM	自由活动	
13	5:00 PM	全体大会	大会厅
14	6:00 PM	招待会	大会厅

事件1　会议注册登记时间定为8:30 AM,应该为与会者留出吃早饭和路程上的时间(这个时间可以根据与会者的交通工具和会场附近的公共交通设施的情况有所改变),半小时的时间可以让与会者从容不迫地参加会议。这种策划方案假定与会者已经提前注册过,因此秘书会在注册时段不必赶时间。

事件2　全体大会作为整个会议的开始,时间不应超过35分钟。下一个会议将在9:45 AM举行,因此与会者只有不到10分钟时间从大会厅转移到并行会议的场地。

事件3　现在,并行会议开始了,具体的安排见表4-3。请注意,每一个并行会议的编码都是以3开始,这样可以使相关的每一个人马上看出具体会议与时段安排之间的关系。这种联系还可以通过许多其他方式来表现,但是不论使用怎样的系统,都必须让与会者看明白。三位数字编号的系统可以表示99个并行会议。当并行会议在9个以下时,则可以用30～39的编码来表示。

事件4　事件之间的休息也要用编号标识出来,以便控制休息的时间。秘书处应该负责安排休息时间,并用编号来标明每一次会议的时间及其他问题,以避免发生混乱。休息是整个会议的一部分,每一次休息都有特殊的原因和安排。在一个半小时的连续活动后,与会者需要休整一下,吃些东西或四处走走,放松双腿。

事件5　这是第二组并行会议(见表4-3)。在策划方案的这个部分并没有安排重复会议,但是在会议当天的晚些时候将有相关的安排。

表4-3　一日会议中的并行会议安排

事件3	9:45 AM	并行会议	
会议序号	主题		后勤人员
301	地点		
302			
303			
304			
事件5	10:45 AM	并行会议	
会议序号	主题		后勤人员
501	地点		
502			
503			
504			
事件9	2:30 PM	并行会议	
会议序号	主题		后勤人员
901	地点		
902			
903	重复会议302		
904	重复会议304		

事件6 这一段自由活动时间,可以让与会者有机会进行各种活动,而不错过会议。一日会议的会场常常处在市中心,在这种情况下,可能有些与会者想趁此机会进行购物,或和其他的与会者小聚一下。而如果会议安排中没有留出自由活动的时间,他们就有可能放弃一两个会议,出去聚会。有些与会者希望一天的活动在午餐之前有些小变化。

事件7 这个策划方案中,安排所有的与会者在一起用午餐。当会议不提供午餐时,日程表上应该在场地一栏标注"午餐自便"或类似的说明。如果午餐会上有发言人讲话,通常整个午餐会要安排两个小时;如果没有安排发言人讲话,与会者可能要利用午餐休息时间进行一些其他的活动。如果会议安排与会者午餐自便,承办者则应向与会者提供相关信息,帮助他们选择食物好而且服务快捷的餐厅。

事件8 在午饭后举行的会议有一定的难度,因为这个时候与会者可能感觉比较懈怠。而要求与会者积极参与并进行信息交流的讨论会,则可以解决这个问题。表4-4是对讨论会的安排。请注意,这里要用到记录员,他们是与会者事先选举出来的,负责记录小组讨论的结果。

表4-4 一日会议中的讨论会安排

事件8	1:30 PM	讨论会Ⅰ	
讨论会序号	主持人		记录员
801	房间		
802			
803			
804			
805			
806			
事件11	3:30 PM	讨论会Ⅱ	
讨论会序号	主持人		记录员
1101	房间		
1102			
1103			
1104			
1105			
1106			

讨论会有许多种,在这个策划方案中的讨论会,是以全体大会和此前的两个并行会议为基础进行讨论,并提交出简短的报告。讨论会的成果将在事件13中被公布。

事件9 安排另一组并行会议是为了让与会者有机会参加他们在上午错过的会议,因为他们无法同时参加先前举行的所有并行会议。在这个时段里,将重复两个上午举行过的会议(见表4-3)。

事件10 休息时间。

事件 11　在第二组讨论会上,与会者可以继续事件 8 中的分组方式和讨论话题,也可以重新结组,后者应取决于讨论的内容和计划得到的结果。

事件 12　在这里安排自由活动时间部分是出于事件 6 相同的原因,还有部分原因是为了给与会者一定的时间来完成准备报告的任务。虽然这些报告也可以在全部会议结束之后再整理,但是这里的安排是该准备工作成为讨论会的一部分,以便与会者在会议的后面部分中分享这些报告的内容。在后勤人员的指导和帮助下,记录员可以为后面会议中的发言收集信息。由于自由活动时间只有半个小时,收集数据的工作应当安排得简短有效。

事件 13　在这个策划方案中,一天的最后一个会议有两项任务。首先是要让全体与会者共同分享各自的讨论会报告,大家可以趁此机会听取自己讨论组的报告,同时从其他讨论组的报告中有所收获。其次,这也是整个会议的闭幕式,并不一定要安排发言人,但通常要做一些积极的闭幕陈述。

事件 14　招待会往往是一项可有可无的安排。虽然并非所有的与会者都将参与招待会,但出席的人也不会很少,因为他们想避开交通拥挤的高峰期。如果公司高层人物参加招待会,那么一般其他与会者也都要出席。营利性的公众大会通常利用一天最后的招待会作为进行营销的一个手段。会议工作人员将在招待会上接触一些与会者,听取他们对会议的非正式评价,并就他们咨询的该主办者举行的其他一些会议作答。

会议登记样表

请将填好的表格送到会议办公地点。

联系方式
会员卡号(如果适用)＿＿＿＿＿＿＿＿＿＿＿＿＿＿＿＿＿＿＿＿＿＿＿＿＿＿
国　　家＿＿＿＿＿＿＿＿＿＿＿＿＿＿＿＿＿＿＿＿＿＿＿＿＿＿＿＿＿＿＿＿
头　　衔＿＿＿＿＿＿＿＿＿＿＿＿＿＿＿＿＿＿＿＿＿＿＿＿＿＿＿＿＿＿＿＿
姓　　名＿＿＿＿＿＿＿＿＿＿＿＿＿＿＿＿＿＿＿＿＿＿＿＿＿＿＿＿＿＿＿＿
工作情况(请将可以作为您的通讯地址的地方标出来)
● 工作职位＿＿＿＿＿＿＿＿＿＿＿＿＿＿＿＿＿＿＿＿＿＿＿＿＿＿＿＿＿
● 部　　门＿＿＿＿＿＿＿＿＿＿＿＿＿＿＿＿＿＿＿＿＿＿＿＿＿＿＿＿＿
● 机　　构＿＿＿＿＿＿＿＿＿＿＿＿＿＿＿＿＿＿＿＿＿＿＿＿＿＿＿＿＿
● 地　　址＿＿＿＿＿＿＿＿＿＿＿＿＿＿＿＿＿＿＿＿＿＿＿＿＿＿＿＿＿
　　　　　＿＿＿＿＿＿＿＿＿＿＿＿＿＿＿＿＿＿＿＿＿＿＿＿＿＿＿＿＿
　　　　　＿＿＿＿＿＿＿＿＿＿＿＿＿＿＿＿＿＿＿＿＿＿＿＿＿＿＿＿＿
● 邮　　编＿＿＿＿＿＿＿＿＿＿＿＿＿＿＿＿＿＿＿＿＿＿＿＿＿＿＿＿＿
● 电　　话＿＿＿＿＿＿＿＿＿＿＿＿＿＿＿＿＿＿＿＿＿＿＿＿＿＿＿＿＿

续　表

```
传　　真_____
电子邮件_____
    如果您还是其他机构的成员，而且愿意我们将您的资料标于您的名卡上，请提供于下。
    其他社会关系_____
```

二、简便的三日会议策划方案

这里所要列举的简便的三日会议策划方案适用于规模在 20～75 人的会议。具体完整的日程安排，见表 4－5。

表 4－5　简便会议

事件序号	周日	事件序号	周一	事件序号	周二	事件序号	周三
		3	早餐	13	早餐	23	早餐
		4	会议主持人演讲	14	会议主持人演讲/资料	24	根据会议主持人和与会者的计划而定
		5	休息	15	休息	25	闭幕式
		6	会议主持人演讲	16	会议回顾		
		7	午餐	17	午餐：分桌讨论		
1	A) 会议主持人计划；B) 注册	8	与会者演讲	18	会议主持人演讲/资料		
		9	休息	19	休息		
		10	会议主持人——资料	20	主持人规划会议		
2	A) 招待会和晚餐；B) 解释会议将如何进行	11	A) 与会者自由活动；B) 会议主持人——planning	21	自由活动		
		12	啤酒聊天会	22	晚餐，发言人讲话		

事件 1A　会议承办者和会议主持人一起理顺会议的策划方案。首先，每一位会议主持人都要准备一份为时一个半小时的自选题目演讲。其次，他们每人要在资料演示上与几名与会者进行非正式会晤，坐在一起交谈。

事件 1B　与会者可以事先注册,也可以在这个时段里进行注册登记。为了烘托气氛,与会者们可以在会议的公共休息室里互相见面。

事件 2　简短的招待会将为会议主持人和与会者提供见面交流的机会。晚餐时,鼓励会议主持人和与会者们坐在一起。晚餐后,会议策划委员会的一名成员将发表一篇简短的欢迎词,确定会议的气氛。然后由会议的承办者发言,用高射投影仪向与会者传达表 4-5 显示的日程安排,并且解释与会者将会用到的各种表格。

事件 3　早餐时的座位是事先安排的,以便保证每一张餐桌边都有一两名会议主持人,目的是鼓励与会者和会议主持人增进交流。

事件 4　半数的会议主持人在并行会议上发表演讲,与会者可以自由选择出席哪些会议。

事件 5　休息。

事件 6　另一半的会议主持人在这个时段发表演说。此后就不再安排主持人作正式的演讲了,除非应与会者的要求。这些计划外的会议将是前面并行会议的重复。

事件 7　午餐的座位也是事先安排的,因为有些与会者可能没有参加集体早餐,这样做是为了给他们与会议主持人交流的机会。

事件 8　由于与会者也是相关方面的专家,所以他们也应邀发表演讲。这些演讲就安排在此时段。

事件 9　休息。

事件 10　在这个时段里没有安排演讲,会议主持人将回答与会者的问题。实际上,与会者可以自行选择与任何会议主持人进行交流。在公告板上会公布一些信息,如"此时段,会议主持人 A 将在 320 室"。在交谈中,与会者将引导谈话的主题。

事件 11A　与会者在这段时间里可以自由活动。会议将提供由会场到市中心的交通工具。与会者也可以在公共休息室里小坐或会面。

事件 11B　当与会者自由活动的时候,会议主持人要聚到一起,回顾一下会议的进程。会议主办者也会借此机会为会议主持人、承办者和策划委员会举行招待晚餐,以表示对他们工作的赞赏。餐会将在会场以外的地方举行,以免受到干扰。

事件 12　公共休息室中,准备了啤酒、软饮料和脆饼干。会议主持人也被送回会场参加这个活动。

事件 13　早餐时,会议主持人仍要坐在指定的餐桌旁。

事件 14　与会者将控制这个时段的活动。一部分会议主持人将在重复会议上发表演讲,另一部分将回答与会者的问题,这些分工将根据与会者向秘书处提供的反馈信息决定。

事件 15　休息。

事件 16　与会者对进行至此的会议作出评价。他们知道自己提供的信息将被应用在事件 20 中,以便决定事件 24 的内容。

事件 17　到这时,与会者已经得到了足够多的机会与会议主持人交流,因此这次午餐将按照与会者事先提供的话题进行组织。每个餐桌上都用标签标明本桌的主题。还有一些餐桌没有规定特定的主题,以方便那些希望进行广泛交谈的与会者。

事件 18　和事件 14 类似,有些会议主持人发表演讲,另一些回答与会者的问题,他们的分工同样要根据与会者事先提供的反馈信息决定。

事件 19　休息。

事件 20　在这个时段里,会议将根据由事件 14 收集到的与会者的意见来计划事件 24 的活动,同时也要征求会议主持人的意见。

事件 21　参与会议的每个人都可以利用这段自由活动时间为晚餐会作准备。

事件 22　在会议策划过程中,主办者强调邀请发言人进行演讲。承办者和策划委员会认为,这样做不会收到很好的效果,他们觉得会议进行到这个时候应该由与会者完全控制。主办者否决了承办者的意见,选出了在这个时段发表演讲的发言人。

事件 23　这次最后的早餐完全没有组织上的规定,与会者和会议主持人可以随便与他们喜欢的人坐在一起。

事件 24　这个时段的活动是会议主持人根据与会者的意见安排的,主要是对前几次会议的重复。

事件 25　除了对会议作出口头和书面评价之外,整个闭幕式都保持着非正式的气氛。

策划突发事件对策

会议策划的一个关键就是出现突发问题时不要方寸大乱。事实上,即便您运筹帷幄,突发事件也有可能发生。经验证明,只要及早策划和预测,直面问题,进行理性的判断,很多问题是能够化解的。

一般说来,会议活动中常见的突发事件有:

(1) 原定的主要发言人没出现。
(2) 登记代表数量不够。
(3) 代表们没出席。
(4) 发言人表现不当。
(5) 某位代表言行不当。
(6) 就在活动前,会场出了大问题。
(7) 有国家性的重要活动与本次会议同时举行。
(8) 重要的健康问题。
(9) 有人病得厉害。
(10) 饮食供应令人不满。
(11) 影响代表们到会与离会的主要交通问题。
(12) 严重的 IT 系统问题。

第四节　会议活动策划的相关事务

与会议相关的事件和活动有许多,其中一些应出现在主体日程安排中,如主要的宴会等。

其他则只是为与会者提供可选项,不必列在主体日程安排中,但会议活动的策划者必须事先周密考虑;否则,会影响到会议活动的整体形象与效果(图4-2)。

图4-2 国际会议中心

一、资源中心

资源中心是对各种可以组合或单独进行的活动的统称,其目的是为了向与会者提供一个常规会议之外的分享信息的组织形式。在小型会议中,资源中心可以取代展览,甚至非与会者也可以索取材料。与销售演说或产品展示不同,这里只提供印刷资料。

会议活动的策划者需要考虑的是,会议是否需要设置资源中心,与会者使用资源中心是否要付费,资源中心的资料从哪里来等问题。

在组建资源中心之前,首先要确定与会者是否能够提供真正有帮助的信息或材料。建立资源中心的目的在于为与会者提供更多的助益,如果建立资源中心可能与会议的主旨产生冲突,那么就不必建了。

会议不应将资源中心视为一个收费来源。不过如果会议承办者需要为库存、空间使用或安全保卫付费的话,展示材料者可能就有必要承担一定的费用了,承办者也可能将这笔开支纳入会议的预算,因为资源中心可能为会议吸引来更多的与会者。

中心材料的最主要来源通常是与会者。协会组织在其主办的会议上可能通过资源中心向与会者提供一些与本组织相关的资料。雇主在自己主办的会议上可能也会为资源中心提供一些关于本公司的材料,如产品及财务信息等。

二、文化活动

文化活动包括看戏剧、芭蕾舞演出、音乐会、歌剧,以及参观博物馆和展览等。会议活动的策划者需要考虑的是,是否应该安排一些文化活动作为会议的一部分,会议地点或附近地区是否能够提供文化活动,会议承办者是否需要为与会者参与的文化活动购买门票等。

大型会议活动一般都将相关文化活动列入会议的策划方案或者作为自由活动时间的可选项目。国际性会议通常举行的文化活动有名胜实地旅游、参观当地手工艺品展或观看民间歌舞等。值得注意的是,文化活动的安排要以方便与会者为宗旨,尽量在离会议地点不远的地方安排活动。

三、休息区

在会议过程中,与会者常常需要从会议的忙乱和紧张中抽身出来,放松一会儿,休息区就是为与会者提供的这样一个场所,如图4-3所示。

图4-3 会议休息区

休息区应该设计一些半正式的桌椅和长椅。如果椅子很沉重,不易搬动,最好把它们放置成四五个一组的形式,方便人们在那里进行非正式交谈。容易搬动的椅子则无须特意摆放。

一般休息区不需配备工作人员,但层次较高的会议安排茶歇,则在休息区会准备一些简单的饮料果品,并可以适当安排些服务人员。

四、纪念礼品

对与会者赠送适当的礼品是现代会议常常采用的一个做法,但是,节俭而又特别有纪念意义是总的趋势。以何种方式、赠送什么礼品,可因会议的不同而灵活设计。

五、影像纪录

现代会议一般都比较注重媒体报道问题,重要的会议往往还进行现场直播(或网上直播)。

作为宣传,影像纪录资料是十分必要的,因而,选择合适的影像师也是要考虑的。

 小结和学习重点

(1) 会议的概念与要素。
(2) 会议活动的策划内容及相关要素分析。
(3) 会议日程表的设计与方案。
(4) 会议活动策划的相关事务。

会议活动是会展业的重要组成部分,是世界政治生活与经济生活不可缺少的组成部分,世界各国高度重视并竞相举办各种国际会议,推动了国际会展业的发展。本章从会议的概念、会议的组成要素入手,对会议活动策划中的目标和诉求、召开形式以及会议的流程与设计等进行了深入的分析。为了贴近现实、增强实践性,本章更多的是以公司(单位)的会议活动为描述对象加以阐述,以期对会议活动策划有一个较完整的认识与把握。

 前沿问题

(1) 展览会、交易会等会议形式的界定。
(2) 会议与展览会有机结合已成为国际展览业发展的必然趋势。

案 例 分 析

案例一
素食者们的抗议

任何事情都需要遵照计划。在英国某次会议中,会议组织者已经对会场进行了实地考察,与餐饮工作人员讨论了菜单,抽取实物的样本,向代表们询问了特殊的饮食要求,核查了残疾与会者出入的便利性,并反复核查了接待处的特殊要求,然后放心了。

但是当四道菜的第一道才出现在苏格兰议题代表的桌上,他们就知道麻烦来了。给非素食者们供应的是韭菜鸡汤。而所有素食者在等了一段很长的时间之后,他们的汤才被供应上来,这个汤与韭菜鸡汤看起来完全一样,只是没有鸡肉。素食者们要会议方保证他们的汤没有以任何动物的死亡为代价的要求遭到了冷遇。下一道菜是哈吉斯和芜菁甘蓝(萝卜),从一开始就看着有问题,但事实上,在会议方保证他们的哈吉斯是用小扁豆做的之后,这些素食者们才平息下来。

主菜上来的时候,代表们才真正抗议了。非素食者们被供应了阿伯丁·安格斯牛肉,然后又等了20分钟,他们的素食同事们才等到了主菜,他们实在不知道是应该先吃还是应该看着菜变冷。

当素食者们的菜上来的时候,人们发现主菜有说不出的难吃和难以辨认。并不是包有野蘑菇的面粉糕饼，而是一堆难看的和难以描述的由谷物和豆类构成的东西，这些东西非常黏，以至于当郁闷的食者将盘子倾斜90度的时候，它们仍然粘在盘子上。菜还是冷的、绿的和没有味道的。整个餐厅响起了抱怨的声音，无论是素食者还是非素食者都非常气愤，他们将饭都倒掉了。

组织者随后发现，素食者直接向工作人员反映了他们对于午餐的抱怨，而不是向会议的组织者。厨师在没有经过讨论的情况下自己修改了菜单。这个厨师没有经验，原来的主厨因为一项不重要的买卖而在上个星期离开了。为了改善这个情况，组织者将供应的葡萄酒数量加倍，并坚持说可以为那些饥饿的素食者提供冷餐。冷餐到得太晚，几乎被忽略了。会场最终免除了会议成本的大部分。

现在，会议组织者在协议中写道，任何会议的菜单在没有代表团直接授权的情况下，都不能改变。他们向会场方强调，组织机制必须能保证素食者和非素食者在各自的桌子上能同时上菜。他们告诉代表们如果对食物有意见，可以向会议桌上的工作人员反映。他们现在还要求将会议晚宴的菜单放在桌子上，每道菜都向素食者展示细节——包括不包含动物胶的甜点。

（资料来源：〔英〕罗宾森（Robinson A.）等著《会议活动与策划专家》）

思考：

1. 案例所述素食者们的抗议其问题出在哪里？
2. 案例所述会议活动中发生的餐饮问题，对会议的策划者来说有何借鉴意义？

案例二 博鳌亚洲论坛

博鳌亚洲论坛缘起于1998年9月，菲律宾、澳大利亚、日本三国前政要倡议成立一个类似瑞士达沃斯"世界经济论坛"的"亚洲论坛"。

亚洲国家和地区虽然已经参与了亚太经合组织、亚欧会议等区域性国际组织，但就整个亚洲地区而言，仍缺乏一个真正由亚洲人主导，从亚洲利益和观点出发，旨在增进亚洲各国之间、亚洲与世界其他地区之间交流与合作的高层次论坛。

世界经济一体化使得越来越多的亚洲国家认识到亚洲经济区域化滞后的状态，强烈意识到在亚洲地区加强对话、协调与合作的重要性。"亚洲论坛"的概念因而得到了广泛的响应和支持。

2001年2月27日，来自中国、澳大利亚、日本、印度、印度尼西亚等26个国家的代表在中国海南省博鳌召开大会，正式宣布成立博鳌亚洲论坛（Boao Forum For Asia，BFA）。

一年一度的亚洲论坛，巨商名流云集，国际传媒聚集，带来了丰富的投资合作机会和络绎不绝的游人。成立之后的亚洲论坛，每年除例会外，还要召开十多次大型、双边或多边论坛会议，市场前景诱人。

俯瞰博鳌，中心东屿岛酷似一只向南海游去的巨鳌，博鳌也因此得名，似有"博览天下，独占鳌头"之气魄。

借着盛会,博鳌不失时机地向贵宾、代表、媒体展示她的千姿百态。会前,琼海市领导亲自担当记者的导游,介绍琼海的风土人情和投资环境,对当地的环境资源、旅游发展乃至万泉河的历史如数家珍;在会场和客人下榻的酒店,一批海南省的当地产品借机登上"亚洲讲台"。艾森乳业的盒装牛奶,椰树集团的矿泉水、椰汁,海南省电信公司的电话卡,甚至包括一家名叫"保亭特种作物开发中心"出品的五指山野菜。该公司的营销人员梁先生说:"产品能进博鳌,就是走向亚洲的开始。"

思考:
1. 成立博鳌亚洲论坛的缘由是什么?
2. 试析博鳌亚洲论坛对提升城市建设品位的作用。

练习与思考

(一)名词解释

ICM IMU BFA ICCA 会议

(二)填空

1. 除一般与会者外,还有一些特殊类型的与会者需要特别关注。如贵宾(VIP)、_____、_____、_____等。
2. 明确会议的_____是会议准备的第一步,也是整个会议工作最重要的一步。
3. 随着信息化时代的到来,计算机等网络技术的发展给现代会议也带来了新的形式。如_____,_____等就属于新的会议形式。

(三)单项选择

1. 2002年在(   )举行了国际数学家大会。
   A. 德国   B. 中国   C. 美国   D. 英国
2. 有资料显示,精心策划的会议议程,在会议成功的原因中占到(   )。
   A. 85%   B. 90%   C. 95%   D. 97%

(四)多项选择

1. 会议日程表的设计要充分考虑的因素有(   )。
   A. 预留充足的登记时间   B. 会议的主题
   C. 会议时间应长短适中   D. 会议活动
2. 在会议召开的过程中,(   )是常用的达成会议协议的方法。
   A. 头脑风暴法   B. 集思广益法
   C. 名义小组法   D. 德菲尔法

(五)简答

1. 会议筹备的逻辑顺序是怎样的?
2. 最吸引与会者的因素有哪些?
3. 会议议程一般包括哪几个方面?

(六) 论述

在会议活动中,常见的突发事件主要有哪些？如何应对？

部分参考答案

(二) 填空

1. 国际与会者　行为障碍者　老年与会者
2. 目的和诉求
3. 电视、电话会议　网络会议

(三) 单项选择

1. B　2. D

(四) 多项选择

1. AC　2. ACD

第五章

会展设计与品牌策划

 学习目标

学完本章,你应该能够:
1. 了解会展设计的立体策划问题;
2. 对会展设计策略有一个深入的认识与理解;
3. 了解展会品牌策划的相关理论。

 基本概念

立体策划　文化维度　系统设计　设计流程　大众空间　信息空间　时序与动线　展会品牌　品牌展会

会展设计与品牌形象策划在整个会展活动中起着至关重要的作用。怎样进行会展设计的立体策划?会展设计具体有哪些策略?如何进行展会品牌形象的策划与营造?我们将在本章予以介绍。

第一节　会展设计的立体策划

会展是创造艺术的活动,而会展的实施——会展艺术设计则是一门艺术,一门与策划紧密相关的艺术。可以说,策划水平的高低直接影响着会展的视觉传达、效果沟通,以及审美价值和文化品位。

　　1851年,英国伦敦举办了第一个世界博览会——"万国博览会"(The Great Exhibition of the Industries of All Nations),它揭开了会展历史崭新的一页。这届博览会由帕克斯顿爵士设计的水晶宫,在展示英国强大的同时也成为功能主义艺术的代表作。1889年,在法国巴黎的世界博览会上,艾菲尔铁塔的设计建造又给世人留下了一个永恒的纪念。

一、关于立体策划

现代社会的显著特征之一是信息量剧增,现代科学技术的发展将人类带到一个快节奏、高效率的信息化社会中去。人们审视生活的目光也因此摒弃了"以点带面"的褊狭,取而代之,从宏观到微观全方位立体化地观察和认识事物成为必然。表现在会展设计、装饰上,只考虑展现摊位的局部平面装饰的观念已成为过去,而从"经营位置"发展到"经营空间",从局部平面装饰发展到整体系统的立体装饰,赋予空间以生命、力量和意境成为当今设计的主导思想。

 注意这里提出的关于"设计"的一个新概念。

设计,从根本上来说是一种通过把艺术与人们的物质性生活联系起来,创造一个既是物质的,也是艺术的文化世界的实践活动,人们通过这种创造性的活动为人类的整个生活世界开创一个审美化和诗意化的生存空间。

会展是一种立体的展示,在会展设计过程中,要"开创一个审美化和诗意化的生存空间",则要对展会的设计进行精心的立体策划。

 关于立体策划的概念。

所谓立体策划,是指一种带有全局性和长期性的策划方法。它是站在战略角度所进行的策划,不仅考虑到策划对象的现在,还考虑到策划对象的将来。它有别于通常所说的在某一点、线或面上的单一策划。立体策划要求把策划过程看成一个"体",从总体出发,推进到"面",再由"面"出发,推进到"线",最后到"点"。

会展设计的立体策划落实到具体的方案中,应包含总体设计方案以及局部设计方案等。

在总体设计方案中,以展览为例,首先是对会展的环境、场地空间进行规划,在平面、立体规划处理的基础上,结合展示内容和表现形式以及展出场地现存的建筑结构、风格,确定采光形式、整体空间的组织施工,考虑协调空间的环境等。其次,要确立展示的基调,主要包括展出形式的色彩基调、文风基调和动势基调。在色彩基调的策划方面,要根据展出内容的特性、展出场地的环境特色、展出的时间季节、采光效果及功能区域划分等因素,分别选择适宜的色彩基调,提出相关的色谱,画出色彩效果图;在展出形式的动势基调方面,策划者要注意对韵律、节奏起伏的控制,要尽量给人以舒适的动势感,如图 5-1 所示。

会展设计的总体设计方案还包括设计实施进度的安排、制作施工材料的计划、设计实施的经费预算等,这些都必须由总体设计人员进行精细的组织策划。

会展的局部设计方案包括:布展陈列中的会标屏风、展架、展台、道具、栏杆、展品组合等,版面设计中的版式、图片、灯箱、声像、字体、色彩等,公关服务中的广告、请柬、参观券、会刊、纪念章、样本等。这些都应在总体设计思想的指导下设计完成。

二、会展设计立体策划的特点

会展设计的实施是一项庞大而繁复的艺术创作系统工程,会展设计师充当着导演的角色。

图 5-1　会展设计效果图

会展设计艺术的立体策划要求策划者必须掌握立体策划的特点,高瞻远瞩、视野开阔,全面而细致地考虑到策划过程的每一个步骤、环节,使整个策划达到完美的境地。

会展设计立体策划的主要特点表现在以下几方面。

1. 时代性

会展设计策划的时代性是由会展自身发展的特点决定的。欧洲是世界会展业的发源地,经过150多年的积累和发展,无论是会展场馆设施,还是大型会展的组织、策划、设计都已相当成熟。近年来,中国会展业迅速发展。尤其是信息技术、网络技术的快速发展,使得新建专业场馆的配套设施日臻完善。可以说,会展是一个与时代发展紧密相连的产业,时代性是它的鲜明特性。会展设计的策划必须站在时代的高度,及时掌握全球会展业的最新动态,实现会展设备的智能化以及会展理念的前瞻性。

在会展设计中,要能够体现现时代的人本观念、时空观念、生态观念、系统观念、信息观念、高科技观念等。具体地说,会展设计中的立体策划要注意:空间环境的开放性、通透流动性、可塑性和有机性,给人以自由、亲切的感觉,让人可感、可知;实现展品信息经典性原则,严格要求少而精;实现固有色的统合色彩效果,重视对无色彩系列的运用;尽量采用新产品、新材料、新构造、新技术和新工艺,积极运用现代光电传输技术、现代屏幕影像技术、现代人工智能技术等高科技成果;重视对软材料的自由曲线、自由曲面的运用,追求展示环境的有机化效果。

2. 目的性

任何一项会展设计的策划都必须是为实现一定的意图和目标而服务的,这是策划的目的性。策划的目的性要求策划者应有明确的策划目标,然后围绕目标进行策划。我们来看下面的设计策划案例。

参展目的:通过展会这一特殊途径,力争在有限的时间和空间内,使自己展示和期望展示的内容为有限的参观者尽可能多地发现、注意、了解和接受,并力争这一展示效果在更大的范围、更长的时间内得以实现。

设计策划:

（1）展台静态设计。整个展台的设计力求气势宏大,造型、材料、用色新颖独特——方便发现和引起注意;展台的内部构造、产品陈列和内容介绍要科学——方便了解、参观、洽谈。

（2）展位的动态设计。适当安排招揽性的各类表演——方便发现、注意;举行各类礼品赠予、有奖活动——方便注意、了解;举办演示、演讲活动——方便了解、接受。

（3）展场外部设计。在展会规定的各类广告中,寻找最能显示企业品牌的广告形式和位置——方便场外人流的发现和注意,为参展人员提供前期品牌指引;在展馆周边寻找广告机会,营造整体品牌氛围——避开竞争对手,制造更强大的参展声势。

（4）舆论传播设计。围绕企业、产品参展本身,或围绕展出形式等,营造可供媒体采访、报道和公众传播的话题——实现大范围、长时间的传播。

紧紧围绕参展目的进行设计策划,是会展设计立体策划的必然要求。在实际的策划过程中,一般来说,围绕会展的主题,体现会展的核心思想及核心理念进行设计构思是关键,策划者必须充分了解展览者的展示意图,才能决定展示的总主题及其风格。

3. 创新性

一项成功的会展设计策划方案应该具有创新性,它既出人意料,又在情理之中,这样才能新奇诱人、吸引观众、获得赞赏。会展设计策划的创新性,涉及形式的定位、空间的想象、材料的选择、构造的奇特、色彩的处理、方式的新颖等多个方面。

在2003年上海国际车展中,上海通用汽车在发布别克中级车时,其发布的形式具有极大的创新意味,发布者设计了一出颇具特色的多媒体舞台剧,著名古希腊戏剧导演、中央戏剧学院罗锦麟教授倾注激情,将一出话剧以多媒体的手法表现,让观众与主人公共同追寻实现汽车梦的经历。

创新的设计策划理念将现代商业与舞台艺术全新结合,在物质与精神的交融中传达出对生活平凡而深沉的热爱,能获得极好的展示效果。

4. 统一性

整齐而统一是会展艺术的首要标准,在会展设计策划中,要力求达到展示形态的统一、色彩的统一、工艺的统一、格调的统一,以及整体基调的和谐统一。这种统一性是建立在对整个会展策划体系的宏观把握上的,它要求各种设计方案之间要有统一性,各种设计策略在内在本质上要有统一性。

 会展设计策划的统一性的具体表现。

会展设计策划的统一性表现为内、外两个层面。

"内"是指整个会展设计过程的统一,包括选择会展设计师、明确会展设计要求、了解参展产品、了解展台的位置和条件、策划展台设计进程,以及整个设计策划方案等;"外"是指会展设计策划要与整个会展策划的要求相统一。一般的会展策划包括会展的调查与分析、会展的决策与计划、会展的运作与模式、会展的费用预算、媒体策略、效果评估与测定等环节,会展设计的策略不能与整个会展策划的思想相违背,协调统一、相得益彰是会展设计立体策划统一性的基本要求。

三、会展设计的文化维度与立体策划

在传统的文化理论看来,文化是指那种体现为精神价值的东西,是哲学、宗教、道德和纯粹审美性的艺术,是一种观念形态的存在。而在当代社会,文化越来越取得了一种被生产和被消费的性质。

20世纪中叶,霍克海默和阿多诺在《文化工业:作为大众欺骗的启蒙》中就提出了"文化工业"的概念。后来,杰姆逊在《后现代主义与消费社会》等一系列文章中,论述了文化向生产领域和消费领域"移入"的现象,以及这种现象背后所隐藏的文化逻辑的转变。在后现代主义的理论家们看来,文化不仅仅是一个观念的生产和再生产,而且也越来越与物质的生产结合在一起,生产出一种新的文化类型,一种既体现物质性,也体现观念性的文化产品形式;文化不仅存在于被人们阅读和静观的文字和艺术中,而且也大量地体现在人们的日常生活世界之中,文化通过生产的形式渗透于整个生活世界领域和消费领域。就艺术设计来说,这种文化转向不仅体现在设计活动和设计产品之中,也体现为设计活动的直接文化呈现。

会展设计艺术的"直接文化呈现"包括内容和形式两个方面。会展设计内容的本身具有文化性,不论是会展活动的决策选择、组织管理、宣传推广,还是设计的策划方案、观点、主张等都包含着许多文化的因素;会展设计的形式,如展馆展台、材料构成、文字类型、图形、色彩、风格等也传递着文化的"信息"。会展设计不仅负载着展品或服务的信息,还反映出设计者的人生观、价值标准、审美情趣、思维方式、文化模式等。

从会展自身的发展来看,现代会展设计虽然宗旨上是创造宣传效果和交流交易环境而不仅仅是艺术设计,然而,审美的角度正越来越成为评价展示设计效果的重要标准。尤其是当会展设计要突出风格与品位的时候,从而,地域和民族性文化传统的表现就显得越来越重要了。

在现代会展中,当一个展会办到极致的时候,观众参加展会如同步入高雅的殿堂。这里没有吵嚷的人群,没有专盯展台礼品的闲散人员,有的是精致的展台设计,有的是展商与观众和谐而有序的交流,地域和民族性的文化传统表现得淋漓尽致。

法国巴黎国际运输与物流展的文化氛围

法国巴黎国际运输与物流展最大的特点是美观、秩序、和谐。

美观主要是指展台的布置与设计。几乎没有重复的特装展台,争奇斗艳,即使是标

准展位也决不敷衍了事,声光电灿烂效果自不必说,就是常青树、绿藤蔓、公园椅也可进入展位,与展示内容浑然一体。秩序指的是有人气却无人声嘈杂,数万平方米展会,一张有颜色区分的指示牌,令观众各有目标、来去便捷。有效观众全部经过筛选,分送参观票;不请自来的观众,应花钱购票入场。因此,到处可见的是清静中的繁忙。和谐说的就是参展商的亲和力。没有满堂灌式的信息压迫,而是寓"教"于乐。展位个个是社交聚会的场所,案上摆的是可供参观者自由选用的美酒和咖啡,还有各色点心,最普通的,也要有糖果和饮用水,加上吧台与圆椅,让你体会到身处酒吧的感觉。在宾主举杯对饮之中,拉近了人们之间的距离。

展会发展到一定阶段,虽说本质上还是推广产品与服务。但是,由于会展设计者的精心立体策划,使得会展提升了境界,宾主之间在不知不觉中实现了各自的理想目标,这就是会展设计艺术的文化维度。在会展设计中,渗透文化因素的策划是现代会展的必然要求。

会展设计策划文化因素的表现是多种多样的,而创新求异是最根本的。只有用新的视角、新的创意、新的表现来设计,才能做到出奇制胜、赏心悦目。

 会展设计策划的方法。

在实际设计策划的过程中,一般采取选择、突破、重构三种方法。

第一,选择。选择是对事物本质和非本质的鉴别,即对事物特点、亮点的发现,对其中不必要部分的舍弃。例如,展览门票的设计、印刷和制作方式有多种形式:简单的单色(彩色)纸单色(套色)印刷、铜版纸彩色印刷、美术摄影作品进入门票、烫金、烫银、过塑、激光图案;各种几何形状、联票、套票、凹凸纹图案;书签形式、邮票形式、金卡形式;条形码、磁卡、电子卡;等等。如何进行创新选择,就要求展览门票的设计者能够画龙点睛地在不同的门票上体现展览会的不同风格与特色;在展览会门票的内容设计方面,除了必须包含的五大要素(展览会名称、举办时间、地点、主办单位及价值)之外,还必须考虑是否公布组委会的联系方式(电话、传真、电子信箱、网址等),是否设计观众信息栏,如何印展览会标志。若是国际展不仅要求中英文对照,而且设计人员还必须考虑个别国家和地区、宗教和种族对某些色彩与图案的禁忌。至于门票的背面,是用来刊登广告,还是作展会介绍、参观须知、展览预告、导览图等都需要进行选择。一张小小的门票,是设计水平艺术性的集中体现,也是信息化、现代化、国际化的体现,有着深刻的文化蕴含,如图5-2所示。

第二,突破。突破是创造性思维的根本手段。会展设计是否新颖独到,最根本的就看是否对常规有所突破。突破主要包括两个方面:一是传统思维方式的突破;二是表现方法的突破。例如,北京润得展览有限公司为增强企业文化内涵、打造企业品牌,提出了中国会展文化四字真经"文行忠信"的理念,其核心是:视客户为亲朋,不计一时得失,但求宏图共展,创意策划前卫,运作快捷现代,质量一流列位。创新性的会展策划理念给该公司的发展带来勃勃生机。

图 5-2 青岛园博会门票

表现方法的突破带来意想不到的效果

第三届上海工博会采用网上开幕式,原上海市委书记黄菊按下电钮,屏幕上的彩球自然落下,如图 5-3 所示。在工博会展览期间,30 万人次点击工博会网站,"在线工博会"使工博会永不落幕。

第三,重构。重新构建是会展设计中的一种基本方式,它通过不断构建或寻找设计环境以及设计元素之间的关系,然后将这些关系重新组合、重新设计,从而创造出新的构思、新的意向。现代会展设计在发展趋势上不断趋于专业化、国际化和科技化,不少展会已成为重要的国际盛事,一些会展的主办者不惜重金创新设计来扩大影响。

瑞士日内瓦的国际电讯展示会(TELECOM),主办方为吸引买家的注意,耗资 9 亿美元力邀国际顶尖设计师领衔精心布展。公司产品利用高科技手段进行展示。展览会现场多为复式结构,备有用于面谈的高级会议间和休息厅,与会者可通过电梯与扶梯自由进出,大手笔的策划使得该展会的设计成为经典之作。

图 5-3　第三届上海工博会开幕现场

近年来,为创展会品牌,会展的设计者纷纷采取整合营销策略对会展设计进行立体策划,大到设计理念的制定,小到安排展台清洁工以及展位维护的细节处理,都作为一个整体来考虑。

第二节　会展设计策划

一、关于系统设计

系统的观念源远流长,英文"system"一词,来源于古希腊语,是由部分组成整体的意思。今天人们从各种角度研究系统,对系统下的定义不下数十种。中文对 system 解释也有许多,如体系、系统、体制、制度、方式、秩序、机构、组织等。通常把系统定义为:由若干要素以一定结构形式联结构成的具有某种功能的有机整体。在这个定义中包括了系统、要素、结构、功能四个概念,表明了要素与要素、要素与系统、系统与环境三方面的关系。

 系统论的核心思想是系统的整体观念。

任何系统都是一个有机的整体,它不是各个部分的机械组合或简单相加,系统的整体功能是各要素在孤立状态下所没有的新质。

系统概念真正作为一个科学概念进入到各学科领域,还是在20世纪20年代以后的事。20世纪40年代,美国在工程设计中应用了这一概念,到了20世纪50年代以后,才把系统概念的科学内涵逐步明确,让不同实践目的、思维方式、认识角度和专业学科领域的人,可以从整体上、实质上去把握它,并且有一个比较确定的内涵。

我国著名科学家钱学森曾经引用恩格斯的一句话:"一个伟大的基本思想,即认为世界不是一成不变的事物的集合体,而是过程的集合体。"并指出"集合体"就是系统,"过程"就是系统中各个组成部分的相互作用和整体的发展变化。钱学森还指出:"把极其复杂的研究对象称为系统,即由相互作用和相互依赖的若干组成部分结合成具有特定功能的有机体,而这个系统本身又是它们从属的更大系统的组成部分。"

一般认为,由两个以上的要素组合而成、具有一定结构的整体,就可以看作是一个系统。系统是由具有相互联系、相互制约关系的若干部分结合在一起,并且具有特定功能的有机整体。这些组成部分通常被称为子系统,而这个系统本身又可以看作为它所从属的某个更大系统的组成部分。

系统可以根据其性质和特点加以分类,一般可以分为自然系统与人工系统。前者是指本来就存在的自然形成的系统;后者是指经过人的意识,通过实践活动创造而出现或组成的系统。人工系统又可细分为三类:一类是人对自然物进行加工而获得的系统;另一类是在一定的社会历史条件下,人们所组成的一定的社会系统;还有一类是人们对自然与社会进行认识而建立的科学理论体系。

此外,系统还可以分为简单系统和复杂系统、开放系统和封闭系统、静态系统和动态系统。

二、展示设计的流程与策划

展示设计不是简单地设计一个展台,它是一个系统工程。设计本身位于系统的中下游,设计人员在进行设计策划时,需重点关注除自身设计以外的链的关系和互动。

SCM 理 论

SCM(供应链管理)是指对整个供应链系统进行计划、协调、执行、控制和优化的各种活动和过程。供应链管理的内容是提供产品、服务和信息来为用户和股东增添价值,是从原材料供应商一直到最终用户的关键业务过程的集成管理,其目标是要将客户所需的正确的产品(right product)能够在正确的时间(right time),按照正确的数量(right quantity)、正确的质量(right quality)和正确的状态(right status),以正确的价格(right price)送到正确的地点(right place),并实现总成本最小。

1. 接受项目订单,明确设计内容

项目是会展设计公司生存和发展的源泉。对于公司的客户服务部来讲,发现和服务好每个潜在客户和目标客户是关系到设计公司整个商业运营的关键的一步。对于创意、设计、制作等其他部门,也存在同样的意义。接单的同时,项目负责人和总监必须明确设计的内容、实现的目标,这样同客户良好的沟通、交流、互动是重要的第一步。

2. 制定设计计划,进行市场调研

制定正确而合适的设计计划往往会提升设计的效率和服务的品质。在具体的商业设计中,计划的制定没有一成不变的模式,应根据客户的要求提交和执行相应的标准。但以下几点需注意。

(1) 明确设计内容,了解客户是否有特殊的要求,要求是否有限定的条件。例如,展馆的限高和设计方案是否冲突。

(2) 确认项目过程的节点。这需同预算和施工要求同步计算。

(3) 明确节点的相互关系和实现的技巧,了解是否有最佳的解决途径,是否有供应链断层潜在的危险。

(4) 充分估计每个节点所需的时间,包括不可抗拒力所花的时间,需在合同中注明。

(5) 充分认知每个节点设计的重点。了解是否有不可操作性。

在完成设计计划后,应将设计的全过程的内容、时间、各段目标制成计划表,在客户确认后,按计划执行,遇未尽事宜,应及时与客户协商解决。

3. 目标问题提出,发现设计问题

设计是一个系统工程,涉及客户需求、行业特征、企业文化、审美、技术、材料等一系列的问题,以上因素因客户而异。因此,设计师的判断力尤为重要,设计师的阅历和知识结构同样会影响服务的品质。

4. 提出目标提案,分析目标问题

提案是客户审核设计公司的设计意图最初的评价载体,也是设计师对客户意图的初步定位和设想。针对提案本身,双方应对方案进行深入的分析和评估,为下一步提交草案做好准备。

5. 展开设计研究,加减设计方案

作为会展设计师研究的对象,展示的构成不是由某个单一因素决定的,而是一个系统。在充分分析目标问题的基础上,对目标项目展开设计研究决定了项目服务的品质。

通常情况下,应遵照以下要求。

(1) 目的明确。不同行业、不同客户的市场研究的内容是不同的,设计开展前,针对性强的研究内容可以大大提高工作效率。

(2) 内容完整。设计调研是设计的依据,有效的内容可以帮助设计师正确地判断设计的方向。

(3) 适时性。研究的内容要适时、可行。

6. 提交设计草图,集中方案评估

(1) 提交设计草图。设计草图是设计师将自己的想法和对目标项目认识展开的一种过程,是创造性思维由抽象到具象的具体体现,如图 5-4 所示。它是设计师对目标项目认知、推敲、思考的过程,也是发现问题、分析问题、解决问题的有效的手段。

图 5-4 设计草图

在设计草图的画面上,常常会出现文字的注释、尺寸的标定、材料的选择、颜色的推敲、结构的展示等。这种理解和推敲的过程是设计草图的主要功能。

设计草图的种类、特征

从草图的功能上可以分为记录草图和思考草图。

1. 记录草图

记录草图是作为设计师记录、收集、构思、思考、优化、整理用的。展示设计的草图一般要做到以下几点。

(1) 准确。严谨地表达出设计师的想法是草图表现最基本的要求。

(2) 生动。在表达上要有层次、有节奏,能感染观众。

(3) 有细节。在局部需特别强调的地方,应给予充分的说明。

2. 思考草图

思考类草图是设计师进行交流,推敲形态、空间、结构的表达工具,并把推敲的过程表达出来,以便对设计师的方案再推敲、再深入,这类草图在优化设计中有着重要的作用。此类草图有以下特征。

(1) 思考性强。这类草图偏向思考的过程,一个形态的过渡、结构的设计往往需要一系列的构思和推敲,而这种推敲靠抽象的思维是远远不够的,需通过一系列的画面辅助思考。

（2）多角度。设计草图无论在尺度上，还是在方法上都是多种多样的，往往一个画面中既有透视图，又有平视图、剖视图。此外，必要的细部图，甚至结构图也是画面的重点。

（3）有层次。画面感要强，重点突出，每张画面当中应主次分明。主要部分应在视觉中心详尽地表达，辅助部分应以它为主，不可抢眼，并灵活地表现，说明问题。

（2）集中方案评估。方案评估的基本手段，在最初时往往是大量的草图。尤其是思考类的草图凝聚着设计师对方案的理解和认识，从草图中可以发现设计师思考的过程和创意。同时，委托方可以通过草图和设计师充分地沟通和互动，提出对方案的建议和改进的方向，使方案在评估的过程中得以明确。

在评估过程中，应注意以下原则：安全性、创造性、经济性与人机要素。

展示设计的应用范围很广，不同的客户有不同的要求，在对使用对象、使用环境等相关因素进行评估和选择后，在设计时的侧重点也应有所不同。

7. 明确设计方案，深入优化设计

明确方案后，设计师可以在较小的范围内将一些概念进一步深化、发展。可以通过草图细分，对某些细部单独作多项设计，也可根据某项要求，作出多种设计方案，或在原方案的基础上优化改良。

8. 提交效果展示，制作三维草模

在设计范围基本确认以后，用较为正式的设计效果图给予表达，目的是直观地表现设计结果。效果图是快速表达方案近乎真实、实际的一种方法。

 展示设计效果图的分类。

展示设计效果图一般有以下三种。

（1）方案效果图。这一阶段是以启发、诱导设计为主，以提供交流、研讨方案为目的，此的设计方案尚未成熟，还有待于推敲、比较、整合。

（2）展示效果图。这类效果图表现的设计已经成熟、完整。图纸的目的大多是向客户提供审批的方案，作为施工的依据，同时也可以作为客户的形象推广、介绍、宣传。这类效果图对画面的可视性要求很高，对细节的表现、材质的表现、环境的表现、尺度的表达要求严格，要求做到真实、感染力强。

（3）三视效果图。如图5-5所示，这类效果图是直接利用三视图表现。可直观地反映不同立面的形态，便于施工、审核。通常和透视效果图并用。

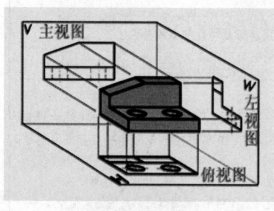

图5-5　展示三视图

三维草模是在方案的基础上进行立体表现的一种方法,通常按比例、尺度制作,制作的材料可根据具体设计挑选。

9. 集中方案评估,人机色彩分析

在这一阶段,效果图和草模具备了初步评估的条件,这一阶段的评估重点在于设计的形态、材料的合理性、空间尺度的科学性。在这一基础上,需对人机、色彩设计在实施中的应用予以考虑。

10. 确定设计材料,方案可行评估

二次评估后,材料的选择是体现设计和施工开始前预算必不可少的重要的步骤。材料的选择需考虑以下因素:

(1) 材料对设计方案的形态和结构产生多大程度的影响。
(2) 设计提出的功能和结构的技术性材料能否满足。
(3) 有无制造上的问题。
(4) 制造成本。
(5) 安全上有无隐患。

考虑设计方案时,功能和材料的问题不容忽视,通常展示的功能和材料直接影响到设计方案。这就要求设计师重视材料的性能、加工工艺、成本的性价比等因素,在施工方面反复考虑,寻求最佳的材料进行实施。

11. 修改设计细节,确认设计方案

细节体现设计的品质。细节体现在两方面:设计细节和施工细节。设计上又分为功能和形态,对人、展示、展示环境三者在功能上设计的人性化、细节化能提升设计的品质,对方案的施工在设计执行阶段的严格把关要求同样也能大大提升设计的品质。

12. 绘制展示制图,模型沙盘展示

设计方案最终确定后,就可进入设计制图阶段。设计制图包括三视图、施工图等,图的制作需严格按照国家标准执行。以上步骤都完成之后,需展示模型沙盘,如图5-6所示。即可提交设计方案,进行实施。

三、展示空间的分类及设计准则

(一) 展示空间的分类

1. 大众空间

大众空间也可称之为"共享空间",是供大众使用和活动的区域,如图5-7所示。应该有足够的空间让人们谈话和交流看法而不影响其他参观者,还应当有提供资讯、餐饮的空间,以及要注意边界效应的视觉处理、公共空间的空间尺度等。例如,应当为人们的安坐小憩作出适当的安排,否则,这个展示活动就会缺少人性化。

2. 信息空间

这是事实上的展示空间,是陈列展品、模型、图片、音像、展示柜、展架、展板、展台等物品的地方,如图5-8所示。展厅里是实现展示功能的场所,处理好展品与人、人与人、人与空间的关系是十分重要的,所以必须注意人体技测和大小尺寸。信息空间是为参观者设计的,对参观者来说,途径和目标是最重要的。

图 5-6 展示模型沙盘

图 5-7 展示大众空间

图 5-8　展示信息空间

3. 辅助功能空间

这种空间是指参观者看不到、摸不到的地方。具体又分为以下三个方面。

(1) 储藏空间。许多临时性的展示活动都发放一些简介性的小册子、样本和样品给参观者带走，考虑它们的储藏地方是很重要的。

(2) 工作人员空间。很多展示会都设有为管理人员准备的小房间，他们可以在这里放松一下，整理衣服、喝杯咖啡。这个空间的大小没有关系，但是绝对不可缺少。总的要求是区位要合理，出入口要隐蔽。

(3) 接待空间。这个特别的空间是为接待一些很重要的参观者而设，在这里提供一些饮料或者放映一些录像片等，为商业客户服务，如图 5-9 所示。在正规的博物馆里，这一部分往往作为展示建筑功能的一部分而固定的。但是在大多数临时性展示会里，特别是在经贸展示会里，一般需要临时搭建。因被用作接待贵宾和贸易洽谈之处，常被安排在信息空间的结尾处，用与展示活动相统一的道具搭建，要求与展厅风格和谐统一。

(二) 展示设计的准则

1. 空间配置与场地分配

空间配置与场地分配是具体设计实践首先遇到的问题。同一个展示会中，不同展品或不同的参展单位在整个空间中所占的空间位置、大小是按照什么原则进行配置的呢？

通常，展会按照展品的内容进行场地划分，在空间配置上同一场馆也会根据特性和标准展的空间安排和划分。例如，第七届上海国际工业技术博览会分为 7 个馆，每个馆都有不同的主题。在每个馆中，又根据内容分割成不同大小的空间、交叉空间、共通空间、相邻空间、分离空间。

图 5-9　会展接待空间

2. 时序与动线

所谓动线,就是观众在展示空间中的运行轨迹。而时序则是总的动线,即决定经过各大展示空间时间顺序的线路。观众空间移动的前后次序的经验可当作时序空间关系的基础,体验展示空间的前后次序是从展示建筑物入口之前开始的。无论是博物馆还是展览馆,一般是按照动线去组织展示空间的。依据有三点:一是根据展品内容相关性;二是尊重展示建筑的空间关系,并尽量与之保持和谐;三是空间配置、动线计划、平面规划、空间构成在操作实践上是分不开的,是同时考虑一并处理的。动线计划的要求也有三项:一是明确顺序性;二是短而便捷;三是灵活性。

 动线设计注意端点和节点的选择与设计。

由点产生动线。在动线的构成中,有端点和节点之分。所谓端点,即出口、入口之处;所谓节点,即观众移动中需作选择、判断之分歧路径的连接处。围绕端点或者节点去安排动线,会有很多变化,会产生许多动线造型,如放射状、多核型等。

四、展示照明设计策划

1. 照明方式

对于现代展览而言,照明设计的重要性不言而喻。与传统的博物馆、展览馆相比,现代展览不仅仅依靠预留的天窗和自然光取得照明,人工照明占据了重要的位置。光的运用,同展位形态两者虚实交互,形成了很好的视觉效果,如图 5-10 所示。在照明方式上,通常分为自然照明和人工照明。

2. 照明类型

根据展示的目标,展示照明的对象分为展品、展示场景、展示环境,展品在展示环境当中处于核心位置,属于照明的重点。对于空间展示环境而言,场景和环境是照明的重点。

通常,照明的类型可分为以下几种。

(1) 基础照明。

基础照明是指对整个场所的全面基本的照明,包括公共空间、走廊、通道、休息室等。其特点是光线均匀,注重整体空间的照明。

(2) 局部照明。

图 5-10 展示灯光设计

局部照明的目的在于突出重点展品或展位。照明方式灵活、便利、可移动,便于调整位置。在特展、博物馆、画廊等展示空间环境中被广泛地采用,其特点是:

① 局部照明亮度和光影效果能很好地表现细节;
② 光的方向性强烈,体现出物品的体感和空间感;
③ 突出展品的位置,引起人们的注意。

(3) 装饰照明。

装饰照明的目的在于提升空间的层次感。合理的材料、形态、灯光的应用,使虚实空间完美地结合,营造奇妙的氛围。

3. 照明设计的程序

(1) 对展览的性质、展览的目标产品作出准确定位,根据展位所处的位置、环境提出相应的照明方案,如图 5-11 所示。

(2) 对光位的设计,依据环境、明度、光色、光性进行设计。

(3) 照明条件的评估,包括对空间的照明、动态路线的分析、照明分布的评估。

(4) 照明手段和方法,包括照明器材的选定、展品照明、光源选择、相关配置。

(5) 照明成本分析,包括计算光位、光数,以及展位灯光数的相关管理费用。

(6) 施工,应注意安全、调整、控制。

五、展示道具设计策划

展示道具在现代展示展览中扮演着重要的角色,是现代材料、工艺、技术的集中体现。科学地利用展示道具进行展位的搭建,可快速地完成既定目标;反之,如设计师对道具没有直接的认知,可能会在实际施工中遇到不必要的麻烦。因此,道具设计应引起足够的重视。

现代道具设计应遵循安全、模块化和经济性的原则。

由于展览的短期性、临时性,而道具的制作在经济上的投入又比较可观,所以按照标准化、通用化、互换性强、可重复使用的原则进行道具的设计开发是努力的方向。这样的道具不仅美观、耐用,而且易保存、易运输、便携、高效。

图 5-11 泰山封禅大典多媒体灯光设计

第三节 展会品牌策划

一、展会品牌理论

品牌既是办展机构的一面旗帜,也是展会竞争优势的重要来源。品牌展会正受到越来越多的重视。

1. 展会品牌与品牌展会

展会品牌是使一个展会与其他展会相区别的某种特定的标志,它通常是由某种名称、图案、记号、其他识别符号或设计及其组合构成的。

一个展会经过营造,具有自己的品牌定位、内容、优势与个性,得到目标受众的一致认可,那就成为品牌展会了。

所谓品牌展会,是指具有一定规模,能代表这个行业内的发展动态,反映这个行业发展的趋势,对该行业有指导意义,并具有较强影响力的展会。

2. 展会品牌形象

展会品牌形象是指参展商和观众所得到和理解的有关展会品牌的全部信息的总和。展会品牌所包含的各种信息,经过参展商和观众的感知、体验和选择,形成了展会在他们心目中的品牌形象。

可见,展会品牌是展会品牌形象的基础,展会品牌形象是对展会品牌的诠释,是对展会品牌意义的体验,是对展会品牌符号的理解。

展会品牌的有形展示主要集中在品牌名称、展会 LOGO 和标识语三个方面,它们是一个有机整体。

2008 年度中国(大陆地区)规模以上展览会排名

前 25 名的排名,见表 5-1。

表 5-1　2008 年度中国(大陆地区)最大展会排名的前 25 名

序号	展 会 名 称	时间	举 办 场 地	公布面积(m²)
001	第 104 届中国进出口商品交易会	2008.10.15—30	中国进出口商品交易会琶洲展馆	1 115 000
002	第 103 届中国进出口商品交易会	2008.04.15—30	中国进出口商品交易会琶洲展馆	851 000
003	第二十一届中国广州国际家具博览会	2008.03.18—21 03.27—30	中国进出口商品交易会琶洲展馆	450 000
004	2008 第十四届中国国际家具展览会	2008.09.10—13	上海新国际博览中心/浦东展览馆/上海科技馆	330 000
005	第十九届国际名家具(东莞)展览会	2008.03.16—20	广东现代国际展览中心及周边场地	240 000
006	第二十届国际名家具(东莞)展览会	2008.09.06—10	广东现代国际展览中心及周边场地	240 000
007	第四届中国国际工程机械、建筑机械、工程车辆及设备博览会	2008.11.25—28	上海新国际博览中心	210 000
008	2008 年北京国际汽车展览会	2008.04.20—28	中国国际展览中心(新馆)	184 562
009	第十届中国(广州)国际建筑装饰博览会	2008.07.06—09	中国进出口商品交易会琶洲展馆	180 000
010	第十三届中国国际建筑贸易博览会/第十三届中国国际厨房、卫浴设施展览会	2008.05.26—29	上海新国际博览中心	150 000
011	第十六届上海国际广告技术设备展览会(上海国际广告印刷包装纸业展览会)	2008.07.02—05	上海新国际博览中心	150 000

续表

序号	展会名称	时间	举办场地	公布面积(m^2)
012	第九届中国国际机床工具展览会	2008.10.09—13	中国国际展览中心、中国国际展览中心(新馆)	136 000
013	第二十二届国际塑料橡胶工业展览会	2008.04.17—20	上海新国际博览中心	134 500
014	2008全国农机产品订货交易会(秋季)暨第十二届中国国际农业机械展览会	2008.10.25—27	郑州国际会展中心	130 000
015	第二十二届中国广州国际家具博览会	2008.09.08—11	中国进出口商品交易会琶洲展馆	130 000
016	中国国际纺织机械展览会暨ITMA亚洲展览会	2008.07.27—31	上海新国际博览中心	126 500
017	第十届中国国际工业博览会	2008.11.04—08	上海新国际博览中心	126 500
018	第六届中国(广州)国际汽车展览会	2008.11.19—25	中国进出口商品交易会琶洲展馆	125 000
019	第九届中国西部国际博览会	2008.10.25—29	成都世纪城新国际会展中心	120 000
020	第五届中国国际中小企业博览会	2008.09.22—25	中国进出口商品交易会琶洲展馆	120 000
021	2008春季第78届全国糖酒商品交易会	2008.03.21—23	成都世纪城新国际会展中心	120 000
022	2008秋季第79届全国糖酒商品交易会	2008.10.18—20	湖南国际会展中心	120 000
023	第二十二届中国国际体育用品博览会	2008.05.29—06.01	中国国际展览中心(新馆)	120 000
024	第十四届上海国际纺织面料及辅料(秋冬)博览会	2008.10.20—23	上海新国际博览中心	115 000
025	第九届深圳国际机械制造工业展览会、2008深圳国际塑料橡胶工业展览会、2008深圳国际模具及制品工业展览会	2008.03.28—31	深圳会展中心	110 000

(资料来源:中国会展杂志社)

二、建立品牌展会的要素

品牌展会具有超常的价值,拥有品牌展览会是一个展览企业赖以生存和发展的根本。有没有品牌展,有多少品牌展,则是衡量一个城市展览水平高低的标志之一。

建立品牌展会的要素有以下几点。

1. 坚持长期的品牌战略

有代表性的展会并非短期行为,培育一个品牌展会并不容易,不能祈求通过办一两次展会就能达到目的。要建立一个品牌展会需要经过10年、20年,乃至更长的时间,品牌展会不能只追求短期经济效益,而应在知识、经验、能力、社会资源诸多方面逐步积累,形成长期稳定的增长。展览公司必须要有长远眼光,敢于投资、敢于承担风险,精心呵护、耐心培育,急功近利只能适得其反。

2. 代表行业的发展方向

代表行业的发展方向是品牌化的重要标志,它体现展会的专业性和前瞻性。能代表行业的发展方向的展览会就会有明确的目标市场和目标客户,就能提供几乎涵盖这个专业市场的所有信息,而展会提供的信息越全面、越专业,观众就越积极,参展企业也越踊跃。

3. 权威协会与代表企业的支持

在国际上,政府一般不干预企业办展,展会的成功与否,多取决于行业协会和各行业内主要企业的支持、合作。由于权威行业协会的参与,一方面,可以增加展会的声誉和可信度;另一方面,对于整个展会的招展、宣传和组织,以及保证展会的高质量都会带来很大的好处。

4. 引进现代的管理经验

会展业要向国际市场开拓,在管理方面就要积极吸取国外的先进管理经验,他山之石,可以攻玉。在引进国外管理经验的时候,应该考虑到实用性和可持续性、可移植性。工程技术和自然科学通常可以说是没有国界的,但管理科学则有它的特殊性,要考虑到我国特色,考虑到时代的发展。

5. 配合强势的媒体宣传

新闻媒体宣传是塑造品牌的一个重要环节。在国外,有些展会即使是已经很火爆,甚至展位已满,它们也会继续作宣传,以强化品牌。例如,德国慕尼黑的许多大型展览会的组织者,他们不断在世界各地进行宣传,吸引参展商和专业观众。对于参展潜力比较大的国家,都专门派代表前去宣传,介绍相关展览。很多宣传资料都是一本小册子或一本书,内容包括历年展会的回顾,而且会介绍整个欧洲甚至整个世界某一行业的发展趋势与动态。不少展览企业有自己的商业网站,有的还同时经营商业出版社,各自拥有数百种专业期刊,不断地为品牌的维持作强有力的宣传。

典型案例 5-1:

阅读下列材料,具体说一说 Bio Fach 在走向全球的品牌创建过程中,其服务质量保证与品牌维护的成功之处。

Bio Fach——一个由德国本土走向全球品牌展会的质量保证

Bio Fach（World Organic trade Fair）是由德国纽伦堡展览公司举办的国际有机产品贸易展览会，每年2月举办一届。与在德国举办的其他一些国际知名展览会（如CeBIT，ANUGA，Ambiente/Tendence）相比，早在2004年Bio Fach就已有1882家参展公司，28624平方米净展出面积，以及4天展期内近3万名参观者。这个展览会在有机产品行业中居于全球领先地位，成为纽伦堡展览公司的品牌项目。在展会的质量管理与品牌维护方面，Bio Fach为我们树立了一个成功的范例。

（一）严格准入制度的确立——专业展览会质量的保障

Bio Fach在运作之中的成功之道在于它在举办之初就对参展企业确立了严格的准入制度，以严格的展商资格审查来确保展览会的高质量。因为Bio Fach的唯一卖点，即所有展品都一定是有机产品。如果失去了这一本质特征的话，那么它与普通的食品展、化妆品展就没有什么区别了。如果那样的话，与德国历史悠久的科隆食品展，法兰克福、杜塞尔多夫的专业化妆品展览会相比，纽伦堡展览公司毫无竞争优势可言。因此，确保参展的都是有机产品就成为保证这个展览创意新意的关键。

Bio Fach项目组参展商严格准入的基本政策是：只有事先出示产品属于有机产品的国际认证证书，参展商才能从项目组获得Bio Fach的展位。对于国际认证证书，项目组有非常严格的规定。只有固定的几个国际性组织签发的认证证书才能获得认同。例如，农副产品需IFOM——国际有机农业行动联盟（the International Federation of Organic Agricultural Movements）签发的认证证书。在展览会期间，项目组也会安排有关专家现场审查，如果发现展品之中有超出其有机产品认证范围的，都将不允许继续展示超范围的内容。

由于Bio Fach展品本身的特性，使得其对参展商资格审查异常严格。但是对任何一个专业贸易展览会而言，只有保证了参展商的质量，才能吸引大量专业观众，从而互相促进，使展览项目蒸蒸日上。

（二）从本土走向全球——专业展览会的发展前景

这些年Bio Fach项目也经历了从德国本土走向海外的一个全球化发展过程。现在Bio Fach已经成为包括Bio Fach德国纽伦堡、Bio Fach日本东京、Bio Fach美国华盛顿和Bio Fach巴西里约热内卢在内的遍及四大洲的项目体系。这得力于纽伦堡展览公司的子公司纽伦堡全球展览公司（NFG，Nuernberg Global Fairs GmbH）的努力。这是德国展览业的发展趋势。当我国展览业也具备了一定知名品牌项目的时候，这项发展经验也值得我们借鉴。在Bio Fach走向海外的过程中，有以下两个问题是将展览会推向海外市场时值得我们注意的。

1. 如何正确选择目标市场

Bio Fach的实践首先是基于市场和购买力——如选择美国和日本办展就是基于这个考虑。有机产品由于在生产、运输、包装等全过程中要求很高，这样生产成本必然就会比大规模普通产品来得高。通常，有机食品的价格要比普通食品高20%～30%。有机乳制品要高10%～30%，有机鸡蛋通常要高30%～40%，有机肉类、肉制品（如香肠）要高50%～60%。

美、日两国国内市场购买力强,成为 Bio Fach 向海外发展市场定位的首要决定因素。其次是考虑产品和生产厂商,如在巴西办展就是基于这个考虑。巴西及南美是有机产品生产厂商集中的地区,尤其是咖啡等产品。因此对于广大欧洲、北美的采购商而言,实地了解这些当地生产商十分重要。在巴西办展正好可以满足这样的需求。可见,NFG 在 Bio Fach 项目全球化的过程中,有所侧重地考虑了销售、生产两个不同环节。

2. 如何针对海外市场不同特点采取不同的做法

这一点在日本市场上反映最为明显。日本市场传统文化等都与欧美差别很大。因此 Bio Fach 在日本举办,就必须根据本地特殊情况采取一些与在纽伦堡、华盛顿时不同的做法。具体表现有:为推动参展商参展、观众前来参观而印制的宣传品有所不同。针对日本的宣传册,除了包括为欧美市场印制的资料的全部内容之外,还加印了有机产品的概念,有机产品的益处等基本知识的介绍。在欧美,有机产品这一概念已经被比较广泛地接受,因此没有必要再介绍。但在日本,这个概念还没有那么普及,有必要推动客商、观众了解。因此,将展览会推向不同的海外市场,应该有针对性地依据客户、市场状况设计内容、文字不同的宣传品。

此外,纽伦堡 Bio Fach 是一个完全针对专业客商开放的专业性贸易展览会。但在日本通常周四、周五两天仅对专业客商开放(但有普通观众也难以拒绝,这是日本本地文化决定的),周六和周日向普通观众开放。让普通观众入场可以有助于普通观众认识有机产品,提升有机产品在大众心目中的地位,而在欧洲就已经没有这个必要了。

(来源:中国会展)

三、建立品牌展会的途径

如何建立品牌展会,目前说来有以下三种途径。

1. 自我培育

选择能代表某一行业先进水平或某一领域发展方向的展会主题,充分体现展会具有前瞻性、专业性强和涵盖面广的特点,对这种展会经过数年培育,可以使之成为品牌展会。例如,深圳的"高交会"(见图 5-12)和珠海的"航空展"(见图 5-13),虽然举办的历史较短,但是"政府搭台,企业唱戏"的运作方法已使展会的名声大增。再如,"大连国际服装博览会"目前已成为国内举办时间最长、国际化程度最高的服装交易会。该展会 2002 年加入国际展览联盟(UFI),围绕"品牌"与"时尚"两大主题,着力在品牌化、时尚化、国际化等方面进行打造,展会的品牌知名度在不断地提升。

2. 走联合之路

品牌展的一大特征是规模,它要求尽量把同类或相类似的展会进行整合,实行同一主题或相关主题展会的联合。例如,北京的"中国国际机床展览会"、"中国制冷展览会"、"北京国际印刷技术展览会"等由分散到联合,均被国际展览联盟认可,这些展会无论在国际化、专业化,还是品牌化方面都已初露端倪。

3. 品牌移植

我国的展会事业发展时间不长,品牌展会并不多。我国入世后,国际知名展会公司进入国内市场是必然趋势,将国际知名的展览会办到国内来,借帆出海,不失为国内展会品牌化的一

图 5-12 深圳高交会图片

图 5-13 珠海航展表演

种方法。例如,中国国际展览中心的"世界计算机博览会"(COM DEX),就是引入了美国在其行业中影响和水平最高的展览会,形成一定的品牌效应。

 你认为建立品牌展会还有哪些途径?

四、建立品牌展会的基本策略

1. 制定品牌发展战略

要建立品牌展会,最重要的一点是展会的经营者与管理者要有牢固的品牌观念,要制定长期的品牌发展战略。其中,制定相关的措施、法规,提高会展市场的规范化水平十分重要。欧美国家会展业的规范化发展离不开政府和行业协会,尤其是行业协会起着突出的作用。举办会展,国际上通行的是备案规则,主办者提出申请,在展览协会备案即可。我国目前尚没有统一的展会管理部门和行业自律组织,有关展会的各项规范化程度都很低,因而,借鉴国外经验,应尽快制定相关的法律、法规,组建全国性的行业协会,充分行使行业协会"服务、代表、协调、自律"的职能,为展会的品牌建设铺平道路。

2. 走专业化、集团化发展之路

目前,我国会展企业的基本特点是规模较小、专业性不强,这对引进高科技手段和修建先进的场馆设施是一个阻碍,因而造成组展范围受到限制,办展、办会质量不高,竞争力和市场占有率较低。经济全球化对会展产业的发展模式,特别是管理模式提出了更高的要求。从会展经济发达的国家来看,越来越多的行业协会开始寻求与专业公司合作,有的甚至把展会业完全移交给专业的展会公司,专业化程度越来越高。

随着我国加入世界贸易组织和对外开放的进一步扩大,会展企业面临的国内外市场竞争日益激烈,集中力量发展大型会展企业集团,对推进会展业改革和促进展会品牌化具有重要意义。我国会展企业应采取诸如资产重组、上市经营、参股控股、兼并收购等多样化的资本经营战略,跳出仅靠内部积累成长的圈子,实现快速扩张,成就我国的展会品牌。

3. 加快国际化进程

展会的国际化是建立品牌展会的重要保证。例如在国际展会界,UFI(国际展览联盟)资格认可与"UFI"使用标记就成为名牌展览会的重要标志,如图 5-14 所示。截至 2009 年,全球得到 UFI 资格认可的展会有 845 个,中国已达到 75 个;至 2012 年,仅中国大陆就有 58 个获得 UFI 认证的展览会。

展会的国际化主要表现在两个方面:一是展会的国际化程度,即展会、展商的国际化;二是展会运作的国际化。

按国际公认的标准,在商业展览会中,要有 20% 以上的展出者、观众来自国外,广告宣传费要有 20% 以上用在国外。因此,招展、招商的国际化是展会组织者需要精心策划的问题。在展会运作国际化方面,展览主题的出售与收购,以及通过展览企业的合作共同开拓展览市场是一种趋势。我国入世后,国际展览公司进入中国市场,这种国际化的运作方式进一步得到加强。

图 5-14 UFI 标识

4. 提升经营服务理念

要建立品牌展会,提升会展企业的经营服务理念是一项根本性的基础工作,展会服务是否专业化也是品牌展会的另一个标志。根据客户的需求量体裁衣是服务营销的最高境界。专业的展会服务包括展览公司的整个运作过程,从市场调研、主题立项、营销手段、观众组织、会议安排和展会现场服务的迅速高效,直到展后的后续跟踪服务,服务的内容应有尽有。对会展企业来说,不仅要转变经营观念,而且要树立明确的企业服务目标,将企业所提供的服务组合起来形成独特的"产品",运用到服务的每一个环节中去。

5. 打造网络品牌

因特网为展会提供了附加值,它延长了展会的生命,使人们在展前和展后都可以对展会进行研究。因特网使得展会的组织者能够向观众提供所需要的各个阶段不同的信息,向观众进行互动式的宣传。

目前在国际上,网上会展成为新亮点。它将传统的商务流程电子化、数字化,以电子流代替了物流,大大减少了人力、物力,降低了成本,提高了效率。网展将组织者、参加者和观众通过网络联系起来,摆脱了时空限制,为会展带来了更大的发展空间。我国的会展业应该充分利用网络的信息资源优势,在现实世界之外打造知名的中国会展网络品牌。

典型案例 5-2:

阅读下列材料,具体说一说网上西博会的具体内容。

为进一步加快中国杭州西湖国际博览会的科学发展,创新办会模式,以会展信息化带动西博会的国际化、专业化、市场化、品牌化发展,扩大西博会"发展会展业和招商引资的平台,精神文明建设的载体,老百姓和中外游客的节日"效应,经西博会组委会研究决定,由杭州市西博办牵头创新策划实施"网上西博会"。计划经过3~5年努力,把网上西博会办成"永不落幕的博览会",成为彰显杭州"电子商务之都、生活品质之城"的重要载体。

网上西博会是应用互联网技术,着眼国际,依托西博会的实体会展活动,搭建的一个三维可视型(如3D地图、3D建筑等)涵盖西博会主要内容的在线访问平台。随着不断发展和建设,将能够为参与网上西博会的展商、买家、游客、市民提供各种西博会的服务信息;为西博会的相关组织机构、展商企业提供面向访问者宣传互动的快速通道,实现网上西博会的网络展示、营销推广、电子商务和公共服务等功能。

网上西博会以"穿越历史时空,畅游精彩西博"为主题口号,将互联网与现实会展相结合,突出欣赏与体验特色,按照西博会的"过去、现在、未来"形成三大板块。

体验西博会是根据1929年的历史资料,用三维虚拟技术实现情景再现,网民可以在该板块进行漫游体验,感受1929年西博会八馆二所三处场馆及其博览盛况。全景西博会则依据杭州三维虚拟地图,将所有西博会及杭州会展的信息资讯,以多种形式和手段进行加载,为网民提供各种信息服务。

西博直播室集文字直播视频直播服务,同时,汇聚了2000—2007年所有西博会的精彩影像,让更多的人通过网络分享和回眸精彩西博。网聚西博会是网上西博会的休闲区域,将结合西博会的内容以及网民的兴趣设计安排娱乐互动内容。

网上西博园代表了虚拟世界的西博会,园区以杭州城标为蓝本搭建,内容则按照第十届西湖博览会的九大生活序列进行规划建设,网民可以在园区内漫游,亲身感受迈入"钱塘江时代"的国际西博会,在新蓝海上扬帆启航的情景,如附图1所示。

附图1　网上西博会

 小结和学习重点

(1) 会展设计立体策划的概念、特点、方法。
(2) 关于系统设计。
(3) 展示设计的流程。
(4) 建立品牌展会的要素和途径。
(5) 建立品牌展会的基本策略。

任何系统都是一个有机的整体,会展设计也是一个系统。会展设计的策划者必须掌握立体策划的特点,高瞻远瞩、视野开阔,全面而细致地考虑到策划过程的每一个步骤、环节,使整个策划达到完美的境地。在品牌展会的建立中,最重要的一点是展会的经营者与管理者要有牢固的品牌观念,要制定长期的品牌发展战略。会展设计的立体策划和会展的品牌战略也是有机的统一体,立体策划为品牌建设服务,品牌展会对会展策划不断提出新的要求。

 前沿问题

(1) 后现代主义理论家们对"文化"概念的重新诠释,直接影响到现代会展艺术设计的风格。
(2) 在展会立项通过可行性分析进入实际筹备阶段后,接着要进行的一项工作就是进行展会的品牌形象策划。

案 例 分 析

案例一　广交会是推广品牌的大舞台

年年广交会,届届有新意。第95届广交会最大的新意就是首次设立品牌展区,2 000多个展位,虽然占全部展位的比重仅是7%,但其政策指向性很明确,用商务部部长薄熙来的话说,就是"要将广交会办成名牌产品博览会"。

其实,从品牌学角度看,广交会本身就是展览业中的知名品牌。这个新中国历史最悠久、层次最高、规模最大、商品种类最齐全、到会采购商最多的综合性展会,以其庞大的客流量、巨大的交易额,在海内外享有盛誉。无论是从参展商层次,还是从广告效应上看,广交会对品牌的成长,特别是对那些有志于创建国际知名品牌的中国企业来说,都是一个很好的平台。每届广交会,流花路展馆四周,知名品牌的广告招牌琳琅满目,目的就是尽力吸引海内外客商的眼球。这表明,广交会以其巨大的影响力,既是国内企业产品品牌成长的大平台,也具有助推中国名牌走向世界的能力。

当然,一方面,以前广交会受场馆限制,能够提供给企业以展示品牌形象的展位展区有限;另一方面,出口大类如机电产品绝大多数是贴牌加工企业,造成知名品牌的相对不足,限制了广交会在助推品牌上的作用。随着广州国际会展中心的投入使用和国内一大批知名品牌的迅速成长,广交会品牌展区也就顺理成章地出现了。

一个知名品牌的成长,涉及的方面比较多。商务部负责人表示,今后,广交会还将采取一系列措施,对品牌产品提供种种便利。这和划出专门的品牌展区一样,是广交会助推中国知名品牌走向世界的一种政策倾斜。它所传达的信息,值得参展企业注意:今后那些没有注册商标、没有知识产权的产品,将有可能被拒之广交会的大门外。向参展的外商传达出的信号则是,广交会采购到的产品,是中国最好的产品,也是中国最知名的产品。

新意带来新效应。前几届国内某些知名家电厂家在有了出口国外的渠道后,选择了退出广交会。但当广交会划定品牌展区后,它们又重返广交会。它们所看重的,有成交额,也有企业产品形象展示的机会。

(资料来源:信息时报)

思考:

1. 试分析广交会成为中国第一知名品牌展会的原因。
2. 广交会为什么要划定品牌展区?

案例二
中国出口商品交易会布展施工管理规定

为全面提高中国出口商品交易会(以下简称广交会)的布展和服务水平,完善和规范布展施工管理工作,现制定如下规定。

一、标准展位装搭和特别装修布展

广交会展位布展分为标准展位(以下简称标摊)装搭和特别装修布展(以下简称特装)两种。

(一)标摊装搭是使用统一材料,按规定的标摊模式统一进行的展位搭建。标摊的搭建及展具配置工作,由外贸中心展会服务部(以下简称服务部)负责;相应的水电安装工作,由外贸中心技术保障部(以下简称技保部)负责。

(二)特装布展是指:

1. 广交会指定的重点布展区域的总体布展(第92届广交会特指两期的1~10号馆和12,14号馆的一楼及第二期的20号馆二楼)。

2. 同一参展企业两个以上位置相连的标准展位(非标准展位及洽谈厅展位须4个相连)不采用标摊装搭的模式,而是申请预留空地,委托交易团或商会审查认定的布展施工单位进行的木型装修布展或使用其他与大会标摊装搭材料不同的制式材料进行复杂的装修布展。

(三)广交会不接受两个以下(不含两个)位置相连的标准展位的特装申请。

二、布展单位

(一)广交会指定服务部为主场标摊搭建单位,其布展行为同样受本规定约束。

(二)广交会仅允许通过交易团或商会审查认定,并正式书面向广交会推荐的布展施工单位进场承接特装布展。

三、特装布展的初审管理

根据"谁分配、谁招展、谁负责"的原则,广交会分配型展位特装布展初审管理统一由相关的交易团负责,招展性与保证性以及洽谈厅展位特装布展初审管理统一由相关的商会负责。

特装布展初审管理工作包括以下三个方面。

1. 对其负责展位部分的参展企业所选择的布展施工单位进行审查认定,并向通过审查认定的布展单位出具致外贸中心的正式推荐信。

2. 审查认定至少须包括以下内容。

(1)申请单位须为具有合法经营资格的企业,具备从事室内装修工程资质。

(2)具备一支专业的技术队伍,有固定的从事展览工程业务的人员。确保具备足够的人力、物力,在大会规定的筹展期、撤展期内完成各项布展、撤展工作,不提前进场与滞后完工。

(3)熟悉并严格遵守《中国出口商品交易会布展施工管理规定》、《安全管理规定》、《用电安全规定》,服从广交会管理。

3. 交易团、商会须根据本规定,对其通过认定的布展施工单位予以规范约束,并负有相应责任。

四、特装布展申请

需特装布展的参展企业,须通过本款第三条规定的范围归口至所属交易团或商会向广交会报图,特装布展展位的审图工作由外贸中心广交会审图组(以下简称审图组)负责,审图组只接受经过交易团或商会初审后的图纸。所有特装图纸须经过审图组审核通过后,方可施工。

广交会的特装报图及施工管理请参看附件4-4"报图及施工管理流程图"。

五、特装布展的申报和办理

(一)特装布展应根据有关商会的展区布展方案要求,在外贸中心的总体协调和指导下进行布展。有关商会的展区布展方案要求每届春(秋)交会于1(7)月31日前送达各交易团,并同时在广交会网站上公布。

(二)特装图纸由各有关交易团、商会统一收齐初审后于3(9)月15日前寄至审图组。鉴于审图须图表清晰,不接受传真图纸。申报特装应报送以下资料。

1. 特装图纸,包括:

(1)设计方案的立体彩色效果图;

(2)设计方案的平面图、立面图(包括详细尺寸和材料说明);

(3)有关用电资料(包括电气接线图、电气分布图、开关规格及线径大小等使用材料说明、用电负荷等);

(4)材料报送单位和施工单位联系人、联系方法的详细资料;

(5)所有设计图纸和文字说明须使用A4规格(不接受传真)。

2. 特装布展施工单位推荐信。

3. 交易团或商会初审图纸意见表。

4. 消防安全责任书。

(三)审图组在收到交易团和商会报送的资料后,负责进行复审;复审后,资料送广州市公安消防部门审批。如报送资料不符合有关规定,由审图组将审核意见通知有关交易团或商会,交易团和商会负责通知布展单位按整改要求5日内重新申报,最终报审时间为3(9)月30日,逾期未能通过消防审批的,不得进场施工。图纸经过消防安全审批的布展单位,在筹展期间可直接到序幕大厅现场一条龙服务点(4月18—23日到交易大厦8楼)办理有关手续。

(四)各布展单位进场施工前须办理的手续

1. 须凭交易团或商会的推荐信(副本亦可)到审图组领取"展位装修消防报建的批复"。

2. 缴纳有关施工管理费、电费。

3. 提交布展人员名单(从事技术工作的要同时提供相关技术资格证件复印件,如电工资格证复印件等)和施工所用工具清单,并办理施工许可证后方可进场施工。

(五)在3(9)月15日前报送图纸的特装布展展位(含洽谈厅展位),审图组在向交易团和商会发出审核意见时,出具退还道具配置费的证明,由交易团转交参展企业。该费在结算时统一退还交易团,参展企业可凭审图组证明向所属交易团查询并领取。

六、特装布展要求

(一)所有特装布展展位的设计与布展,其垂直正投影不得超出预留空地的范围。

(二)如交易团和商会先以传真或其他方式书面通知审图组为参展企业展位预留空地的,须在通知预留空地后7日内将所有报图资料补充齐全,否则仍视作企业未报审图纸处理。

(三)布展单位对所有已通过审批确定的报审内容,一律不得自行更改;如确需更改的,须经审图组审批。对擅自更改的,广交会有权不予供电,并给予警告直至惩罚。

(四)布展单位施工时,须将施工许可证挂放在展位醒目位置。施工须严格按图进行,不得超出施工许可证规定范围,并随时接受大会现场服务办公室的监督和检查。一经发现布展单位超出规定范围施工,现场服务办公室可口头警告直至取消其施工许可证,由此引起的一切后果由该布展单位负责。

(五)布展单位不得在现场使用切割机、电锯,不得在现场喷漆。

(六)特装展位的维护工作由该布展单位负责,相关的交易团和商会负责监管。

(七)由广交会招标布展的展区,布展事宜在标书中另有规定的,以标书具体规定为准。

(八)3(9)月15日后,一律不接受当届特装申请。

七、标摊装搭的申报及办理

(一)广交会各展区均设指定的标准展具配置模式。参展单位可于3(9)月15日前将自行设计的改装方案(仅限于修改标摊内部配置或拆除隔板)由交易团或商会统一汇总报审图组,逾期申报不予接受,一律按广交会指定模式搭建。

(二)对于广交会统一搭建的展位、配置的展具,各参展企业和布展单位一律不得拆装改动;否则,广交会有权强制恢复原状,所产生的费用及后果全部由参展企业自行承担。

八、布展工作须知

(一)所有布展须符合《中国出口商品交易会展馆防火规定》的要求。

(二)所有参展、布展单位未经审图组确认同意,进场时一律不准带展具进馆布展,撤展时不能带展具出馆。

(三)严禁锯裁展馆的展材、展板或在展材、展板上油漆、打钉、开洞。

(四)展位楣板文字(参展企业名称)经商会核对,由广交会统一制作,参展企业未经所属商会审核批准,不得擅自更改,如确需更改,可在筹展期内到序幕大厅现场一条龙服务点按楣板制作和修改的有关规定进行。更改楣板文字的程序具体按第四章第十一条《楣板文字制作与修改》办理。

(五)所有用电须符合《用电安全规定》的要求。严禁参展单位私接电源线或增加照明灯具,如有需要,可到现场一条龙服务点按章交费办理手续。

(六)不得在展厅人行通道、楼梯路口、电梯门前、消防设施点、空调机回风口等地段随意乱摆、乱挂、乱钉各类展样品、宣传品或其他标志;不得使用双面胶、单面胶等粘贴材料在展馆通道的柱子上粘贴任何物件。

(七)不得在展馆天面上打钉或利用天面管线悬吊展架、灯箱及各类装饰物件。

(八)展样品拆箱后,包装箱、碎纸、泡沫、木屑等易燃包装物须及时清出,不得在展位背板后存放包装箱等杂物。

(九)展馆内布展须注意的空间参数:展馆内装饰、布展、装搭建物最高上线为距天花板面80 cm、设备层面50 cm,悬空装搭物最低下限为距地面2.5 m。

(十)展馆内严禁吸烟。

(十一)第一期在4(10)月13日20:00后,不得有未布展的空展位;4(10)月20日下午18:00前不得撤展。第二期在4(10)月24日12:00后,不得有未布展的空展位;4(10)月30日下午18:00前不得撤展。

九、监管机构

广交会现场服务办公室为广交会布展施工的监管机构,对参展单位、施工单位的布展施工进行全程监督和管理,并对违规单位进行处罚。

十、违规处罚

凡在布展施工过程中有违规行为的,一律按本《手册》第十一章《违规处罚条例》进行相应的处罚。

十一、本规定从二零零一年十二月十二日起执行。过去规定与本规定相抵触的,一律以本规定为准。本规定由中国对外贸易中心负责解释。

(资料来源:广交会网站)

思考:

1. 试述广交会特装布展的具体要求。
2. 广交会对展览的布展施工和撤展有哪些具体规定?

练习与思考

(一) 名词解释

SCM UFI COM DEX 展会品牌 品牌展会

(二) 填空

1. 所谓立体策划是指一种带有_____和_____的策划方法。
2. 系统是由若干要素以一定_____联结构成的具有某种_____的有机整体。
3. 在现代会展的运作过程中,如何建立品牌展会,目前说来主要有以下三种途径:_____、_____、_____、_____。

(三) 单项选择

1. 按国际公认的标准,在商业展览会中,要有( )以上的展出者、观众来自国外,广告宣传费要有( )以上用在国外。
   A. 10%   B. 15%   C. 20%   D. 25%
2. 第95届广交会首次设立品牌展区,占全部展位的比重是( )。
   A. 7%   B. 10%   C. 15%   D. 20%

(四) 多项选择

1. 会展设计立体策划的主要特点有( )。
   A. 时代性   B. 目的性   C. 地域性   D. 创新性
2. 在展示设计的评估过程中,应注意的主要原则包括( )。
   A. 安全性   B. 经济性   C. 人机要素   D. 审美性

(五) 简答

1. 如何理解会展设计艺术的"直接文化呈现"?
2. 展示设计的流程是怎样的?

3. 简述展示空间的分类及设计准则。
4. 建立品牌展会的要素有哪些?
(六) 论述
试述在展会品牌的创建中,提升经营服务理念的地位与作用。

部分参考答案

(二) 填空
1. 全局性　长期性
2. 结构形式　功能
3. 自我培育　走联合之路　品牌移植
(三) 单项选择
1. C　2. A
(四) 多项选择
1. ABD　2. ABC

第六章

会展宣传推广策划

 **学习目标**

学完本章，你应该能够：
1. 明确展会宣传推广工作的目的；
2. 了解展会宣传推广工作所包含的基本内容；
3. 掌握基本的展会宣传与推广手段；
4. 对会展广告宣传中的媒体选择策略有较深入的把握。

 基本概念

展会知名度　品质认知度　品牌联想　品牌忠诚度　展会活动　新闻稿　展会广告　展会公关　广告受众　电波媒体　户外媒体

展会成功与否的重要标志之一即是参展数与参观数，文化展会以此实现文化主题的推广，商业展会以此实现经济效益。参加者的多少直接影响展会的规模、效果以及收益。随着会展业的不断发展，如何塑造品牌展会的长期影响力和良好的声誉，成为展会组办方的一大重要课题。展会宣传是吸引参加者、推广展会主题、树立展会品牌的重要手段，展会宣传的具体执行也应全方位立体化，通过综合运用各种宣传手段实现最佳的宣传效果。

> 从国际普遍的做法来看，办展机构一般会将展会收入的10%~20%拿出来作为展会宣传推广的资金投入。

宣传与推广工作在展会准备期间，调动各种巧思妙计宣传展会的魅力，让更多的人积极参观展会。这样，有必要拟定一个战略性计划，分析开展宣传活动的最佳时机及怎样达到最佳宣传效果等。

宣传活动的手段是多种多样的，可以利用电视、电台、报纸、杂志、网站等媒体，也可以借助广告招贴画、宣传册、传单、横幅、旗帜、会标、装饰用不干胶等。将这些宣传手段、道具巧妙组合加以利用是十分重要的。

> 对展会的宣传与推广,特别是对周期性展会和长时间办展的展会的宣传与推广是一个长期性、系统性的工作,必须具备整合传播的思路,同时要以实现长期效应为出发点。

第一节 展会宣传与推广的目的

伴随会展业的长足发展,展会的宣传与推广工作日益受到重视,宣传推广工作的目的性也日益清晰。

一、提升展会的知名度

展会知名度分为四个层次:第一,无知名度,即展会的目标参展商和观众根本就不知道该展会及其品牌;第二,提示知名度,就是经过提示后,被问者会记起某个展会及其品牌;第三,未提示知名度,即不必经过提示,被访问者就能够记起某个展会及其品牌;第四,第一提及知名度,就是即使没有任何提示,当一提到某一种题材的展会时,被访问者就立即会记起某个展会及其品牌。提升展会品牌知名度,就是要使展会品牌逐步从无知名度走向第一提及知名度,这样,展会才会被其目标参展商和观众作为首选的对象。

二、扩大展会的品质认知度

品质认知度是指目标参展商和观众对展会的整体品质或优越性的感知程度,它是参展商和观众对展会的品质作出是"好"还是"坏"的判断,对展会的档次作出是"高"还是"低"的评价。

品质认知度对于展会发展具有重要意义。首先,它可以为目标参展商和观众提供一个参加展会的充足理由,使本展会能最优先进入他们参展(参观)选择考虑的视野;其次,使展会定位和展会品牌获得目标参展商和观众的认同,提高他们参加展会的积极性;再次,有助于展会的销售代理展开招展和招商工作,增加展会的通路筹码;第四,可以扩大展会的"性价比",创造竞争优势,促进展会进一步发展。

三、努力创造积极的展会品牌联想

展会品牌联想是指在目标参展商和观众的记忆中与该展会相关的各种联想,包括他们对展会的类别、展会的品质、展会的服务、展会的价值和顾客在展会中的利益等的判断和想法。

展会品牌联想有积极的联想和消极的联想之分。积极的展会品牌联想有利于强化展会的差异化竞争优势,使目标参展商和观众对展会的认知更趋于全面,并可帮助目标参展商和观众进行参展(参观)选择决策,促成他们积极参加本展会。展会品牌经营的任务之一,就是要通过营销等各种手段,努力促使目标参展商和观众对展会产生积极的品牌联想,避免使他们对展会产生消极的品牌联想。

四、不断提升目标参展商和观众对展会品牌的忠诚度

目标参展商和观众对一个展会品牌的忠诚度越高,他们就越倾向于参加该展会;否则,他们就很可能抛弃该展会而去参加其他展会。

品牌忠诚度可以分为五个层次。第一,无忠诚度。参展商和观众对该展会没有什么感情,他们可能随时抛弃该展会而去参加其他展会。第二,习惯参加某展会。参展商和观众基于惯性而参加某展会,他们处于一种可以参加该展会,也可以参加其他展会的摇摆状态,容易受竞争展会的影响。第三,对该展会满意。参展商和观众对该展会基本感到满意,他们不太倾向于转而参加其他展会,因为对他们而言,不参加本展会而去参加其他展会存在较高的时间、财务和适应性等方面的转换成本。第四,情感参加者。参展商和观众真正喜欢本展会,对本展会有一种由衷的赞赏,对本展会产生深厚的感情。第五,忠贞参加者。参展商和观众不仅积极参加本展会,还以能参加本展会为骄傲,并会积极向其他人推荐本展会。

提升目标参展商和观众的品牌忠诚度,就是要不断增加展会的情感参加者和忠贞参加者队伍,使本展会成为行业的旗帜和方向标。拥有较多、较高品牌忠诚度的参展商和观众的展会,必将成为该行业中最为著名和最具影响力的展会。

第二节 展会宣传与推广的内容

所有的展会都需要一定形式的宣传推广工作,商业性展会宣传的重点在于展会的主旨和效果,文化性展会宣传的重点在于展会的定位与档次;小型展会特别是短期展会宣传的重点是时间、地点等与展会直接相关的信息,大型展会尤其是长期展会宣传的重点则在于展会的主题及相关活动。

展会的级别与目的不同,其宣传与推广的内容也有所不同,以下所介绍的宣传与推广内容不一定会同时出现在某次展会过程中。

展会宣传与推广有哪些成功的经验?

一、展会基础资讯的宣传与推广

各种展会都需要向参加者详细介绍展会的一切基础资讯,包括:
(1) 展会的时间、场馆地点、交通住宿情况、会务组接待事宜、展会时限等。
(2) 参展者情况、往届展会效果、社会评价等。
(3) 参展要求与条件等。

以上宣传内容主要是针对参展方,比较简便的做法是将所有基础资讯编订成册,印发邮寄或进行人员推广,如图6-1所示。

图 6-1 重庆金融博览会宣传册封面

二、展会相关活动的宣传与推广

展会过程中往往会安排一些活动,一方面增加展会的内容,另一方面也可以有效吸引参观者。这些活动不仅是展会的有效构成部分,对于一些特定主题的展会,甚至可以说是展会的重中之重。

展览会中的活动,所指的是开幕式、闭幕式、民族风格的表演、场内特设舞台上演的节目、表演、音乐会或者是主题讨论会、研究会等,如图6-2所示。还可以举办一些著名音乐家的演奏会、海外艺术表演等,会期中若每天在会场的各地都能欣赏到富有魅力的各种表演活动,这也同演示一样,能够增加整个展会的魅力,成为吸引更多观众前往参观的重要因素之一。

图 6-2 重庆国际车展现场表演

根据活动的类别划分,可将其归纳为:
(1) 正式活动(由主办者举行的前夜典礼、开幕式、闭幕式等正式活动)。
(2) 主题活动(围绕展会主题进行的讨论会、研究会、电影节等活动),如图6-3所示。

图6-3　嘎纳电影节

(3) 交流活动(出展单位主办的活动)。
(4) 一般活动(音乐演奏会、电影、传统艺能、街头表演、盛装游行等),如图6-4所示。

图6-4　上海夏季音乐节

(5) 市民参加活动(由一般市民资助主办的活动)。

展会期间活动的宣传与推广,可以在很大程度上帮助展会聚集人气、突显风格,形成品牌效应。特别是大型展会,如世界博览会都将一些重要活动融入展会过程,不仅在展会场地进行,更可以将活动延展至整个城市,从而实现更大的社会效应和经济效应。在这方面完全可以借鉴一些比较成功的城市文化活动的先例(参见下列资料补充)。

2009年上海旅游节的宣传推广

(一)主　题:走进美好与欢乐
(二)定　位:人民大众的节日
(三)一条主线

"以人为本"作为主线贯穿旅游节始终。

真正体现"人民大众的节日"的定位。2009年上海旅游节努力深入社区、贴近民众,把大众旅游消费理念播撒到每个市民游客心中,通过活动的多样性、亲近性和参与性真正体现是人民大众的节日。

充分演绎"走进美好与欢乐"的主题。2009年上海旅游节的活动策划、组织和实施等各个环节都要考虑到广大人民群众的兴趣爱好,让每个旅游节参与者都能在节庆活动中获得物质和精神上的享受,让大家感受生活的快乐和美好。

(四)两个内涵

1. 为世博会的到来营造良好环境

2009年上海旅游节将围绕"城市,让生活更美好"的世博会主题以及把上海建成"世界著名旅游城市"的目标,努力打造观光、购物、美食、休闲、娱乐等旅游品牌,为世博会的召开聚集人气、营造良好的氛围。

2. 为国庆60周年营造欢庆气氛

2009年我们将迎来国庆60周年。60年来,特别是改革开放30年来,我国经济保持平稳较快发展,各项社会事业稳步向前推进,人民生活得到了显著改善。国庆60周年是一个非常盛大的节日,上海旅游节作为人民大众的节日,将为普天同庆增添浓重色彩。

(五)三项任务

1. 宣传推广世博旅游

以上海旅游节作为一个展示舞台,通过上海旅游节,将上海独有的海派文化展现在世人面前,将上海朝气蓬勃的发展风貌展现在世人面前,将上海为世博准备的各项旅游产品展示在世人面前。上海已经准备好迎接来自五湖四海的宾客。

2. 推进融合区域合作

经过多年的经营,上海旅游节已经在长三角享有盛誉。2009年旅游节将以宣传推广长三角"世博之旅"为纽带,继续把花车巡游深入到长三角地区,为实现长三角地区主要旅游景点与世博会的无缝对接、旅游基础设施的互补共享,起到"催化剂"的作用。

3. 促进旅游经济发展

旅游节具有动态的文化旅游吸引力。上海旅游节已经形成了完善的产品体系和较强的品牌效应,每年吸引了大量的市民游客。节庆旅游消费不断增长,促进了整个旅游经济的发展。以世博会为契机,上海旅游经济将会向着更高、更快的方向发展。

(六) 宣传推广指导思想

——以迎接2010世博会为主线。
——以反映都市旅游发展为目的。
——以丰富的节庆活动为载体。
——以市民游客的反馈为评价。

(七) 宣传策略

突出重点:以旅游节传统品牌项目,如开幕大巡游、音乐烟花节、彩船巡游等为依托,牢固树立旅游节人民大众节日的品牌形象。

推出亮点:以旅游节新设项目为切入点,反映旅游节活动的不断丰富,都市旅游产品线的不断扩大。

引出热点:以迎世博,创和谐家园等主旋律为线索,将这些主题有机地结合在旅游节的宣传中。

(八) 宣传要点

针对性:对于大众比较关心的旅游节活动基本信息,如活动情况、参与方式等要进行详尽地宣传。

导向性:旅游节的宣传要引导公众通过节庆活动,关注旅游行业的发展。

广泛性:宣传要覆盖各个点、面,既关注事,也关注人,使旅游节的形象鲜活、生动、立体。

(九) 媒介分类

电视媒体:报道方式直观迅捷,主要通过精彩的活动画面回放,引起公众对旅游节的兴趣,提高参与度。

平面媒体:资源最为丰富,覆盖面广,不同类型的平面媒体可从不同角度对上海旅游节进行全方位的报道,使之满足不同对象的需要,并适当增加评述性文章的数量,体现旅游节庆的深层意义。

广播媒体:受众群相对固定,信息发布迅捷灵活,适合进行信息预告以及第一时间同步播报活动盛况。

网络媒体:时效性强,覆盖面大,共互动的特点将使旅游节的新闻报道趋于多样化。

户外媒体:能为市民游客提供反复的宣传,使其印象强烈,主要侧重旅游节整体形象的宣传。

(资料来源:上海旅游节组委会)

形形色色的活动可以提升展会的人气,打破展会相对沉闷的气氛,为参展方提供更多的宣传途径。因此,展会过程中的各种活动也是展会宣传和推广中的一个重要部分。

三、展会品牌的宣传与推广

将自己举办的展会逐步培育成在国内外有重大影响力的品牌展会,是每一个展会主办单位不懈的追求和执著的梦想。品牌展会都是通过对展会进行卓有成效的品牌经营才培育出来的,展会品牌经营是展会进行市场竞争最有效的手段之一。在形成品牌产权之后,就是以经营品牌的观念来经营展会,将展会培育成品牌,并通过展会品牌来加强展会与参展商和观众的关系的一种展会经营策略。展会品牌经营的主要目的,是通过对展会进行品牌化经营来提高展会的影响力和市场占有率,并努力使本展会在该题材的展览市场上形成一种相对垄断。因此,展会品牌的宣传与推广应着力于独特性与排他性,在宣传过程中突出品牌展会在行业或领域中的不可替代性。

企业也通过负担举行这类活动的一部分或者全部资金的方式,获得向来场观众宣传本企业的商品名称或企业名的好机会。另外,为了设立举行活动的专用舞台,还需舞台装置布景、音响照明、计算机控制灯具业务方面的专家的协助。

典型案例6-1:

阅读材料——"中国国际家居博览会"海外宣传推广活动方案,分析展会品牌宣传与推广的主要方式。

"中国国际家居博览会"是通过UIF行业认证的展会,媒体宣传一部分重心应放在海外市场。根据海外市场推广的特点,方案如下。

(一)海外推广媒体公关活动

活动名称:"家博会"海外媒体宁波行

活动时间:××年×月×日

活动主办:宁波市侨办与江东区政府联合举办

邀请对象:Yahoo网UK版家居频道
　　　　　《CASA》杂志(中意同步发行)
　　　　　亚洲装饰装修行业协会
　　　　　Online Furniture Magazine
　　　　　海外知名家居行业媒体负责人

活动宗旨:向世界展示中国家博会的成果,吸引很多的海外展商深入了解中国行业市场,参加展会,进行贸易活动。

主要活动内容:

家博会主办方领导接见

参观家博会

了解家博会往届交易成果

家博会城市资料数据发布

采访企业家

了解宁波城市发展

(二) 海外新闻发布会

中国宁波国际家居博览会组团将于2013年4月09日—14日,在第52届意大利米兰国际家具展览会(LA MA CASA)期间,赴米兰举行发布第×届中国宁波国际家居博览会相关新闻。

背景介绍:

受全球家居业界人士瞩目的意大利米兰是业内公认的家居产业发源地之一,米兰国际家居设计展览会,是一个集家居用品的设计、加工和贸易以及居住文化最新潮流的盛会。琳琅满目的各式各款家具,灯具、玻璃制品、装潢装饰用品,卫生洁具,厨房用品,家用电器等将登台亮相。博览会将为行家们提供一个展示、切磋和贸易的理想舞台,一个崭新创意的演示台,一个世界主要企业及商业买家的交易中心。近年来,随着中国改革开放步伐的加快,中国参展企业也逐年增加。通过展会,中国的家具产品被带到了世界各地。据统计,中国家具出口额已位居世界第一。

活动目的:

借助巴黎国际家居博览会为平台,在国际市场中打响中国家居产业品牌,拉动国内家居市场,提高家博会的知名度,从而吸引更多的海外参展商,实现贸易交流。

时间:

2013年4月10日 AM.10:00~11:00

地点:

米兰国际博览中心会议厅

前期工作:

预定会议场馆,与米兰国际展览会主办方沟通,合同签订;

设计制作邀请函;

确定会议议程、时间表、邀请主讲嘉宾;

确定行业领导、业内知名人士、出席媒体记者;

拟定新闻稿、演讲稿、展会宣传资料文案;

资料设计、印刷、分装;

开始向各大目标媒体发送邀请函,并回收确认信息;

选聘主持人、礼仪人员和接待人员,并进行预演员工培训;

联系通知,并确认媒体、各参会代表届时与会;

确定甄选翻译人员;

购买礼品;

设计背板;

布置会场、音响放映设备,充分考虑每一个细节等。

活动进度:

11月12日

9:30~9:55　　　　会议签到、发放资料与礼品袋

10:00~10:10　　　介绍新闻发布会目的,感谢媒体

10:10~10:25　　　行业人士发言

10:25~10:35　　　观看宣传视频
10:35~10:45　　　发布家博会展会信息
10:45~11:00　　　答记者问

新闻发布会媒体发放资料：
1. 会议议程
2. 新闻通稿
3. 演讲发言稿
4. 发言人的背景资料介绍（应包括头衔、主要经历、取得成就等）
5. 公司宣传册
6. 产品说明资料（如果是关于新产品的新闻发布的话）
7. 有关图片
8. 纪念品（或纪念品领用券）
9. 企业新闻负责人名片（新闻发布后进一步采访、新闻发表后寄达联络）
10. 空白信笺、笔（方便记者记录）

（三）海外媒体投放与网站信息发布

Yahoo 网海外版特邀新闻宣传发布；Yahoo 关键词链接；Online Furniture Magazine

考虑到海外媒体推广存在空间地域等问题，因此，海外推广多以网站信息发布、电话营销等方式作为宣传的主体。因此，适时地在网络这一没有地域界限的高效媒体上发布家博会信息，是与国外展商与行业沟通的良好途径。

历届中国国际家居博览会官方指定海外网络信息发布：Yahoo 海外版。

雅虎全球推广会出现在美国、加拿大、英国、法国、德国、意大利、瑞典、瑞士、奥地利、丹麦、芬兰、荷兰、挪威、西班牙等国家或地区。

第三节　展会宣传与推广的手段

展会宣传与推广在执行手段上是多种多样的，应根据财力、人力以及展会本身的特性选择组合使用。当前，比较常用的手段包括广告、新闻宣传、公共关系以及现场演示等。当然，传统的人员推广模式仍是适用的，特别是作为展会的组织者，利用现有条件开展与参展方之间的直接人员推广仍是相当有效的方式。特别是作为展会组织者的政府部门、行业协会等，可以采用直接发函、人员联系的手段进行相关的宣传与推广工作（参见下列资料补充）。

广州国际汽车展览会宣传推广计划

一、在京、泸、穗等国内重要城市召开新闻发布会，发布展会信息。

二、大众媒体推广：

1. 通过境内影响大、覆盖面广的报社、电台和电视台以及展会协办单位的相关媒体，以新闻报道和产业信息报道相结合的形式，大力宣传展会，邀请各地观众参观展会。

2. 在境内长春、上海、武汉、广州等多个汽车生产基地具有影响力的报社、电台和电视台，投放展会广告。

3. 通过港澳台和东南亚等境外报社、电台和电视台，报道展会相关信息。

三、将通过汽车产业相关专业杂志，向业内人士推介展会。

四、建立汽车展专业网站，并通过与国内外各门户网站、汽车专业网站建立友好链接，推广展会信息。

五、通过国内权威的汽车行业相关协会发布展会相关信息，向国内外专业买家直接寄发请柬。

六、邀请各车迷俱乐部、车友俱乐部等团体，政府机构等社会消费团体，组织群体参观展会。

七、参加国际著名汽车展，并在国内相关汽车展会上推广展会。

八、通过我国驻外使领馆和商务处推介展会。

九、通过外国驻华使领馆商务处和贸易机构，向其本国相关汽车行业协会和机构推介展会，邀请有关企业参观参展。

必须看到的是，展会的市场化程度越高，其宣传与推广工作对市场化的运作方式的依赖也就越高。因此，以下主要介绍几种市场化操作中常见的宣传推广方式。

一、广告

广告是展会宣传的重要方式，也是吸引参观者的主要手段之一。展会广告的范围可以覆盖已知的和未知的所有参观者，可以将展会情况传达到直接联络所遗漏的目标观众，也可以加强直接联络的效果，这是覆盖面最广同时也是最昂贵的展会宣传手段。因此必须目标明确，根据需要、意图和实力有效安排。

美国专项调查显示，比起未登广告的参展企业，在展前连续登 6 次广告的参展企业要多 50% 的参观者，登 12 次整版广告的参展企业要多 70% 的参观者。

广告的本意可以解释为"广而告之"。在展会中，广告可以把信息传给很多人；在商业社会中，广告的促销活动是显而易见的。因而，展会宣传一定要充分利用广告这一手段。

广告预算决定广告规模，要根据需要和条件决定预算。选择合适的媒体是降低成本、提高效率的最好办法。同时，广告的时间也需要合理安排，在一般情况下，不要将广告集中在展会开幕前几天，而应该在三四个月之前就开始，广告不仅可以安排在展会之前，还可以安排在展会期间和展会之后。

展会广告应遵循的原则。

展会广告在操作过程中,应遵循以下五个原则。

(1) 市场导向原则。要从展会目标参展商和观众的需求出发,通过展会广告来促成目标参展商和观众对展会的认同,促成展会与参展商及观众之间建立起一种共赢共荣的关系。

(2) 目标性原则。要通过展会广告来使展会在业界知名,赢得目标参展商和观众对展会品质的认知,提高他们对展会品牌的忠诚度,给他们带来积极的展会品牌联想。

(3) 系统性原则。展会广告执行本身是一个富有层次性的系统工程,要具有全局的视野、多层次的协调、多角度的长远规划。

(4) 针对性原则。展会广告的主要对象,是展会的目标参展商和观众、展会的服务商以及办展机构自己的员工,极富针对性。

(5) 诚信原则。许多著名展会最终走向没落有一个共同的原因,那就是这些展会都没有实现自己最初对市场所作出的"承诺",不管这种承诺是出自展会对市场的明示,还是来自展会对市场的暗示。一旦市场发现自己被某展会广告所欺骗,市场就会毫不犹豫地抛弃该展会,该展会也就没有了立足之地。

展会广告活动具有相当的专业性,因此,最好的方式是与广告代理公司合作,从而实现广告宣传的最佳效果。

二、新闻宣传

新闻宣传费用一般较低,因为通常情况下新闻采访与报道是免费的,同时新闻报道的可信性较大,效果不错。新闻宣传必须在展会之前、期间和之后连续进行。展会组办方一般都在展会期间设有专门的新闻宣传部门,该部门的工作人员应该具有良好的媒体背景,熟悉新闻宣传的手段与一般规律,并能够与专业新闻人员有效沟通,和记者、编辑、摄影师、专栏作家等都能够保持联系。良好的人际关系有助于获得媒体的最大支持,并获得积极、正面的报道。

新闻宣传工作的一般流程如下。

(1) 任命新闻负责人或开始联系委托代理,收集、整理、更新目标新闻媒体和人员名单。

(2) 制定新闻工作计划。

(3) 举办记者招待会,发布展会基本信息。

(4) 收集媒体报道情况,如果在展会期间对记者作过许诺,一定要尽快予以办理或告知何时办理。

(5) 向未能参展的记者寄发资料。

(6) 向出席招待会、参观展会的记者发感谢信,向所有记者寄展会新闻工作报告。

(7) 迅速、充分地回答新闻报道引起的读者来信。

(8) 与媒体保持联系。

在新闻宣传工作中,会展组办方特别需要注意新闻稿、新闻图片。新闻稿是展出者提供给媒体的主要和基本的新闻资料,质量高、内容新、符合新闻写作要求的新闻稿被广泛应用的可能性就高。好图片可以直观体现展会现场的效果或主题,好图片比好文章更易被采用。

典型案例 6-2：

阅读下列材料，分析中国成为2012汉诺威工业博览会合作伙伴国新闻稿的主要特点。

中国成为2012汉诺威工业博览会合作伙伴国新闻稿

中国中新社北京2011年7月14日电（记者 闫晓虹）：中国国际贸易促进委员会和德国汉诺威展览公司14日在北京正式签署合作协议，确认中国成为2012汉诺威工业博览会合作伙伴国。中国国际贸易促进委员会受中国政府的直接委托，参与合作伙伴国组织事宜。

据介绍，6月28日中国工业和信息化部部长苗圩与德国联邦经济部长菲利普·吕斯勒博士在柏林就2012汉诺威工业博览会共同签署了备忘录。两国政府确信，通过中国作为2012年德国汉诺威工业博览会合作伙伴国，会将双方经贸关系进一步深入发展的机会加强巩固。中国工业和信息化部和德国联邦经济技术部将在政治层面上支持德国汉诺威展览公司，同时将督促中国国际贸易促进会落实该项目。备忘录的签署是在中德政府间磋商的框架下于联邦总理府举行。

汉诺威工业博览会是世界上最具影响力的技术界盛事，明年展会将于2012年4月23—27日在德国汉诺威市隆重举行，涵盖八个主题展：工业自动化、能源、移动技术、数字化工厂、工业供应、线圈技术、工业绿色技术和科研与技术。参展明年展会的中国企业不仅将涵盖汉诺威工业博览会的所有展览主题，还将参与同期举办的论坛、会议等活动。2011汉诺威工业博览会共有超过500家中国企业参展，这个数字将于明年得到明显提高。

三、公关活动

为扩大展会影响、吸引观众、促进成交，展会组办方往往也要通过会议、评奖、演出等公关手段对展会进行宣传。这些公关活动通常不是单纯地为展会服务，还兼顾政策宣传、文化交流等社会责任。公关活动不仅可以帮助组办方争取到更多的来自当地政府的支持，同时也可以有效地在参观者中引起共鸣。

报告会、研讨会、交流会、说明会、讲座等会议形式是展会过程中最普遍的公关手段。一般会议中，可以吸引行业管理者、决策人物、专家、学者到来，这些人往往具有相当的影响力，参展商和参观者往往希望通过参加会议获得，如国家经济动向、政策发展、法规变动等信息；技术咨询会中，不仅可以对新技术、新领域进行专业探讨，同时也能够为技术转化提供平台。

评奖活动的公关效果更为明显。一般由展会组织，参展方参加。评奖团多由专家组成，评奖结果通过媒体宣传。例如，每年一度的由《南方日报》集团等举办的广州房地产交易会过程中，都会评出当年最佳楼盘、最佳开发商等多个奖项，不仅大大调动了参展商的积极性，同时也使参观者增强了对展会的信赖感。

各种演出活动往往与促销结合，由公关公司负责完成。

展会宣传推广工作虽然日益受到重视，但由于预算安排的约束，花在宣传推广上的费用仍是比较有限的。作为组办方，可以采用集资-回馈的方式吸引社会捐助和商业赞助等。

1. 集资方式

采取社会捐赠和商业赞助等方式。

（1）社会捐赠。这种形式可以是货币捐赠，也可以提供实物或服务等方式捐赠，如可采取捐款、捐赠物品、提供免费住宿、餐饮和交通等接待服务。

（2）商业赞助。为赞助企业提供多种形式的回报，使赞助企业能够实现其合理的商业目的，商业赞助主要为资金与实物赞助等。

2. 回馈方式

（1）授予赞助商荣誉。如将赞助单位作为活动的协办（赞助）单位；或授予赞助单位负责人荣誉称号，并颁发荣誉证书等。

（2）提供媒体广告。活动期间，媒体赞助商可选择广告媒体和广告方式免费刊播相应数量的广告。

（3）授权冠名活动。活动期间，把活动的冠名权授予赞助商，在举办活动前与赞助商联合召开新闻发布会，并在媒体上发布祝贺广告；为活动冠名企业提供免费现场广告；在与活动有关的各种宣传资料和票证上、主要活动标识物上，标示带有冠名的活动全称；要求各指定媒体在宣传报道活动时，必须报道带有冠名的活动全称等。

（4）提供区域广告。活动期间，根据赞助商的贡献，在指定区域为赞助商制作、放置广告标牌、设置彩虹门、投放空飘气球等，如图6-5所示。

图6-5 展会现场广告标牌

（5）指定产品。可根据赞助商的要求，将其产品确认为活动指定产品。

（6）标志产品。允许赞助商在其产品和服务中，使用活动的标徽、吉祥物及其他归活动组委会所有的图片、文字和标识，如图6-6所示。

（7）特约消费场所。可将赞助企业作为特约消费场所，并在相关媒体上公告（活动组委会所需的相关服务原则上由被指定的赞助商提供）。

（8）邀请赞助企业负责人参与展会重要活动。展会组委会邀请赞助单位领导参加活动的

图 6-6 奥运会赞助商

开幕式等大型活动,并给予贵宾礼遇。

以上这些方式可以有效解决展会宣传推广的费用问题,从而更好地实现展会的预期目标。

第四节 展会广告推广策划

广告宣传推广策略是办展机构根据不同目标市场的特点和展会宣传阶段的特点,采取的相应的宣传手段和方法。广告策略要在具体实施上把握主要环节,选择合适的媒体将展会讯息以最有效的方式传播给目标受众。

一、广告宣传推广的步骤

一个展会,尤其是大型展会,它要传达给目标受众的信息是多方面的。例如,主(承)办单位、展会时间、地点、规模、展会的主题、内容以及特点、优势等,所有这些都是在制定广告策略时必须考虑的。从参展商的角度来说,制定广告策略应注意以下环节。

1. 明确广告受众

展会的广告受众包括潜在受众和目标受众。从目标受众来说,他们是商品交易会或消费品展会的观众,是从参展商那里购买或预定产品、商品或服务的人,或者至少是去展会收集信息的人。参展商应围绕目标受众的需求制定广告策略,因而,对目标受众进行深入的调查与分析,是做好广告的第一步。

2. 设计广告内容

有人说,广告是瞬间决定成败的艺术。这一方面是由广告自身的特性所决定的,另一方面是受众也有自身的接受规律。据心理学的实验结果,人们一般只能保留他们所听到的 50% 的信息,而且在 1 分钟,甚至更短的时间内 90% 的信息又会被遗忘。因此,展会广告必须简明扼要、风格独特、主题明确,这对广告商的选择和广告内容设计提出了极高的要求。

3. 制定广告目标

广告目标是整个广告活动要达到的最终目的。在展会的广告策略中,制定广告目标是最重要的一环。这个目标实际上就是广告活动在社会上展开以后引起的预期反应,以及由此所产生的促销效果。

广告目标从期限上讲,有长远目标、中程目标、短期目标和具体目标。从内容上,又可以分为商品目标、企业目标和观念目标。所以,在具体的展会中,究竟该确定什么样的目标是展会组织者应该花大力气研究决定的。

4. 组合运用各种广告手段

从整合传播(又称新广告)的角度来说,广告活动可以涵盖广告、促销、公共关系、CI、包装、新媒体等一切传播活动。整合传播的特性在于,将广告扩展到与企业市场营销活动有关的一切信息传播活动中,而且为所有对外信息传播活动提供整体策略。这一概念对会展企业来说并不陌生,但在具体运用各种媒体的组合时,整合传播是有所不同的。

5. 策划广告中的互动环节

没有互动,参展商就不能充分地发挥展会的营销作用,单纯地"灌输"信息或一味地强调销售,可能会影响广告的整体效果。如果在策划广告时注重互动环节,如利用注册表、反馈回执或有奖促销等广告手段,则可能收到意想不到的效果。

有人说,会展是最经济、最实惠、最有效的立体营销广告。为什么?

二、媒体选择策划

选择媒体主要看媒体的读者、观众、听众是否是参展企业的目标观众。如果是消费性质的展会,可以选择大众传媒,包括大众报纸、电视、电台,人流集中地的招贴、旗帜等;如果是专业性质的展会,就要选择使用生产和流通里只针对专业观众的专业媒体,包括专业报刊、内部刊物、会展刊物等;如果是文化性质的展会,则可以兼用上述各种媒体形式。

媒体选择与组合使用必须考虑媒体特性与使用方式,不同的媒体有着不同的规律。

(一)电波媒体策划要点

电视和电台是覆盖面最广的媒体,其主要对象是消费者,因此,消费性质的展会可以使用。由于展会本身一般都具有较强的地域性,因此,最好使用当地媒体或区域性媒体,这样也可以降低绝对成本。

在网络技术日益发达的今天,参展商应积极借助网络,宣传自己、沟通信息,塑造企业品牌形象。主要的做法有以下三种。

1. 链接展会网址

在展会网站上登载展台照片或有关本公司展品的图片,并附上即将参加的展会列表,从而使得专业观众能更加方便地识别本公司;还可以围绕公司的展品开发一个电脑演示软件,以供网页的浏览者下载,这样他们就能把有关产品或服务的更多问题反馈到你的展台;还要注意信息分类一定要明确,便于专业观众在展会网站上搜索。

实训 6-1：

浏览中国（北京）国际服务贸易交易会网站，分析该展会选择网络宣传的主要做法。

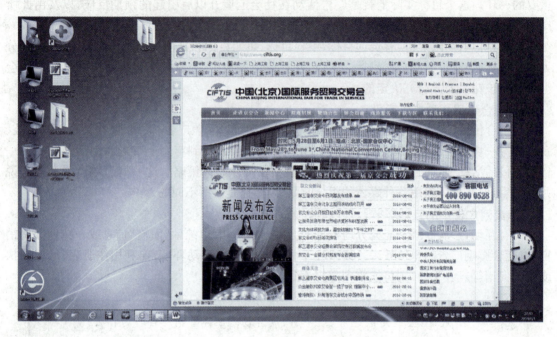

2. 利用自身的网站

参展商利用自身的网站，可以把公司简介、服务条款、联系方式等展示给受众。在互联网上发布参加某次展会的情况，应当做到：提供准确无误的公司资料，并公布展台号；向公众介绍本公司所生产的产品以及将要参展的产品，并为他们提供用以更新展前资料的安全密码；在网站的各个分区，尤其是产品类型一栏设置非常醒目的动画标记（链接标志），以引起访问者的注意。

3. 合理选用门户网站

在展会开始前夕，参展商选择合适的门户网站进行宣传往往能收到意想不到的效果。国际上较流行的做法是加入门户网站所开设的专题，或者采用自动跳出广告。使用时，要注意文字或图片简明，以激起人们打开链接的兴趣。

尽管互联网广告费用低、覆盖面广，但它也有些不足值得注意。

（1）作为"信息海洋"的网络，信息量太大，广告被淹没的可能性很大。

（2）权力越大的目标观众，使用电脑的可能性越小，最重要的目标受众不一定能通过网络达到。

网络宣传

发挥网络的作用，无论是在展前、展中还是展后。将你的展前宣传与网络联系在一起,这样可以增加网站的访问人数,提升你的品牌知名度。在会展中,可以充分利用网络进行投票,这样也可以让更多的人访问你的网站。展后,可以在网上发布会场照片(上面充满参观者),以奖金再次吸引人们访问你的网站,这样人们就会看到你的展会有多成功。

(二)印刷媒体策划要点

报纸,特别是综合性报纸是达到消费者和专业人士的理想途径,广告应准确无误地传递展会相关信息。

专业报刊是指生产流通领域的专业性杂志或报纸,它是专业展会广告的主要选择。专业报刊瞄准特定的读者群体,如果参展商的目标观众也是专业人士,就可以选择在这类刊物上刊登广告,效果好、费用低。专业报刊有时会作为专业展会的组织者之一,因此更便于利用。

某一专业领域往往会有数家报刊,如果预算有限,就要选择影响最大的专业报刊。如果预算充足,可以多选择几家刊物刊登广告。交叉使用行业内的不同专业刊物登广告,能使客户加深印象。

内部刊物是政府有关部门、贸促机构、工商会、行业协会等内部发行的报纸、杂志,发行对象多是特定的专业读者,读者专、收费低、效果好。如能在内部刊物上同时安排新闻性质的报道,则可以加强宣传的可信性,效果更好。

有些报刊为展会编印专刊,因此,可以利用专刊做新闻宣传并刊登广告。专刊的读者是对展会有兴趣的人士。

还有一些,如广告夹页、分类广告、展会目录等形式的印刷媒体也不要忽视,有时能收到事半功倍的效果。

(三)户外媒体策划要点

户外广告方式成本相对较低,效果却不错。它不仅可以实现宣传效果,同时还可以制造氛围。

海报或招贴是户外广告的一种形式,比较适合面向大众的宣传,如果有专业人士聚集地区,在该地区张贴海报也可以做专业宣传,如图6-7所示。张贴海报要注意时间、地点等管理规定和手续。海报多由展会组织者使用,可以从机场、车站、市中心沿路一直贴到展会现场,甚至展台中心。

图6-7 北京国际艺术博览会海报

广告牌是广告形式之一,分为场外广告牌和场内广告牌。场外的广告牌主要用于吸引、激发参观者兴趣,场内的广告牌主要作用不是推销而是吸引观众参观展台。

另外,数量众多、色彩缤纷的横幅、气球可以制造出热闹的气氛。

 小结和学习重点

(1) 不同主题展会宣传推广工作的重点。
(2) 展会宣传推广的操作流程。
(3) 展会宣传推广的基本手段。
(4) 会展广告宣传推广的步骤。
(5) 会展媒体策略的选择。

本章在逐一分析了对会展进行宣传推广的意义和目的的基础上,介绍了会展宣传与推广工作的基本内容,并且通过案例说明了几种常见的宣传推广手段。在会展的宣传推广活动中,广告起着十分重要的作用,广告是会展产生效果的助推器。会展广告策划要在把握好专业媒体、大众媒体以及新闻发布会、专项宣传活动等的规划上下功夫。

 前沿问题

(1) 展会宣传与推广有哪些新颖的手段和方法?
(2) 对待世博会这样的大型展会,应如何将展会宣传与推广工作与城市品牌塑造工作相结合?

案 例 分 析

案例一
展前邮件宣传的优秀范例

Chicago Exhibit Production 公司发给参观者一张登记牌,让他们填好后带到展台,参加抽取周末度假大奖的活动。登记牌上的文字是与其主题"我们将排除气流的危险……"相符合的,而上面提出的问题则有助于对参观者进行预测。

THINQ(一家电子学习资料提供商)设计了一种装在会展登记袋中的贺卡。卡片上问道:"你想要 100 美金? 我也这么想。"卡片上还别着一个写有"体验 THINQ 电子学习历程"的证件。参观者只要别上这个证件到达会场,就能参加由 THINQ prize patrol 的成员主持的随机抽奖,抽中者可获得 100 美元的奖金(每小时产生一位获奖者)。

Superior Communications 公司的"野营高手"展台,这家公司寄给参展者一张与其主题呼应的线路图,上面标有其他的参展公司,比如:"诺基亚平原"、"爱立信峡谷"以及"摩托罗拉山脉"。

Abex Display System 的邮件中有一张女人眼睛的特写照片,正面印有文字"看着她淡蓝色的眼睛并问问她……"卡片的里面有这句话的结尾:"……她是否想扳手腕。"里面还附有一小罐"防滑粉"。为了展示他们的实力,这家公司鼓励参观者挑战应邀到场的男子及女子扳手腕世界冠军,胜利者可以免费获取一套展示系统。

(资料来源:阿诺德著《展会形象策划专家》)

思考:

1. 指出所列的几则范例使用的广告媒体类别。
2. 范例所说的邮件在展会前的什么时候邮寄最合适?

案例二　'99昆明世界园艺博览会宣传工作方案

1. 国内宣传

(1) 充分利用通讯站、报刊、广播、电视等新闻媒体,宣传我国政府主办世博会的目的、意义和有关情况;宣传我国政府要把'99世博会办成一个世界各国、我国各地、各界踊跃参加的世纪之交的全球性盛会。

(2) 选择适当时机,在北京、上海、广州等城市举办'99昆明世博会宣传周活动。在云南,为使世博会家喻户晓,要举办形式多样的园艺、文化和宣传活动。通过上述活动,扩大世博会的影响力和辐射力。

(3) 重视世博会的环境宣传,选择适当时机张贴、散发世博会宣传画和宣传品,并做好公益广告的宣传。

(4) 中央及各地新闻单位根据自己的特点,在'99昆明世博会开幕前200天、100天、50天时,进行较为集中的宣传,形成迎接世博会的热烈气氛;世博会期间,开辟专栏、制作专题节目,报道世博会情况。

(5) 中央新闻单位根据自己的实际情况,制定相应的宣传报道计划;各省、自治区、直辖市的主要新闻单位,也可以派记者采访报道世博会;组委会和云南省政府将设立新闻中心,负责新闻记者的接待工作。

(6) 《人民日报》、《光明日报》、《经济日报》和《云南日报》等报刊在'99昆明世博会开、闭幕当天发表社论或评论;中央电视台、中央人民广播电台、中国国际广播电台现场直播开幕式,并对开幕式当晚的大型文艺晚会和闭幕式安排录像或制作专题节目播出。

云南省从1998年1月1日启动世博会倒计时(485天)宣传活动,并在昆明东风广场设立倒计时钟,各有关部门分别举办迎接世博会演讲比赛、知识竞赛和专题文艺晚会等活动。中央电视台自1998年7月5日起开始世博会300天倒计时宣传和世博会公益广告播出。国内各主要报刊相继以专版、专栏形式开展对'99昆明世博会的全方位报道,组委会和云南省政府先后在北京、上海举办宣传周活动,形成立体交叉、有密度、有深度、有力度的宣传格局,使'99昆明世博会逐步为社会各界和广大群众所知晓、了解,达到较好的宣传效果。

2. 对外宣传

(1) 利用世博会的机会，通过各种方式大力宣传介绍改革开放以来我国经济建设取得的巨大成就，以及社会各方面发生的重大变化，反映我国社会文明程度和国民素质不断提高的情况。

(2) 围绕"人与自然——迈向21世纪"这一主题，积极宣传我国可持续发展战略和根据这一战略而高度重视保护自然环境，以及为保护环境付出的艰巨努力，并取得的显著成效，宣示21世纪中国将更加美好。

(3) 宣传我国政府和社会各界对'99昆明世博会的高度重视，世博会各项筹备工作顺利进行；介绍世博会场馆建设、布展、绿化、环境整治方面的进展，说明我国有决心也有条件办好世博会这样大型的国际活动。

(4) 宣传我国历史悠久、博大精深的园林园艺文化，及其在改革开放新的历史条件下得以发扬光大的情况。

对外宣传工作分以下四个阶段组织实施：

第一阶段，从1998年7月上旬至10月中旬。

——由云南省委外宣办同中央电视台、中国国际广播电台、《人民日报》海外版协商，建议在中央电视台第四套节目中开办宣传报道世博会的专题节目，在中国国际广播电台开辟世博会专题报道，在《人民日报》海外版开辟世博会专栏。同时，请新华社、中新社和《中国日报》、《北京周报》、《今日中国》和《中国画报》等对外宣传媒体加强对世博会的宣传报道，使对外宣传工作形成一定的声势。

——请香港和澳门的《大公报》、《文汇报》、《香港商报》、《中国日报香港版》、《澳门日报》，以及《紫荆》、《经济导报》等报纸杂志，根据各自特点，进行有关世博会的宣传报道。

——由中国国际广播电台举办世博会环球知识问答活动。

——由有关部门协商，在香港举办'99昆明世博会宣传周活动。

——由国务院新闻办协调，利用我国在海外的舆论阵地、外宣窗口开展世博会的宣传工作。

第二阶段，从1998年10月中旬至1999年1月下旬。

——由有关部门组织宣传小组赴西欧、美国、日本等国家和地区举办中国'99昆明世博会宣传周活动。

——邀请外国常驻中国记者赴滇考察采访世博会准备情况。

——请外交部、文化部在我国主要驻外使领馆积极开展对世博会的宣传工作。

第三阶段，从1999年1月下旬至4月底。

——请中国国际广播电台举行环球知识问答评选授奖活动，并请中央电视台第四套节目播出活动情况。

——向港、澳、台新闻媒体，各国常驻北京、上海新闻机构，国外主要新闻媒体发出参加采访'99昆明世博会的邀请函，做好接待港澳台记者及国外记者的各项准备工作。

第四阶段，从1999年5月1日至10月31日。

——中央电视台第四套节目、中国国际广播电台向海外直播世博会开幕式和大型迎宾文艺晚会盛况。

——邀请中央对外新闻宣传单位记者、港澳台记者及国外记者等报道世博会开幕式及各项重大活动。

——请中央对外新闻宣传单位在开幕式期间,组织记者采写一批各参展国和参展国际组织的专稿,通过我国对外宣传媒体向国外播发。

——搞好世博会会期各项活动、闭幕活动,以及世博会取得成功的新闻发布会的对外宣传报道。

3. 会歌歌词

永恒的家园
茫茫星河灿烂
回荡着宇宙神秘的召唤
星云翻转着波涛
汇聚成生命的摇篮
一颗蓝色的星球
飘在滚滚银河之间
它是亲爱的地球母亲
我们永恒的家园
噢！呼唤蓝天的交响
拨动大海的琴弦
唱一只浪漫的歌谣
诉说蓝色的爱恋

思考:

1. 试具体分析'99昆明世博会"立体交叉、有密度、有深度、有力度的宣传"策划。
2. 从整合传播的角度,论述'99昆明世博会宣传策略上的长期效应观点。

练 习 与 思 考

(一) 名词解释

展会知名度　品质认知度　展会活动　新闻稿　户外媒体

(二) 填空

1. 展会品牌经营的任务之一,就是要通过_____等各种手段,努力促使目标参展商和观众对展会产生积极的_____,避免使他们对展会产生消极的品牌联想。

2. 商业性展会宣传的重点在于展会的_____,文化性展会宣传的重点在于展会的_____。小型展会特别是短期展会宣传的重点是时间、地点等与展会_____,大型展会尤其是长期展会宣传的重点则在于展会的_____。

3. 展会品牌的宣传与推广应着力于_____与_____,可以在宣传过程中突出品牌展会在行业或领域中的_____。

4. 展会宣传推广工作虽然日益受到重视,但在有限的预算安排中花在宣传推广上的费用仍是比较有限的。作为组办方,可以采用_____的方式吸引社会捐助和商业赞助等。

5. 在新闻宣传工作中,会展组办方特别需要注意_____、_____。

(三) 单项选择

1. 从国际普遍的做法来看,办展机构一般会将展会收入的(   )拿出来作为展会宣传推广的资金投入。

   A. 5%　　　　　B. 10%~20%　　　C. 15%　　　　　D. 20%~25%

2. 广告活动可以涵盖广告、促销、公共关系、CI、包装、新媒体等一切传播活动。这是从(   )的角度来说的。

   A. 媒体广告　　B. 网络媒体　　　C. 整合营销　　　D. 整合传播

(四) 多项选择

1. 展会的正式活动有(   )。

   A. 开幕式　　　B. 闭幕式　　　　C. 演奏会　　　　D. 研究会

2. 展会广告在操作过程中应遵循的原则有(   )。

   A. 市场导向　　B. 诚信　　　　　C. 谦虚　　　　　D. 针对性

(五) 简答

1. 展会宣传与推广的基本目的包括哪些?

2. 举例说明展会活动的类别。

3. 简单介绍集资-回馈方式的具体手段。

(六) 论述

举例综合分析展会宣传与推广策略的实际运用。

部分参考答案

(二) 填空

1. 营销　品牌联想

2. 主旨和效果　定位与档次　直接相关的信息　主题及相关活动

3. 独特性　排他性　不可替代性

4. 集资-回馈

5. 新闻稿　新闻图片

(三) 单项选择

1. B　2. D

(四) 多项选择

1. AB　2. ABD

第七章

会展项目管理策划

 **学习目标**

学完本章,你应该能够:
1. 掌握现代会展项目管理的基本概念;
2. 熟知会展人力资源管理策划、会展物流管理策划、项目沟通策略的要素及操作。

 基本概念

项目管理　会展项目的基本流程　会展人力资源　物流管理　沟通管理

会展的时效性要求在有限的时间里合理地分配资源、有效地完成工作,这就对会展管理提出了很高的要求。会展项目管理策划所涉及的内容很多,本章主要围绕会展项目管理的基本理论、会展人力资源管理策划、会展物流管理策划,以及会展项目沟通管理策划等方面展开描述。

第一节　会展项目管理的基本理论

一、项目及项目管理

1. 关于项目

所谓项目,是指一项独特的主题性工作,即遵照某种规范及应用标准去导入或生产某种新产品或新服务。这种工作应在限定的时间、成本费用、人力资源等各项参数的预算内完成。

根据不同的标准,项目可以有不同的分类。例如,按项目的结果分类,可以将项目分为产品和服务两类;按行业分类,可以将项目分为农业项目、工业项目、教育项目、旅游项目、会展项目等。

2. 项目管理的内涵

项目管理是为完成某一预定的目标,而对任务和资源进行规划、组织和管理的程序的总称。通常,需要配合时间、资源或成本方面的限制条件。

项目管理是一门科学,因为它以各种图表、数值以及客观事实为依据,来分析问题并解决问题。它又是一门艺术,因为它受经济发展、人际关系、组织行为等因素的制约。在相互沟通、协商谈判、解决冲突等工作中,对管理者提出了很高的要求。

项目计划可以很简单,如笔记本上列出的任务以及它们的开始和完成日期;也可以很复杂,如包括成千上万项任务和众多资源以及上百万元预算的项目。

大多数项目管理工作涉及一些相同的活动,其中包括将项目分割成便于管理的多个任务、子任务,在小组中交流信息,以及追踪任务的工作进展。

二、会展项目管理的具体内容

为了确保会展活动的协调、有序、高效,一个强有力的领导管理组织机构和一套相应的活动规则及机制是很必要的。会展管理的含义是:会展活动的主办者运用科学的决策、规划、组织、沟通和控制手段,以最佳的时间、最优的形式、最低的成本和最高的效率,合理配置会展资源,实现会展活动目标的过程。

会展项目管理主要包括以下内容。

1. 会展人力资源管理

人力资源是会展活动的决定性要素。会展人力资源管理的任务是通过制定会展人力资源战略和人才工作计划,科学、合理地设计会展工作岗位,做好会展人才的招聘、培训、服务、使用、协调等一系列工作,为实现会展活动的目标提供智力和人力保障。

2. 会展营销管理

会展营销管理是为达到会展目标,而规划和实施会展理念、会展产品定位、会展服务、价格和促销策略的过程,它包括会展市场的分析、会展市场目标的选择、招展招商和招募会员策略的优化、营销过程的控制等环节。

3. 会展信息管理

会展活动从本质上来说,是一种信息交流活动,是会展活动的起点,也是会展活动的终点。会展信息管理的具体任务是开展会展信息的收集、加工、传递、存贮、检索,为主办单位领导、与会者、参展者、客商和记者各方面提供及时、准确、系统和有效的信息。

实训 7-1:

阅读下面的材料,了解建立会展活动实体模型的实体及属性。

在会展项目管理中,运用数据库技术可以清晰地描述会展活动的运行规律,以达到对会展活动进行管理和控制的目的。以简化的会展管理为例,建立会展活动的实体模型,其中包括会展项目、参展公司、展位等实体。这些实体的属性如下:

(1) 会展项目,包括展会编号、展会名称、举办地点、举办时间、主办单位等;
(2) 参展公司,包括公司编号、公司名称、地址、邮政编码、电话、法人姓名、联系人等;
(3) 展位,包括展位编号、位置、面积、租金等;
(4) 参展,包括展会编号、公司编号、展位编号、展品信息等。

实体间的联系如下:

会展项目与参展公司之间是一对多联系,即一个展会可以由多个参展公司同时参展,每个公司都要租用一个或一个以上的展位。

展位与会展项目之间成多对多联系,对于每个会展项目可以提供多个展位,即一个会展项目对应多个展位。而对于会展公司而言,可以管理多个会展项目。因此,展位要通过会展项目编号建立联系。

参展公司和展位是一对多关系,即每个公司至少要承租一个展位,有的公司要求连号承租,同时租用多个相邻的展位构成较大的展出空间。

4. 会展服务管理

会展服务包罗万象,会展的成功多半来自一流的服务。会展服务的对象是与会者、参展商和观众,甚至还包括媒体记者,服务的内容包括为与会者、参展商、观众和记者提供旅游、文书、通信、采访、接待、礼仪、交通、后勤、金融、展台设计与展具制作等各方面。

5. 会展财务管理

会展作为一种经济现象和经济活动,需要一定的资金投入,也会有一定的经济回报。会展财务管理的任务就在于,编制财务预算、开辟筹资渠道、保证资金到位、实施财务监管、降低会展成本、提高会展效益。

6. 会展物流管理

会展物流管理以满足参展商的需求为目标,向参展商提供包装、运输、通关、搬运、仓储、布展、撤展等一系列的物流服务,以最低的物流成本达到参展商所满意的服务水平,同时保证会展活动按时顺利进行。

实训7-2:

阅读下列材料,说一说会展物流供应链的模式。

与一般物流系统不同的是,会展物流系统仅关联到展销产品的供销和运输,而不涉及到原料采购和生产环节;由于会展客我关系呈现出的"多对一"状态和展销产品实体的差异,它可能同步运行有多条供应链。因此,传统物流系统的供应链在会展物流系统中被缩短且多线化了,供应链管理理论对会展物流系统管理的适用范围和方式也有相应的变化。

在传统的企业物流系统的供应链中,物流配送中心一般是大中型生产企业或商业连锁企业自有的内部机构,是企业内部物流系统专业化的产物,它按照企业产品或商品的综合特性进行设计,只对企业自身负责,服务口径非常狭小。建设这样的自有配送中心,需要额外成立专职机构,并为购买运装设施设备投入大量资金,大大增加了企业的经营管理成本。

相对而言,会展物流系统的供应链中,会展仓储配送中心则具有区域公共性的特质,它与不同参展商及会展场馆之间的信息是多向流通的,在会展活动开始后,它与会展现场之间信息共享,便于快速反应和精确的提货配送。

7. 会展广告宣传管理

会展广告宣传管理,包括会展活动本身的广告宣传,以及参展商、客商和赞助商的广告管理两个方面。

会展活动本身的广告是会展营销中最受重视和运用最广的促销策略和促销手段,是主办者与参会者、参展者以及众多的观众之间的一座桥梁。它对宣传会展服务的品牌,树立和巩固会展形象,增强与会者、参展者和客商的信任度,提高招商、招展和会员招募的效率等有重要作用。

在会展活动过程中,参展商、客商和赞助商会利用场馆或媒体进行广告宣传。这类广告是主办者拥有的资源,是会展收入或资金筹集的重要渠道。因此,主办者要充分重视这类广告资源的开发利用,同时,在广告的内容、形式、发布时间和方式等方面进行有效管理。

8. 会展场馆管理

会展场馆管理即会展活动的现场管理,其内容包括会场布置,报到与签到,每天开、闭馆,安排参展单位工作人员的作息时间,布展、撤展以及办理展品进、出馆手续,负责场馆的安全、卫生和噪声等方面的管理。

典型案例7-1:

阅读下列材料,具体说一说高交会展览中心全新服务体系的内涵。

深圳高交会展览中心推出"一站式"服务

深圳高交会展览中心客户服务中心宣告成立后,为主办单位和参展商提供"一站式"服务,使高交会展览中心的服务水平实现了新的飞跃。

所谓"一站式"服务,是将商务、海关、工程、货物运输等机构一揽子集中起来,为主、承办机构和参展商提供一条龙服务。这种服务大大方便了参展商、卖家以及主承办单位,减少了许多不必要的环节。在硬件设施上,新推出的客户服务中心占地面积为600平方米,在设计上以简洁、方便、快捷、优雅为原则,充分发挥了计算机网络技术的功能和作用。在设计思想上,强调通透、简单、环保,充分体现了大方、国际化的特点。整个客户服务中心划分为迎候区、办公区、商务区、登录区、洽谈室等几个部分。其中的四个备用办公室可供主办单位(或组委会)作现场办公之用,这样就解决了主办单位找不到展馆职能部门的麻烦,也解决了参展商因对场地陌生而找不到组委会和展馆工作人员的麻烦,充分体现了人性化的设计思想。

客户服务中心将以服务窗口的形式对外提供服务。客户服务中心为主办单位提供的服务项目包括展馆租赁、会务预定、展位搭建、消防报建等,为参展商提供的服务内容主要包括展具租赁、展品运输、仓储等。此外,客户服务中心还提供票务、酒店、商务等配套服务,同时还为主办单位、参展商提供量身定做的个性化服务。

高交会展览中心客户服务中心的负责人说,成立客户服务中心最直接的作用体现在三个方面,一是建立和完善自己的服务体系和服务标准,通过提升服务在全国起到带头作用;二是培养一支各个岗位有机合作的展览服务队伍,形成多兵种协同作战的能力;三是将人的服务素质和服务技能提高到一个新的高度。

高交会展览中心通过流程再造,建立起了一套高标准的、以客户服务为导向的展览服务体系。改造后的服务流程,将贯穿于整个展会的展前、展中和展后各个环节。展前,为主、承办机构提供包括对政府的有关政策规定、批文申报、市场分析等内容的立项咨询;在项目确立和签订租馆合同之后,客户服务中心将组成项目团队主动介入,并提供主、承办机构和参展商所需要的一切服务。场馆、主承办机构、承建商以及配套服务商是一个利益共同体,为参展商提供最优质的服务是大家共同的目标。

据悉,高交会展览中心不断加大国际业务和对国际资源的拓展力度,吸引了全国各地的展馆纷纷前来交流取经。目前,高交会展览中心设在德国和美国的办事处已正式成立并开始运作,还同德国、美国、新加坡、日本、韩国等国际同行建立了友好互动关系。展览中心将利用这些丰富的国际资源(包括庞大的资讯数据库资源),为主、承办机构和参展商提供海外买家邀请、海外宣传推介等服务;此外,展览中心还将学习和借鉴世界第四大展览跨国集团——科隆展览有限公司的服务模式及经验,引进其先进的管理经验和服务模式,积极推动深圳展览服务与国际接轨,带动会展管理和会展服务质量的全面提升;将与德国杜伊斯堡公益中心、深圳大学联合开展会展教育及培训的合作,为我国会展业的发展培养高素质会展服务人才。

9. 会展保密管理

会展保密管理是一项特殊的管理。一般来说,涉及国家秘密和商业秘密的会议保密要求较高,必须采取严格的保密措施。展览活动的保密要求相对较低,但也有涉及商业秘密、知识产权的展品、项目,展出和洽谈时应注意保密。

三、会展项目管理与策划的基本流程

为了便于对项目活动进行控制,人们通常把一个项目从开始到结束的全过程按照先后顺序划分为若干阶段。按照会展项目的特点,可以把会展项目的周期分为四个阶段,如图 7-1 所示。会展项目管理的过程就是这些阶段的总和。

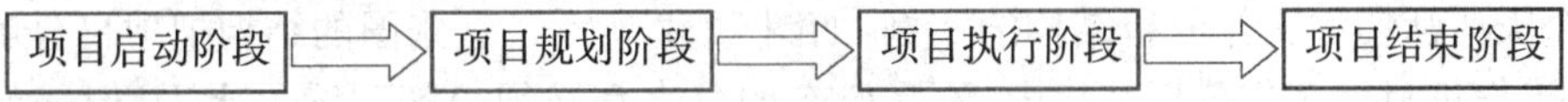

项目启动阶段 ⇒ 项目规划阶段 ⇒ 项目执行阶段 ⇒ 项目结束阶段

图 7-1 会展项目周期阶段划分

(一) 项目启动阶段

会展项目的启动也就是会展项目管理的起点,按照会展策划的一般规律,会展项目的启动是从市场调研开始的,然后经过会展项目构思直到会展项目的立项。

项目经可行性论证后,申报到有关部门,经过批准后,会展项目就可以正式立项了。会展项目的立项,标志着会展项目管理的过程进入下一阶段。

(二) 项目规划阶段

无论是策划一个将持续几天的膳宿会议,还是举办一个产品交易会,策划时间和投入的精力都将远远超出会议的举办时间。几个人策划、组织一次大型会议花上几个月的时间根本不足为奇。合理的规划是会展项目管理的基本组成部分,规划内容包括会展项目所实施的工作要素和活动时使用的一些技术,它涉及明确项目目标、制定工作分析结构以及确立工作责任矩阵。

1. 会展项目目标

计划是为完成一个目标而进行的系统的任务安排,即确定需要完成什么和怎样能完成。工作执行者要参与制定工作计划,这一点很重要。他们通常最了解需要做哪些详细活动和每项活动需要多长时间,通过参与制定这项工作计划,每个成员会在进度计划和预算内更投入地完成任务。

计划过程的第一步是确定项目的目标。目标通常根据工作范围、进度计划和成本而定,并要求在一定期限和预算内完成工作。对于会议或展览来说,要事先清晰地表达人们参加活动

后最终取得的成果。

> **确立目标过程中应考虑的因素**
>
> 谁是展会的目标观众？展会观众将有多少？参会的观众通常会在展会上花费多少钱？观众需要和希望看到何种类型的参展商？观众通常会在展会上花费几天时间？展会设计多少摊位？参展单位的定位，是区域内、国内还是国际的参展商？举办展会的最佳时间是何时？举办地点，在国内或国际哪个地方举办展会更方便或者更能吸引观众？

目标必须是明确可行、具体和可以度量的，目标的实现必须容易识别，而且应在项目一开始就清楚、明确。

2. 工作分析结构

一旦项目目标确定，下一步就是确定需要执行哪些工作要素或活动来完成它，这要求做一份所有活动的一览表。准备这样一份一览表有两种方法：一是让项目团队利用"头脑风暴"集思广益，生成一份一览表，这种方法适合小项目；而对大项目要制作一份全面活动一览表，并不遗漏某些细目是很难的，对于这样的项目，更好的方法是建立一个工作分析结构（WBS）。

一个庆典活动的工作分析结构的实例，如图 7-2 所示。这张图的结构把项目分解成几小块，叫做工作细目。工作分析结构中，不是所有的分支都必须分解到同一水平，但任何分支最底层的细目叫做工作包。图 7-2 中的大多数工作包是 2 级水平。但有 4 个工作细目进一步分解为更详细的 3 级水平，1 个工作细目（志愿者一栏）的分解没有超过 1 级水平。通常，工作分析结构应指明对每一工作细目负责的组织或个人。

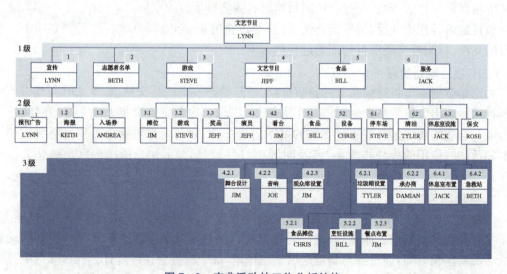

图 7-2 庆典活动的工作分析结构

工作分析结构将一个项目分解成易于管理的几部分或几个细目，有助于确保找出完成项目工作范围所需的所有工作要素，这是项目团队在项目期间要完成或生产出的最终细目的等级树。所有这些细目的完成或产出,构成了整个项目工作范围。

决定工作分析结构中详细程度和等级多少的,一是为完成工作包,而分配给每个组织或个人的责任和可信度;二是你想在项目期间控制预算、监控和收集成数据的水平。

3. 责任矩阵

责任矩阵是以表格形式表示完成工作分析结构中工作细目的个人责任的方法,这是一种很有用的工具。因为它强调每一项工作细目由谁负责,并表明每个人的角色在整个项目中的地位,见表7-1。

表7-1 节日活动项目责任矩阵

WBS项目	工作细目	ANDREA	BETH	BILL	CHRIS	DAMIAN	JACK	JEFF	JIM	JOE	KEITH	LYNN	NELL	PAT	ROSE
1	宣传	S									S	P			
1.1	报刊广告											P			
1.2	海报											P			
1.3	入场券	P	S							S		S	S		
2	志愿者名单		P												
3	游戏						S	S							
3.1	摊位				S			P	S						
3.2	游戏项目													S	
3.3	奖品							P	S						
4	文娱节目							P	S						
4.1	演员						S	P							
4.2	看台								S		P				
4.2.1	舞台设计								S		P				
4.2.2	音响及灯光布置										P				
4.2.3	观众席设置						S				P				
5	服务				P									S	
5.1	停车场地														

续 表

WBS项目	工作细目	ANDREA	BETH	BILL	CHRIS	DAMIAN	JACK	JEFF	JIM	JOE	KEITH	LYNN	NELL	PAT	ROSE
5.2	清洁工作						S								
5.3	休息室设施		S												
					P										
5.3.1	休息室布置				P										
5.3.2	急救站			P											

有些责任矩阵用 X 表示每项工作细目由谁负责,而有些则用 P 表示某项特定工作细目的主要负责人,用 S 表示该项工作细目的次要负责人。

(三)项目执行阶段

会展项目执行阶段是使会展项目在既定的项目时间和项目预算中执行的动态过程。它是为确保按时完成项目的一系列工作程序,包括项目活动分解的深入和细化、过程控制以及项目要素的调整等内容。

在项目实施中,要将所有活动列成一个明确的活动清单,并且让项目团队的每一个成员能够清楚有多少工作需要处理。活动清单应该采取文档形式,以便于项目其他过程的使用和管理。当然,随着项目活动分解的深入和细化,工作分析结构(WBS)可能会需要修改,这也会影响项目的其他部分。例如成本估算,在更详尽地考虑了活动后,成本可能会有所增加,因此完成活动定义后,要更新项目工作分析结构上的内容。

对于大型展会项目,按照行业惯例,需要提前两年就开始策划,跟踪行业趋势并对原来的参展商和观众进行调查。一年以后,就应当按照计划描述的每月具体任务一步一步地执行完成。

大型展会项目计划执行示例

下面按月份的任务分配单是为来年 11 月举办的一个展览会准备的,每一项任务都有期限,都需要按时完成。

12 月

与会展中心和酒店签订合同;

选择总服务承包商;

向预期参展商发出第一批邮件。

1 月

在行业刊物和其他合适的媒体上进行第一次新闻发布。

2月

向参展商发出第一次公告或实施其他激励措施,加强展位的销售力度。

3月

向参展商发出第二轮公告;

雇用保安公司。

4月

进行第二次新闻发布;

最后确定特殊嘉宾和是否进行展览会促销活动;

研究其他展览会,开发潜在参展商。

5月

最后确定与会观众的交通安排(公共汽车、班车);

选择注册公司;

初次列出观众名单。

6月

向预期参展商再次发出邮件;

设计预先注册资料;

确认酒店安排;

准备展览会现场展位地图;

设立展览会休息和餐饮功能区;

确认停车场设施、展览会电话号码、办公室电话和地址;

最后确定展层设计方案。

7—8月

向参展商第三次发出邮件,内容包括赞助机会以及展览会动态信息和广告机会;

第三次新闻发布,更新展览会信息;

第一次向观众发送日程安排邮件。

9月

向参展商发放必要用品;

向观众发送剩余卡片;

第四次新闻发布。

10月

从总服务承包商那里预订展位设计方案;

最后确定酒店、保安、服务承包商和宴会筹办者;

通知媒体采访时间和展览会日期;

向观众发出后续的直接促销邮件。

11月

与注册公司或展览会现场工作人员合作,安排注册观众入场,并监督展览会开幕;

> 发现并解决问题;
> 对观众和参展商进行调查,为下一年的展览会提供参考。
> 12月
> 　　展览会评估,为将来的展览会积累经验,并统计观众人数及参展商数量和类型的变化情况;
> 制作展览会最终评估运作报告。

值得指出的是,在项目执行的工作日历、进度限制、最早和最晚时间、风险管理计划、活动特征等方面,项目管理软件被广泛地使用。这些软件可自动进行数学计算和资源调整,可迅速地对许多方案加以考虑、选择和调整。

项目管理软件清晰的表达方式,使其在项目时间管理上更显得方便、灵活、高效。在项目管理软件中输入活动列表、估算的活动工期、活动之间的逻辑关系、参与活动的人力资源、成本,可以自动进行数学计算、平衡资源分配、成本计算,并可迅速地解决进度交叉问题,也可以打印显示出进度表。项目管理软件除了具备项目进度制定功能外,还具有较强的项目执行记录、跟踪项目计划、实际完成情况记录的能力,并能及时给出实际和潜在的影响分析。

(四) 项目结束阶段

会展项目结束阶段的主要工作包括以下几个方面。

1. 质量验收

质量验收是会展项目结束时工作的重要内容,是依据质量计划和相关的质量检验标准,对会展项目进行评价和认可,最后撰写质量验收评定报告。

2. 费用决算

是指对从会展项目筹划开始到会展项目结束为止,这一全过程所支付的全部费用进行的结算与核定,并最终编制项目决算书的过程。

3. 合同终结

指整理并存档各种合同文件(包括合同书本身、各种表格清单、经过批准的合同变更、进度报告、单据和付款记录以及各种检查结果),完成和终结一个会展项目或会展项目各个阶段的合同,完成和终结各种商品采购和劳务合同,结清各种账款,解决所有尚未了结的事项,同时向承包商发出合同已经履行完毕的书面通知。

4. 展后总结

展后总结的一般形式有:组织所有参加展会举办、筹备和管理的人员召开总结会,对于各种发言,大会派专人做好记录,会后整理成文。同时,要求每个工作人员就自己的发言写一篇书面总结材料,办展机构将会议记录与该书面材料一起汇总,整理出一份完整的总结报告。

展后总结会议的主要内容有:

(1) 对展会策划进行总结。对展会策划方案进行分析评估,评估的内容包括:展会举办的时间、地点、展品范围、展会规模、办展机构组成、展会定位、展会价格、人员分工、展会品牌形象、等等。

(2) 对展会筹备工作进行总结。

(3) 对展会招展工作进行总结。
(4) 对展会招商和宣传推广工作进行总结。
(5) 对展会服务进行总结。
(6) 对展会现场管理工作进行总结。
(7) 对展会指定服务商进行总结。
(8) 对展会时间管理办法进行总结。
(9) 对展会客户关系管理措施进行总结。
(10) 对展会的各种相关活动进行总结。

5. 会展项目后续工作

展会闭幕以后的后续工作主要有：
(1) 向客户邮寄展会总结并致谢。
(2) 更新展会客户数据库。
(3) 发展和巩固客户关系。
(4) 处理展会可能存在的一些遗留问题。
(5) 准备下一届展会。

实训 7-3：

阅读下列材料，说一说与潜在客户建立沟通关系的方法。

对在展会过程中收集到的大量潜在客户信息，直接致函可以使企业在最短的时间里和他们取得联系。邮寄计划应当认真地统筹考虑，订立现实可行的目标和严格的最后截止日期。

对潜在客户可以是一封简短的信，对他们给予本企业展位的关注表示感谢，并强调在参展时对他们所说的本企业产品和服务的优越之处。为了尽快得到答复，你也可以用传真或电子邮件的方式来寄件。在信的结尾处，可以向客户承诺在近期进行更细致的访问。

接着，应当按顺序寄发一系列商务信件。每封信的内容都要有所不同，要强调产品和服务的特性、特征。信函的设计要有创造力，必须抓住收信人的注意力。美国的一项调查显示：第一份资料（从展台上得到），一周内有8%的参观者阅读；第二份资料（参展企业邮寄），45天内有13%的参观者阅读；第三份资料（参展企业邮寄），90天内有17%的参观者阅读；第四份资料（参展企业邮寄），5个月内有21%的参观者阅读；第五份资料（参展企业邮寄），8个月内有25%的参观者阅读；第六份资料（参展企业邮寄），11个月内有28%的参观者阅读；第七份资料（参展企业邮寄），14个月内有33%的参观者阅读。调查还显示，由参观展会导致的实际成交有20%是在展会之后11~24个月之间达成的。

由此可见，展会的跟踪服务工作以及后续寄发资料工作的频率，对成交有着相当大的作用。

第二节 会展人力资源管理策划

天时、地利、人和一直被认为是成功的三大因素。在会展项目管理中，"人"的因素也极为重要,因为项目中所有活动均是由人来完成的。如何充分发挥"人"的作用,对于项目的成败起着至关重要的作用。

一、会展人力资源管理概述

所谓人力资源管理,就是通过对人和事的管理,处理人与人之间的关系,组织人与事的配合,充分发挥人的潜能,并对人的各种活动予以计划、组织、指挥和控制,以实现组织的目标。

由于现代科学技术在日新月异地发展,一个会展企业要使自己的员工不断适应新形势发展的需要,并持续地提高企业经营管理效益,就必须重视本企业组织员工的培训和人力资源的开发。

会展人力资源必须具备以下几方面的能力。

1. 知识能力

对会展从业人员的知识能力可以概括为"博、精、深"。其中,"博"是指会展从业人员应具有广博的知识积累,以适应不同工作内容的需要;"精"是指从业人员要精通会展业务的操作流程;"深"是指会展从业人员要具有丰富的实践经验,要能"资深"。

2. 组织能力

会展活动涉及各个行业和不同的社会部门,而且,会展活动的最终目的是将利益相关者组织起来取得"共赢"。因此,组织能力对于会展从业人员十分重要。

3. 沟通能力

会展业从根本上来说是一种面对面、人性化的服务,因而,良好的沟通能力有助于工作的顺利开展。这其中包括会展从业人员要具有的较强的语言能力和交际能力。随着对外开放的逐步扩大,外语表达能力日益显得重要。

4. 创新能力

会展活动的形式需要不断变化和推陈出新,只有不停地给人以新鲜感,展览活动才可能对参展商和专业观众具有较强的吸引力。这种活力的源泉,就是从业人员的创造性。

任何产业和企业的发展都取决于四大资源,即人力资源、经济资源、物质资源和信息资源,这四大资源相互转化、相互制约。其中,人力资源最为活跃,尤其是在步入知识经济时代的今天,人力资源已成为四大资源中最重要的资源。

二、会展人力资源管理策划要点

会展项目人力资源管理中所涉及的内容,就是如何发挥"人"的作用。在会展人力资源的管理策划中,需要围绕组织计划编制、人员募集和团队建设三部分来进行。

(一) 组织计划编制

组织计划编制阐明通过何种方式将团队组织起来,也可以看作战场上的"排兵布阵",就是确定、分配项目中的角色、职责和汇报关系。在进行组织计划编制时,一般需要参考资源计划编制中的人力资源需求子项,还需要参考项目中各种汇报关系(又称为项目界面),如组织界面、技术界面、人际关系界面等。一般,采用的方法包括参考类似项目的模板、人力资源管理的惯例、分析项目干系人的需求等。

在组织计划编制完成后,将明晰以下几方面任务。

1. 角色和职责分配

项目角色和职责在项目管理中必须明确,否则容易造成某一项工作没人负责,最终影响项目目标的实现。为了使每项工作都能够顺利进行,必须将每项工作分配到具体的个人(或小组),明确不同的个人(或小组)在这项工作中的职责,而且每项工作只能有唯一的负责人(或小组)。同时,由于角色和职责可能随时间而变化,在结果中也需要明确这层关系。表示这部分内容最常用的方式为职责分配矩阵(RAW)。对于大型项目,可在不同层次上编制职责分配矩阵。

2. 人员配备管理计划

人员配备管理计划主要描述项目组在什么时候,需要什么样的人力资源。

在项目工作中,由于人员的需求可能不是很连续或者不是很平衡,容易造成人力资源的浪费和成本的提高。例如,某展览项目现有 15 人,但设计阶段只需要 10 人;评估阶段可能需要一周的时间,但不需要项目组成员参与;展览阶段是高峰期,需要 20 人,但在评估阶段只需要 8 人。如果专门为高峰期提供 20 人,可能还需要另外招聘 5 人,并且这些人在项目评估阶段结束之后,会出现没有工作安排的状况。为了避免这种情况的发生,通常会采用资源平衡的方法,将部分布展工作提前到和设计并行进行。这样将工作的次序进行适当调整,削峰填谷,形成人员需求的平衡,会更利于降低项目的成本,同时可以减少人员的闲置时间,以防止人力的浪费。

3. 组织机构图

它是项目汇报关系的图形表示,主要描述团队成员之间的工作汇报关系。

(二)人员募集

确定了会展项目组在什么时候需要什么样的人员之后,需要做的就是确定如何在合适的时间获得这些人员,或者说开始"招兵买马",这就是人员募集要做的工作。

人员募集需要根据人员配备管理计划,以及组织当前的人员情况和招聘的惯例来进行。项目中,有些人员是在项目计划前就明确下来的,但有些人员需要和组织进行谈判才能够获得,特别是对于一些短缺或特殊的资源,可能每个项目组都希望得到,如何使你的项目组能够顺利得到,就需要通过谈判来实现,谈判的对象可能包括职能经理和其他项目组的成员。另外,有些人员可能组织中没有或无法提供,这种情况下就需要通过招聘来获得。结束这部分工作后,我们就会得到项目团队清单和项目人员分配。

通常在大多数情况下,可能无法得到"最佳"的人力资源,但会展项目管理小组必须注意保证所利用的人力资源符合项目的要求。人员配置管理计划如前所述,包括了项目人员配置的要求、人员组成说明等,当项目管理小组能够影响或指导人员分配时,必须考虑可能利用的人员的素质。主要应考虑以下几点。

(1) 工作经验——那些个人或团队以前从事过类似的或相关的工作吗?他们做得出色吗?

(2) 个人兴趣——那些个人或团体对从事这个项目感兴趣吗?

(3) 个性——那些个人或团体对于以团队合作的方式工作是否感兴趣?

(4) 人员利用——能否在必要的时间内得到项目最需要的个人或团体?

参与会展项目的一个或多个组织可能拥有有关的策略、方法或指导人员分配的程序，当这些经验存在时，它们就成为人员组织程序的制约因素。

在人员组织手段和技巧方面要做好以下工作。

1. 协商

人员分配在多数会展项目中必须通过协商进行。例如，项目管理小组可能需要与以下人员协商。

（1）负有相应职责的部门经理，目的是保证在必要的时间限度内为项目找到具有适当技能的工作人员。

（2）执行组织中的其他项目管理小组，目的是适当分配难得或特殊的人力资源。

管理小组的影响技巧在人员分配协商中扮演着十分重要的角色，如同组织工作中的政治手段的重要性。例如，对一个部门经理的奖励可以是基于他对人员的使用情况，这会对经理形成一种激励，促使他们去使用那些有专长的人员，虽然他们不一定胜任项目的所有工作。

2. 预先分配

在某些情况下，可以预先将人员分配到会展项目中。这些情况常常是：

（1）该项目是完成一项提议的结果，而使用特定的人员是该项提议允诺的一部分。

（2）该项目是一个内部服务项目，且人员的分配已在项目安排表中有规定。

3. 临时雇用

项目采购管理可用于开展会展项目工作而取得特定个人或团队的服务。当执行组织缺少内部工作人员去完成这个项目时，就需要临时雇用人员（例如，这是有意识地决定不雇用这些人员作为正式职工，或让所有具备合适技能的人员先去从事其他项目，或其他类似情况的必然结果）。

会展项目人员分配和项目小组名单情况如下。

（1）项目人员分配。当适当的人选被分配到项目中并为之工作时，项目人员配置就完成了。依据项目的需要，项目人员可能被分配全职工作、兼职工作或其他各种类型的工作。

（2）项目小组名单。项目小组名单罗列了所有的项目小组成员和其他关键的项目相关人员。这个名单可以是正式的或非正式的、十分详细的或框架概括型的，皆依项目的需要而定。

（三）团队建设

项目团队是由项目组成员组成的、为实现项目目标而协同工作的组织。项目团队工作是否有效也是项目成功的关键因素，任何项目要获得成功就必须有一个高效的项目团队。团队发展包括提高项目相关人员作为个体作出贡献的能力和提高项目小组作为团队尽其职责的能力。个人能力的提高（管理上的和技术上的）是提高团队能力的必要基础。团队的发展是项目达标能力的关键。

团队建设涉及很多方面的工作，如项目团队能力的建设、团队士气的激励、团队成员的奉献精神等。团队成员个人发展是项目团队建设的基础。

通常情况下，项目团队成员既对职能经理负责，又对项目经理负责，这样项目团队组建经常变得很复杂。对这种双重汇报关系的有效管理，经常是项目成功的关键因素，也是项目经理的重要职责。

进行项目团队建设我们通常会采用以下几种方式。

1. 团队建设活动

团队建设活动包括为提高团队运作水平,而进行的管理和采用的专门的、重要的个别措施。例如在计划过程中,由非管理层的团队成员参加,或建立发现和处理冲突的基本准则;尽早明确项目团队的方向、目标和任务,同时为每个人明确其职责和角色;邀请团队成员积极参与解决问题和作出决策;积极放权,使成员进行自我管理和自我激励;增加项目团队成员的非工作沟通和交流的机会,如工作之余的聚会、郊游等,提高团队成员之间的了解和交流。这些措施作为一种间接效应,可提高团队的运作水平。团队建设活动没有一个定式,要根据实际情况进行具体的分析和组织。

2. 绩效考核与激励

它是人力资源管理中最常用的方法。绩效考核是通过对项目团队成员工作业绩的评价,来反映成员的实际能力以及对某种工作职位的适应程度。激励则是运用有关行为科学的理论和方法,对成员的需要予以满足或限制,从而激发成员的行为动机,激发成员充分发挥自己的潜能,为实现项目目标服务。

3. 集中安排

集中安排是把项目团队集中在同一地点,以提高其团队运作能力。由于沟通在项目中的作用非常大,如果团队成员不在相同的地点办公,势必会影响沟通的有效进展,影响团队目标的实现。因此,集中安排被广泛用于项目管理中。例如,设立一个"作战室",队伍可在其中集合并张贴进度计划及新信息。在一些项目中,集中安排可能无法实现,这时可以安排频繁的面对面的会议形式作为替代,以鼓励相互之间的交流。

4. 培训

培训包括旨在提高项目团队技能的所有活动。培训可以是正式的,如教室培训、利用计算机培训;或非正式的,如其他队伍成员的反馈。如果项目团队缺乏必要的管理技能或技术技能,那么这些技能必须作为项目的一部分被开发,或必须采取适当的措施为项目重新分配人员。培训的成本通常由执行组织支付。

在会展项目的人力资源管理中,团队建设的效果会对会展项目的成败起到很大的作用,特别是某些较小的项目,项目经理可能是由技术骨干转换过来的,对于团队建设和一般管理技能掌握得不是很多,经常容易造成团队成员之间的关系紧张,最终影响项目的实施。这就更加需要掌握更多的管理知识以适应项目管理的需要。

第三节 会展物流管理策划

一、会展物流管理概述

1. 物流的概念

美国物流管理协会(CLM)对物流作了精要的概括:物流是为了满足消费者需求而进行的,对原材料、中间库存、最终产品及相关信息从起始地到消费地的有效流动与存储的计划、实施与控制过程。

在我国于2001年8月1日起正式实施的、由国家质量技术监督局发布的《中华人民共和国国家标准物流术语》中，对物流的定义是："物品从供应地向接受地的实体流动过程中，根据实际需要，将运输、储存、装卸、搬运、包装、流通、加工、配送、信息处理等基本功能实施有机结合。"

在全球化、网络化的今天，国际物流发展的新趋势表明，每个企业自己构建物流体系是没有必要的，而由物资供应方、需求方之外的第三方提供的物流服务，即第三方物流（TPL），成为现代物流发展的主要方向。

2. 会展物流的概念

广义上说，会展物流包括展会前后展品的物流、会展活动期间向参展商和参展观众分发物品的物流，以及与此相配套的会展设施的物流等。

从狭义上讲，是以展品为主体所产生的物流过程，而这是我们要研究的重点。

具体地说，所谓会展物流，是指以展会为中心，所涉及的展会辅助设施、产品的物理运动过程，包括对会展辅助设施和产品的运输、保管、配送、包装、拆卸、搬运、回收以及相关信息处理等。

会展物流管理，就是对会展物流的全过程进行计划、组织、实施、协调和控制，确保会展物品以较低的成本，高效、实质地实现时空转移。

3. 会展物流的特征

会展物流不仅具有一般物流的科学性、标准化、智能化、综合化和全球化等特性，还有如下的自身的一些特征。

（1）专业化。会展各项组织管理工作必须具有较高的专业化水平，才能突出个性、保证质量。在会展物流方面，对专业化的要求更高，必须拥有具备物资管理专业技能的人才、通畅的物流渠道、有效的物资配送手段和功能齐全的物资转运与仓储中心作为支持。这样，才能确保安全、高效地完成物流任务。

（2）信息化。在会展活动物流的组织与管理过程中，物流信息管理是一项非常重要的内容。会展组织管理者会同各参展企业的有关人员，必须不断对各种交流信息进行实时监控，并根据反馈信息，及时调整物流过程中的具体行动措施。

会展物流管理的信息化不仅是对参展企业、会展组办方的要求，也是现代会展国际化的一个重要衡量标准。

（3）及时性。一般的展览都是很早就预先安排好日程的了。展览能否如期举行，物流管理起到很重要的作用。如果展品提前到达，参展商就需要考虑高额的仓储成本；物流过程中还可能出现突发事件，如进出口清关中可能出现的问题、运输途中的突发事件等。因此，参展商必须综合考虑各方面的因素，尤其是会展物流及时性的特点，以达到最佳的效益。

（4）稳定性。会展物流必须确保运送的物品及时、安全到达目的地，然后再返回。这其中可能会涉及诸如精密仪器、工艺品等一些特殊的展品。因而，能否稳定、顺利到达目的地，是会展物流必须周密考虑的问题。

二、会展物流管理策划要点

（一）会展物流管理的总体要求

会展物流系统管理要求结合会展物流的鲜明特点与任务，将物流体系管理的理论精髓和前沿技术要领作用于会展物流全过程的运作、协调与控制。在策划会展物流管理时，要把握高效供应链、成本优先、质量第一以及绿色物流等战略要点,安全、快捷、准确、低耗地进行管理。

1. 高效的供应链

所谓供应链(supply chain),是指产品生产和流通中所涉及的原材料供应商、生产商、批发商、零售商,以及最终消费者所形成的供需链状结构体系。供应链管理(supply chain management,SCM),即是将供应链上所有节点企业都联系起来,进行优化,形成高效的生产销售流程,从而达到快速反映市场需求、高韧性、低风险和低成本。

会展物流系统的供应链管理要从会展活动的需求出发,在时间和空间上对供应链进行科学整体规划,提高整个供应链的运行速度、效益和附加值,实现对会展现场动态信息的迅速反应,保证会展供应链的高质量运作。

2. 成本优先

会展物流成本是指在实现会展物品的空间位移过程中,所消耗的各种劳动和物化劳动的货币表现。它是会展物品在实体的运动过程中,运输、装卸、仓储、配送、加工等各个环节所支出的人力、物力和财力的总和。在会展物流的管理中,要体现成本优先的思想,从而提高会展物流的经济效益。

在实际的操作过程中,需要对会展物流的成本进行标准化管理,主要包括会展物流成本的预算、计算、控制、分析、信息反馈以及决策等。

3. 质量第一

会展物流的质量包括物流对象的质量、物流手段和方法的质量、作业和服务质量以及系统工程质量等方面。由于会展活动对物流的要求十分严格,所以,对会展物流整个过程的质量控制必须着眼于细处,对每个细节进行指标性控制,从而保证整个物流环节的高质量完成。

4. 绿色物流

20世纪90年代以来,以可持续发展为目标的"绿色"革命蓬勃兴起,给企业带来了新的挑战,同时也带来了无限商机,其中绿色物流应运而生。

绿色物流是指在物流过程中,抑制物流对环境和资源造成的危害和浪费,通过对运输、仓储、包装、加工等物流环节的绿色化改造,实现对环境的最小影响和资源的最充分利用。

在会展物流中贯彻绿色物流的概念,能保证会展业的可持续发展。因此,在会展物流的运输、包装、流通加工、仓储等环节中,输入"绿色"管理理念意义重大。

(二)会展物流管理的策划要点

1. 展品包装与装箱

在会展物流管理体系中,展品的包装与装箱是琐碎而重要的工作,是保证整个展品顺利运输的第一步。

展品的包装与装箱有许多环节。

(1)给展品包装分类。在这个环节中,要针对不同的工作要求对展品进行分类包装。用于销售的包装,又称小包装,要注意两点:一是保护功能,主要指运输过程中对产品的保护;二是艺术功能,放在柜台上吸引顾客。用于运输的包装,又称大包装。大包装多是木箱或纸箱,运输包装应以结实、耐用为原则,还要注意包装箱的尺寸,要能够出入展场的门和电梯。此外,在展品的包装与装箱方面,对集装箱或木套箱、包装衬垫物等也有一定的要求。

(2)包装箱标识。运输包装箱要按规定标识,标识的内容主要有:运输标志、箱号、尺寸或体积、重量,以及参展企业的名称、展馆号、展台号等。对于易碎物品要打上国际通用的易碎的标志——"玻璃杯",作特别标记。

(3) 装箱单和展品清册。展品运输的特点之一就是杂,任何一个环节疏忽,都可能造成麻烦和混乱。要防止漏装、错装、装箱不符的情况。装箱后,须制作装箱单和展品清册,以确保准确无误。

2. 展品运输环节

展品运输大致可分为三个阶段:运输筹划、去程运输和回程运输。每一个阶段在实际操作中都有一些特殊的要求。

(1) 运输筹划。运输筹划的主要内容有物流调研、线路与方式、日程、费用,以及集体运输和单独运输等问题。

物流调研的主要内容包括运输公司、报关代理、交通航运条件,可能的运输线路和方式,发运地和目的地,车船运输设施,港口设备和效率、安全状况,运输周期和班轮、班车、航班时间及费用标准,发运地和展出地对展品和道具的单证和手续要求规定等。调研是运输筹划的基础和依据。

运输线路与运输方式有着密切的关系。运输路线最简单的是门到门运输,即卡车直接开到参展企业所在地装货,然后直接开到展场卸货的运输方式。

国际运输最常使用的路线可以分三段:第一段,从参展企业所在地将展品陆运到港口;第二段,从港口将展品海运到展览会所在国的港口;第三段,从港口陆运到展览会所在地。

运输方式主要有水运(包括海运和内陆水运)、空运、陆运(包括火车运输、汽车运输等)、邮递、快递、自带等。

在确定展品运输日程时,在大的方面,不仅要考虑运输所需的时间,还要考虑展品、道具、资料等展览用品准备所需的时间以及办理有关单证和手续所需的时间,并且要协调好这些工作和时间;在细的方面,要考虑运输公司的能力和信誉、装卸货的速度、运输过程中可能的延误包括发生故障、港口严重压港等情况。

通常将费用分为展品费用和运输费用,见表7-2。

表7-2 展品运输费用

类别	项目	去程	回程	合计	总计
展品费	制作、购买费				
	包装费				
	维护费(保卫、清洁)				
	保险费				
	关税				
	增值税				
	附加税				
	销售税				
	所得税				

续　表

类别	项　　目	去　程	回　程	合　计	总　计
运输费	参展企业所在地陆运费及杂费				
	发运地仓储费				
	装货港口、机场、车站费				
	保险费				
	运输及杂费				
	运地港口、机场、车费				
	装卸费				
	目的地仓储费、堆存费				
	至展馆运费				
	装卸费、掏箱费				
	空箱回运费				
	空箱存放费				
	运输代理费				
	海关代理费				
其他					

为了避免运输公司乱收费，可以要求几家公司报价，从数家报价公司中选择一家。降低运输费用还有，如尽量使用正常的运输方式、用定期班轮、避免使用加急运输方式等，这都是在运输筹划时要考虑到的。

集体出展通常由组织者统一运输，不安排集体运输时，则需要各参展企业自行安排、单独运输。

（2）去程运输。是指展品自参展企业所在地至展台之间的运输，一个比较完整的集体安排的去程运输过程，可以大致分为展品集中、装车、长途运输、交接、接运、掏箱和开箱等环节。

（3）回程运输。是指将展品自展台运回至参展企业所在地的运输，简称"回运"。但对统一安排运输的集体展出组织而言，将展品自展台至原展品集中地的运输称作"回运"，然后将展品自展品集中地分别运回至参展者所在地的运输称作"分运"。还有一种情况是将展品运至下一个展览地，习惯上称作"调运"。

不论是去程还是回程运输，都可能出现未运到、途中损坏、丢失等情况。因而，展品运输是一项需要重视，并认真做好的工作。

3. 运输代理与保险

国际展览运输协会对现场运输代理的业务标准有明确的规定，规定主要体现在联络、海关手续以及搬运操作三个方面。

（1）联络。联络的第一要求是语言。国际展览运输协会现场运输代理成员必须会说流利的英语、德语、法语，以及展览会举办国或地区的主要语言。协会要求，现场运输代理能够与客户的大部分人员进行交谈。现场运输代理必须在展览会场设立全套的办公设施,提供详细、有效的邮政地址,参展企业要在展览会前后把运输单证文件(提单、海关文件等)直接寄给现场代理。

(2) 海关手续。现场工作最重要的是办理海关手续。根据海关规定,现场代理可能还需担保或交保证金。海关对进出口手续都有一定的要求,办理人员必须在规定的时间期限内提供参展企业的全套准确文件,事先通知并准确地表述和申报。

(3) 搬运操作。协会代理必须熟悉现场,并在展览施工和拆除期间能随时使用合适设备和有经验的搬运工。现场代理有责任事先预计到非常规、大尺寸的物品的运输装卸问题,并应当准备好特殊设备。

现场搬运操作的成功完全在于现场代理,现场代理必须事先协调好所有参展企业的搬运要求,并提前将相应的安排通知组织者和所有参展企业。这样就能避免参展企业提出计划工作之外的搬运要求,或提出临时遇到的问题。

(4) 保险。为确保展品安全准时到达,除了与运输代理公司签署责任合同外,还应与保险公司签署保险合同。

展览涉及的险别比一般人想象的多,包括展览会取消险、展会推迟险、雇工责任险、运输险、战争险、火险、盗窃险、破损险、人身伤害险、公众责任险、人身事故险、个人财产丢失险、医疗保险等。参展企业可根据规定和需要选择险别投保。

保险最重要的是单证和保险单,其他可能使用的单证有受损报告书等。

4. 会展物流信息管理

会展物流包括展品流、费用流和信息流。如果没有信息,物流就是一个单项的活动,就不能很好地运转。

物流信息系统与物流作业系统一样都是物流系统的子系统,是指由人员、设备和程序组成的,为后勤管理者执行计划、实施、控制等职能提供相关信息的交互系统。

在物流信息系统的管理中,需掌握以下技术。

(1) 条形码技术(barcode)。条形码技术的应用很好地解决了数据录入和数据采集的瓶颈问题,实现了快速、准确而可靠地采集数据,从而为展品物流提供强大的技术支持。

条形码技术首先根据展品的品名、型号、规格、产地、牌名,划分出货物品种,然后分配唯一的编码号,打印出条形码标签,根据条形码可以轻松地获取货物的相关信息,参展商可以通过 Internet 或者全球定位系统随时获取展品的位置、当前状态等。

(2) EDI(electronic data interchange,电子数据交换)技术。EDI 技术的优点在于供应链组成各方基于标准化的信息格式和处理方法,通过 EDI 技术分享展品实时信息、提高效率、应对物流管理中的突发情况等,如图 7-3 所示。

(3) GPS 系统(global positioning system,全球定位系统)。全球定位系统泛指利用卫星技术,实施提供全球地理坐标的系统。其工作原理是:在天空的卫星内部装有高精度的原子钟,并且有随时可以更新的数据库,它记录着自己和其他 GPS 卫星的位置。地面 GPS 装置接收到这些信息后,根据无线电波的速度推算出卫星的相对位置。只要有 3 颗卫星的相对位置,利用数学原理就可以计算出地面物体的位置;有 4 颗卫星的相对位置资料,就可以迅速计算出运动着的地面物体的位置。

GPS 在会展物流领域十分重要,它可以应用于汽车、铁路和轮船定位、跟踪调度,以及运输

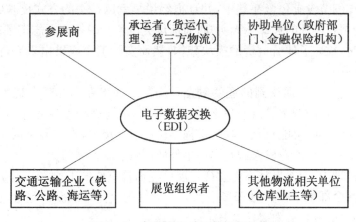

图 7-3 会展物流 EDI 的框架结构

管理等。

典型案例 7-2：

阅读下列材料，了解二维码技术在展会管理中的应用。

"6·18"引进二维码技术　展会信息一"码"尽览

福州新闻网讯 18 日，第六届中国·海峡项目成果交易会在福州展览城开幕。记者注意到，今年"6·18"各类证件的背后都印有一个方块几何图形，而在展馆各展区也都有这样一个方块几何图形。

这个几何图形就是二维码——本届"6·18"的"特殊门牌号"。它不但应用于展馆各展区和各类证件，还广泛运用于《6·18 博览》、会刊、服务指南，成为本届"6·18"信息化应用的最新亮点。据组委会介绍，本次"6·18"引入国际主流展会广泛应用的二维码技术，是由"6·18"战略合作伙伴中国移动福建公司提供支持的。公众只需通过手机条码识别软件拍下证件或感兴趣的展位与项目上的二维码，或者用手机在"6·18"各展馆门口设置的"二维码识读器"上扫描一下，即可随时用手机登录"6·18"Wap 网站——掌上"6·18"，查询"6·18"相关信息或相应的详细项目信息。

组委会有关负责人表示，本次导入二维码技术的应用，不但是科技信息化办会方针的体现，更重要的是"绿色环保"的体现。今后，"6·18"展馆将难觅参会代表大包小包收集资料的场景，往现场发放大量纸质宣传品也将成为历史。

第四节　会展项目沟通管理与策划

在会展项目管理中，常常出现以下的情况：你的客户(可能是协办商，或其他组织)指出，曾经要求的某个工作细节没有包含在其中,并且抱怨说早就以口头的方式反映给了项目组的成员,糟糕的是作为项目经理的你却一无所知,而那位成员解释说把这点忘记了;或者,你手下的成员在设计评审时,描述了他所负责的模块架构,然而实际工作成果出来后,你发现这和你所理解的大相径庭……

有时,遇到的情况比上面谈到的还要复杂。问题到底出在哪儿呢?其实很简单,就两个字——沟通。以上这些问题都是由于缺乏沟通引起的,沟通途径不对才导致信息没有到达目的地。"心有灵犀一点通"可能只是一种文学描绘出的美妙境界,在实际生活中,不同的文化背景、工作背景、技术背景可以造成人们对同一事件的理解方式偏差很大。

在会展项目管理中,沟通更是不可忽视。项目经理最重要的工作之一就是沟通,通常花在这方面的时间占到全部工作时间的75%~90%。良好的交流才能获取足够的信息,发现潜在的问题,控制好项目的各个方面。

一、沟通管理概述

一般而言,在一个比较完整的沟通管理体系中,应该包含以下几方面的内容:沟通计划编制、信息分发、绩效报告和管理收尾。

沟通计划决定项目干系人的信息沟通需求:谁需要什么信息,什么时候需要,怎样获得。信息发布使需要的信息及时发送给项目干系人。

绩效报告收集和传播执行信息,包括状况报告、进度报告和预测。项目或项目阶段在达到目标或因故终止后,需要进行收尾。管理收尾包含项目结果文档的形成,还包括项目记录收集、对符合最终规范的保证、对项目的效果(成功或教训)进行的分析,以及这些信息的存档(以备将来利用)。

项目沟通计划是项目整体计划中的一部分,它的作用非常重要,也常常容易被忽视。

很多项目中没有完整的沟通计划,导致沟通非常混乱。有的项目沟通虽然有效,但完全依靠客户关系或以前的项目经验,或者说完全靠项目经理个人能力的高低。然而,严格来说,一种高效的体系不应该只在大脑中存在,也不应该仅仅依靠口头传授,落实到规范的计划编制中很有必要。因而,在项目初始阶段也应该包含沟通计划。

当你被任命接替一个会展项目经理的职位时,最先做的应该是什么呢?

召开项目组会议、约见客户、检查项目进度……都不是,你要做的第一件事就是检查整个会展项目的沟通计划,因为在沟通计划中描述了项目信息的收集和归档结构、信息的发布方式、信息的内容、每类沟通产生的进度计划、约定的沟通方式、等等。只有把这些理解透彻,才能把握好沟通,再在此基础之上熟悉会展项目的其他情况。

在编制项目沟通计划时,最重要的是理解组织结构和做好项目干系人分析。

项目经理所在的组织结构通常对沟通需求有较大影响,如组织要求项目经理定期向项目管理部门作进展分析报告,那么沟通计划中就必须包含这条。项目干系人的利益要受到项目成败的影响,因此他们的需求必须予以考虑。

最典型也最重要的项目干系人是客户,而项目组成员、项目经理以及他的上司也是较重要的项目干系人。所有这些人员各自需要什么信息、在每个阶段要求的信息是否不同、信息传递的方式上有什么偏好,都是需要细致分析的。

比如,有的客户希望每周提交进度报告,有的客户除周报外还希望有电话交流,也有的客户希望定期检查项目成果,种种情形都要考虑到。分析后的结果要在沟通计划中体现,并能满足不同人员的信息需求,这样建立起来的沟通体系才会全面、有效。

1. 沟通的形式

项目中的沟通形式是多种多样的,通常分为书面和口头两种。

书面沟通一般在以下情况使用:项目团队中使用的内部备忘录,或者对客户和非公司成员使用报告的方式,如正式的项目报告、年报、非正式的个人记录、报事帖。书面沟通大都用来进行通知、确认和要求等活动,一般在描述清楚事情的前提下尽可能简洁,以免增加负担而流于形式。

口头沟通包括会议、评审、私人接触、自由讨论等,这一方式简单、有效,更容易被大多数人接受。但是不像书面形式那样"白纸黑字"留下记录,因此不适用于类似确认这样的沟通。口头沟通过程中应该坦白、明确,避免由于文化背景、民族差异、用词表达等因素造成理解上的差异,这是特别需要注意的。沟通的双方一定不能带有想当然或含糊的心态,不理解的内容一定要表示出来,以求对方的进一步解释,直到达成共识。

除了以上这两种方式,还有一种作为补充的方式是形体语言表达,像手势、图形演示、视频会议都可以用来作为补充方式。它的优点是摆脱了口头表达的枯燥,在视觉上把信息传递给接受者,更容易理解。

2. 两条关键原则

在项目中,很多人也知道去沟通,可效果却不明显,似乎总是不到位,由此引起的问题也层出不穷。其实要达到有效的沟通有很多要点和原则需要掌握,尽早沟通、主动沟通就是其中的两个原则,实践证明它们非常关键。

尽早沟通要求项目经理要有前瞻性,定期和项目成员建立沟通,不仅容易发现当前存在的问题,很多潜在问题也能暴露出来。在项目中出现问题并不可怕,可怕的是问题没被发现。沟通得越晚,暴露得越迟,带来的损失也越大。

沟通是人与人之间交流的方式,主动沟通说到底是对沟通的一种态度。在项目中,我们极力提倡主动沟通,尤其是当已经明确了必须要去沟通的时候。当沟通是项目经理面对用户或上级、团队成员面对项目经理时,主动沟通不仅能建立紧密的联系,更能表明你对项目的重视和参与,会使沟通的另一方满意度大大提高,对整个项目非常有利。

3. 保持畅通的沟通渠道

沟通看似简单,实际很复杂,这种复杂性表现在很多方面。比如说,当沟通的人数增加时,沟通渠道急剧增加,给相互沟通带来困难。典型的问题是"过滤",也就是信息丢失。产生过滤的原因很多,如语言、文化、语义、知识、信息内容、道德规范、名誉、权利、组织状态等,经常碰到由于工作背景不同而在沟通过程中对某一问题的理解产生差异。

如果要想最大限度保障沟通顺畅,则当信息在媒介中传播时要尽力避免各种各样的干扰,使得信息在传递中保持原始状态。信息发送出去并接收到之后，双方必须对理解情况做检查和反馈，确保沟通的正确性。

如果结合项目，那么项目经理在沟通管理计划中应该根据项目的实际明确双方认可的沟通渠道，如与用户之间通过正式的报告沟通，与项目成员之间通过电子邮件沟通；建立沟通反馈机制，任何沟通都要保证到位，没有偏差，并且定期检查项目沟通情况，不断加以调整。这样，形成顺畅、有效的沟通就不再是一个难题。

二、会展项目沟通管理策划要点

1. 客户关系沟通策划

在展会策划过程中，客户关系的沟通管理是最重要的一环。展会的客户至少包括三个方面：参展商、观众以及展会服务商。展会客户关系管理是指办展机构通过搜集客户信息，在分析客户需求和行为偏好的基础上积累和共享客户知识，并有针对性地对不同客户提供个性化的展会专业服务，以此来培养客户对展会的忠诚度和实现展会与客户的合作共赢。

在进行客户关系沟通策划时，应当在以下各方面做好工作。

（1）识别客户明确或潜在的需求，培植双方新的经济增长点。

（2）将客户的意见视为礼物，以积极主动的心态对待客户（或其代表）的建议、批评与投诉。

（3）以真诚合作的心态展开客户满意度调查。

（4）顾客满意不等于顾客忠诚，在提高顾客满意度的同时，应更加注意培育顾客的忠诚度。

（5）谨慎及时地做好"失去客户分析"工作。

不仅如此，展会客户关系管理还要在发掘新客户和保留老客户上下功夫。

新客户是展会宝贵的市场资源，也是展会未来的发展空间。与新客户沟通的主要步骤包括：

第一，确定与谁沟通。亦即对潜在客户进行分类。

第二，确定预期沟通目标。按知晓、认识、接受、确信、参展（参观）的计划一步一步地实现沟通目标。

第三，设计沟通信息。一般来说，不同内容的信息对不同的客户所起的作用是不相同的，设计沟通信息要因人而异。

第四，选择沟通渠道。是通过传统媒体，还是进行面对面的沟通都要有所考虑。

值得注意的是，在与潜在客户进行沟通时，要注意沟通的连续性和一致性，不仅要有统一的口径和展会LOGO，还要有统一的客户利益主张和展会定位诉求，这样才能达到将潜在客户转化为现实客户的目标。

忠实的老客户是企业最有价值的资产。许多研究表明，开发一个新客户比留住一个老客户的成本要高许多倍，而一个老客户为企业所带来的利润比一个新客户要高许多。所以在展会努力开发新客户的同时，一定不要忽视了老客户。

在现代展览业里，展会追求单方面盈利的"零和游戏"的做法是不为广大客户所接受的，也不是展会发展的主线。展会只有在自身利益与客户利益之间找到平衡点，提高展会品质，健全展会的功能,充分为客户着想,满足客户要求,才能最终实现展会与客户的精诚合作,实现展会与客户的共荣共赢。

2. 会展接待人员的沟通策划

会展接待人员作为公众直接审视体察的最初对象,留给客人的第一印象是很重要的。会展接待人员的仪表和言行举止往往会影响到接待效果。有时,一句话、一个手势,或者一次不规范的着装,都将直接影响到接待人员,乃至展会的形象。

(1) 口头沟通策略。会展接待人员在与顾客用口头沟通时要做到以下五点。

① 该说的才说,善于把口。具体地说,在没搞清说话目的前不说,在没有充分自信前不说,在环境、时间不合适时不说。

② 先问后答,以答代说。例如,"想买点什么?看这是最新的款式。"

③ 多用补充,少用否定。积极的补充就是从更多的方面引证对方意见的正确,能够加强对方的自信。

④ 多作同感,少作辩解。在口头沟通时尽量多表示同感,这样能够拉近双方的距离。

⑤ 幽默有助于口头沟通效果。幽默可以打开沟通的大门,同时它又是消除沟通窘境的妙药。

(2) 倾听的重要性。据统计,人们在听、说、读、写四个方面的时间分配为:听占45%,说占30%,读占16%,而写只占9%。由此可见,倾听在人际交往中的作用。

善于倾听的会展接待人员可以调动顾客的积极性;同时,倾听也是获取信息的重要方式之一。善于倾听还能够给客户留下良好的印象。

(3) 说服与交涉的要点。首先,作为说服的基础,自己要对所阐述的观点认可、理解和体会。要指明利益点,使对方确信可以做成。

其次,给对方以希望、鼓励,提高热情,促发兴趣、兴奋等是最有效的方法。

第三,了解对方的立场、希望、最近的状况,在此基础上展开说服工作。

在交涉方面,可以从与交涉对象交朋友、迅速把握对方思考的问题、观察对方的反应、抓住对方的心理等方面,迅速打开局面。

(4) 推销策略。会展接待人员推销需要从提高推销能力、考虑对方利益、掌握推销技能,以及注意推销礼仪等方面展开工作。

(5) 身体语言的沟通问题。人们相互之间除了运用口头语言和书面语言进行沟通外,还常常通过动作、手势、表情、眼神、服饰、空间等进行身体语言的沟通。研究表明,人们在面对面的交往沟通中,只有35%左右的信息是通过语言传达的,而65%以上的信息是通过动作、手势和表情等身体语言传递的。

身体动作语言包括具有传递信息功能的躯体、四肢动作、姿势,身体之间、身体对物体之间的触摸,身体空间位置、朝向等。

一般认为,身体的某一动作都具有一定的象征意义,这需要会展接待人员深刻领会与把握,只有熟知身体语言的象征意义,才能在会展接待工作中与顾客进行沟通时立于不败之地,见表7-3。

表 7-3 身体语言的象征意义

身体部位	动作	象征意义
手部	敞开手掌	坦率、真挚、诚恳
	掌心向上	诚实谦虚,不带威胁
	掌心向下	压抑、指示,带有强制性
	双手插口袋	高傲
	双臂交叉	防卫、敌对
	拇指食指相擒	谈钱
	背手相握	自信、镇定、有胆量
	双手搂头	有权威、高傲
	手心向下握手	支配性态度
	掌心向上握手	顺从性态度
	直臂式握手	粗鲁、放肆
	"死鱼"式握手	消极、无情无义
	双手夹握	热情真挚、诚实可靠
	捏指尖式握手	冷淡、保持距离
头部	点头	赞成、肯定、承认
	摇头	拒绝、否定
	扬头	傲慢
	侧头	感兴趣
	拍头	自责
肩部	耸肩	随便、无可奈何、放弃、不理解
脚部	双腿挺直	挑衅
	双腿无力	厌烦、忧郁
	手舞足蹈	兴奋
	脚别在腿	加固防御性、害羞
	脚步轻快	心情舒畅
	脚步沉重	疲乏、心中有压力
	交叠双足	有防范性
	张开腿部(男)	自信、豁达
	膝盖并拢(女)	庄重、矜持

续表

身体部位	动 作	象 征 意 义
眼睛	公务注视(前额—双眼)	严肃认真、有诚意
	社交注视(双眼—鼻尖)	和谐
	亲密注视(双眼—胸部)	亲昵
	瞥视	兴趣或敌意
嘴巴	嘴巴一撇	鄙视
	紧咬下唇	忍耐
眉毛	眯起双眉	陷入沉思
	眉毛扬起	怀疑或兴奋
面部	微蹙额头	认真对待
	脸部肌肉放松	遇到高兴事
	微笑	容易接近与交流

此外,在身体语言里,服饰、仪态以及某些细节动作都可以作为沟通手段发挥重要作用。这就需要会展接待人员掌握分寸,做到得体合宜,如图7-4所示。

图 7-4 会展中的接待

3. 文化差异与跨文化会展的沟通策划

"文化"是跨文化沟通学中的核心因素之一。文化的概念有狭义和广义之分,广义的文化是指人类创造的一切物质产品和精神产品的总和;狭义的文化专指包括语言、文学、艺术,以及一切意识形态在内的精神产品。

由于文化的差异,东西方在人际沟通上也有着明显的差异。例如,东方重礼仪、多委婉,西方重独立、多坦率;东方多自我交流、重心领神会,西方少自我交流、重言语沟通;东方和谐胜于说服,西方说服重于和谐。

在人际沟通中,中国人开场白多谦虚一番,说自己水平有限,冒昧谈些不成熟的意见云云;而西方人,特别是美国人,开场白则没有谦辞。中国人的谦辞常常使美国人反感:"你没有准备好就不要讲了,不要浪费别人的时间。"

在进行跨文化会展的沟通策划时,一定要充分考虑到不同地域、民族、国家之间的文化差异,了解不同地域、民族、国家的文化背景、价值观、风俗习惯等等,如图7-5所示。

图7-5 展会中的跨文化沟通

不同国家有不同的礼仪习惯:

(1)与日本人交往的沟通。

如果一见到日本人就紧握其手行见面礼,会使日本人在生理上产生厌恶感,日本人希望外国人如同自己行鞠躬礼。

日本人时间观念强,安排日程常以小时为单位计算。不论是商务会谈,还是社交聚会,都要准时到达。

拜访日本人,不可带太重礼物,否则会让对方为难。衬衣、领带不能作为礼品送人。不要轻易送花,否则会惹麻烦。要用双手送礼。当别人送你礼品时,再三推却再接受,不要当着送礼人的面打开礼品包装。下次见到送礼人时,要提及礼品的事。

日本人崇尚"西洋",一口流利的英语常会使日本人对你刮目相看。日本人的英语水平普遍相当差,一般国人的英语水平便能鹤立鸡群。

在日本,人们从来不公开地说"不"字,从来不公开地表示不同意见。

（2）与韩国人交往的沟通。

韩国商人不喜欢直说或听到"不"字，所以常用"是"字表达他们否定的意思。在商务交往中，韩国人比较敏感，也比较看重感情，只要感到对方稍有不敬，生意就会告吹。韩国人重视业务中的接待，宴请一般在饭店举行。男子见面，可打招呼，互相鞠躬并握手。但女性与人见面通常不与他人握手，只行鞠躬礼。

（3）与美国人交往的沟通。

美国人不拘小节，不怎么注重修边幅，对各种典礼、仪式不耐烦。在所有的商务会晤及大多数私人交往中，互换名片是一个非常必要的礼仪。

在美国，进行商务洽谈活动宜穿西装。美国商人的谈判习惯可归纳为这样几点：

爽快干脆，不兜圈子。

重视效率，速战速决。

讲究谋略，追求实利。

全盘平衡，一揽交易。

注重质量，兼重包装。

（4）与英国人交往的沟通。

在英国商界，几乎没有任何感情的表达，仪表礼仪受到极大的重视。但商务问题被严格地限制在自己的领域之中(办公室)，午饭、晚餐、周末时，绝对不谈商务问题。

英国人严格遵守约会时间，会见和洽谈要事先约好时间和地点，以便对方作出安排。

（5）与法国人交往的沟通。

法国人一般比较拘泥于形式，很保守。法国人在投入某项商务活动中时，虽然动作很快，但总是迟迟作不出决定，好像总喜欢在无关紧要的小细节上纠缠不休。

法国的工商界人士在礼仪上比较刻板，喜欢在晚上谈生意。法国人每周六、日休息，一般在7—9月份休假。

 小结和学习重点

（1）会展项目管理的基本流程。
（2）会展人力资源管理的策划要素。
（3）会展物流管理的策划要点。
（4）会展项目沟通管理的两条关键性原则。

会展业以会议、展览会和节事活动等为中心展开各项工作。会展的时效性，要求会展企业确保最大限度地调动项目涉及人员的积极性，在有限的时间里做好展会组织工作。将会展项目的概念贯穿始终，能更好地实现时间、技术和人力的有效利用，使会展企业最大限度地实现会展目的，服务于参展商。项目管理的理念在国外已迅速发展到会展业，这一概念引入中国，将会对会展业的发展产生广泛影响。

 **前沿问题**

（1）会展项目管理的理论体系。

(2) 会展项目管理与策划的各种方法、手段在实际操作中的应用。

案 例 分 析

案例一　德国会展的专业化管理

德国位居世界展览强国之首,其主要特点体现在展览会的质量一流、规模庞大、效益显著。按营业额排序,世界十大知名展览公司中,有六个在德国。

国际会展业发展的成功经验表明,在会展业起步和发展阶段,当产业规模急剧扩大时,会展业往往会出现秩序混乱的现象,此时政府要介入会展事务,并利用法律、行政、财政等手段进行干预和管理,以保证会展业发展产生良好的经济效益和社会效益。在会展业成熟阶段,政府一般不宜介入会展业的直接管理,其管理职能由行业协会来执行。

几乎所有发达国家都设有单一的国家级的展览管理机构,如德国的 AUMA(德国展览委员会)、法国的 CFME-ACTIM(法国海外展览委员会技术、工业和经济合作署)等。AUMA 的主要职能有:

1. 制定全国性的展览管理法规和相关政策

为保证展览活动的有序开展,管理部门对展览业的市场准入、主办者的资质条件、展览会的知识产权、展会质量评估、展览企业纳税等问题,都需要有明确、详细和具有可操作性的规定及说明。AUMA 对展览会的管理制定了较完善的措施。例如,对展览名称给予类似商标的保护,以制止展览会雷同和撞车,保护名牌展览,但最重要的一条是增强市场的透明度。AUMA 的章程中明确指出,AUMA 将在展览会的类别、展出地点、日期、展期、周期等方面进行协调,以保护参展者、组织者和观众的利益。

2. 支配使用政府的展览预算

德国十分重视会展业的发展,并在制定经济发展战略和城市发展规划时,积极考虑本国经济发展的需要,作出合理的安排。每年联邦政府通过特定的组织或机构组织本国企业赴国外参加展览会 180～200 个,参展企业达 5 000 多家。

3. 组织国家级展览,代表政府出席国际展览界的各种活动

德国展览管理机构的另一个重要职能就是根据本国外交和国际贸易政策的需要,举办全国性的商品技术展和组织本国展团到海外参展。

4. 规划、投资和管理展览基础设施

德国的场馆均由政府投资,属于典型的国有企业范畴。其原因除了场馆投资大、回收慢、社会效益远超过其经济利益外,还有政府通过场馆投资及经营来对展览市场进行调控的考虑。

为了保证展览会顺利进行,政府部门会主动采取有效措施,出面协调有关部门的工作,以共同做好展览会的接待工作。例如在展览会期间,交警部门增派人员,延长工作时间,加强现场疏通,保障道路畅通;公交部门增加车次,临时开辟从市中心各主要地段到展览馆的公交线

路;机场大巴则不停地穿梭于机场和场馆之间,以方便参展商、观众参加展览会;展览馆的设施安排也尽量齐全、便利,场馆内常设有邮局、银行、通讯、宾馆、礼仪等服务设施。在汉诺威,各种服务机构和设施均是按照方便展览、服务于参展商与观众的原则安排和设立的,整个城市犹如一个巨大的场馆。

思考:

1. AUMA 的主要职能有哪些?
2. 德国会展业的专业化管理有何特点?

案例二

专业化管理打造一流展会——第 34 届米兰制冷展印象

2004 年 3 月在意大利米兰举办的第 34 届米兰制冷展,给我国参展企业留下了深刻的印象。首先,米兰展给人的第一印象便是大。展览平面图上给出的入口就达 9 个之多,里面各种大小展馆多达 26 个。主办方为便于参观者的活动,在展览中心内外开通了三条线路的通勤车(红、绿、蓝)。其中,红色线路主要贯通展览中心内各展馆间,设立了十几个站点,由通勤车送参观者直接到达要去的展馆;绿、蓝线路则环绕在展览中心周围,由通勤车将人们送达地铁站等换乘地点。

令人惊叹的是,这么大的展馆,米兰展几乎全部占用了。除 5 号和 6 号馆外,本届展会占满了米兰展览中心的所有展厅。主办方提供的数字显示,第 34 届米兰展的实际展览面积达 13.909 1 万 m^2,有来自世界各地 41 个国家和地区的 2 823 个展商参展,其中来自意大利之外的展商数量为 1 151 个,占展商总数的 40.7%。上一届米兰展(2002 年)的参观人数达 14.7 万人,新闻中心称,本届展会人数与上届相当。

被我们习惯称为米兰制冷展的 MCE,事实上所涉及的行业不仅仅是制冷设备,还包括了卫浴、泵、阀、水管五金件、供热、热水器等诸多行业。主办方巧妙地用不同的颜色来标注不同行业的展览,总计涉及 7 个大类的产品,令人一目了然。表面看起来展会涉及的行业相当杂,但细分析来看,所有行业均与建筑冷暖相关,因而参观者往往会观看大多数的展馆。与许多国外展览相同的是,除主要给展商一定数量的免费通票外,展览的日票及通票均是收费的。门票收费虽然在一定程度上限制了观众的数量,但也在客观上确保了观众的质量与专业水平。

展览会显示出一流的专业展览特色。仅在制冷空调展区,便可找到这一行业所熟悉的几乎所有龙头品牌,而且,绝大多数的公司都做了巨大的特装展位,突出展示自己的产品,令这些大品牌的展区格外显眼。展出的产品中,既包括了大型集中式中央空调设备,也包括大量家用空调新品。有专业人士称,该展会是全球最专业的制冷展之一,展出的产品反映了当今空调技术发展的最新趋势。

米兰是意大利著名的会展之都,米兰国际展览中心有着非常专业的展览经验,展览配套的宣传、餐饮、商务等服务业做得相当好。尽管如此,遗憾与不足也是存在的。无论企业产品资料,还是展台上的展板,几乎清一色用意大利语。参观者中约有7万多人来自意大利,其中大多数人无法用英语交流。而在展览现场找翻译却是一件不容易的事。对于一个国际大展,这不能不说是服务上的一个缺陷。

(资料来源:《国际商报》2004-05-12)

思考:
1. 试分析第34届米兰制冷展专业性特点。
2. 结合会展项目管理的有关理论,指出第34届米兰制冷展还需要改进的地方。

练习与思考

(一) 名词解释

CLM TPL EDI GPS SCM

(二) 填空

1. 项目管理是为完成某一预定的目标,而对任务和资源进行_____的程序总称。
2. 会展管理的含义是:会展活动的主办者运用科学的决策、规划、组织、沟通和控制手段,以_____、_____、_____和最高的效率,合理配置会展资源,实现会展活动目标的过程。
3. 在会展人力资源的管理策划中,需要围绕_____、_____和团队建设三部分来进行。
4. 所谓会展物流,是指以_____为中心,所涉及的_____、产品的物理运动过程。

(三) 单项选择

1. 任何产业和企业的发展都取决于四大资源,即人力资源、经济资源、物质资源和信息资源,其中,(　　)最为活跃,已成为四大资源中最重要的资源。
   A. 经济资源　　　B. 人力资源　　　C. 物质资源　　　D. 信息资源
2. 20世纪(　　)年代以来,以可持续发展为目标的"绿色"革命蓬勃兴起,给企业带来了新的挑战,同时也带来了无限商机。绿色物流应运而生。
   A. 60　　　　　　B. 70　　　　　　C. 80　　　　　　D. 90

(四) 多项选择

1. 会展物流包括(　　)。
   A. 展品流　　　　B. 费用流　　　　C. 信息流　　　　D. 客户流
2. 要达到有效的沟通有很多要点和原则需要掌握,其中的两个关键原则是(　　)。
   A. 尽早沟通　　　B. 经常沟通　　　C. 反复沟通　　　D. 主动沟通

(五) 简答

1. 展会项目管理的基本内容包括哪些?
2. 试分析会展项目管理的基本流程。
3. 简述条形码技术的主要内涵。

(六) 论述
1. 举例分析会展物流管理的策划要点。
2. 举例论述身体语言沟通在会展活动沟通中的实际运用。

部分参考答案

(二) 填空
1. 规划、组织和管理
2. 最佳的时间 最优的形式 最低的成本
3. 组织计划编制 人员募集
4. 展会 展会辅助设施

(三) 单项选择
1. B 2. D

(四) 多项选择
1. ABC 2. AD

第八章

会展相关活动策划

 **学习目标**

学完本章,你应该能够:
1. 了解会展相关活动策划的作用与原则;
2. 对现代会展相关活动的策划有一个较全面的认识与理解;
3. 把握会展旅游活动的概念与策划要领。

 基本概念

会展相关活动　专题会议　行业会议　表演、比赛活动策划　商务旅游　会展旅游　会议旅游　展览旅游

现代会展为了给展会创造更好的气氛,为了更进一步丰富实现会展的贸易、展示、信息发布等功能,越来越讲究在展会期间举办一系列相关活动,这些活动已经成为现代展会不可分割的一部分。

第一节　会展相关活动策划的作用与原则

一、举办会展相关活动的作用

1. 丰富展会信息

从本质上来说,会展是为信息交流而进行的传播活动,会展的最大特点在于信息的"集中"。从"会"的角度讲,会议的每一个参加者,既是本人信息的传播者,又是他人信息的接收者;从"展"的角度来说,展览是以展馆场所为媒介进行社会信息系统的运行;从目标受众的角度来说,观众参观展会,大都是为了能在展会中收集各种有用的信息。因而,展会本身应该是信息的总汇,举办会展相关活动正是为了极大地丰富展会的信息。

2. 强化展会发布

专业展会常常会有系列研讨会、讲座、产品发布会等活动,主讲单位一般都是行业内的领先者。由于展会上行业人员聚集、信息传播很快,许多企业都选择展会作为发布信息的场所。

有些展会专门组织产品发布会供企业选择,还有些展会将新产品发布与表演、比赛等活动结合起来,以此来强化展会的发布功能。

3. 扩展展会展示

展会的价值与展出目标主要是在展台上得以实现的,展台工作包括展会开幕期间的展台接待、展台推销、贸易洽谈、情况记录、市场调研等。如果将筹展工作比作"搭台",展台工作比作"唱戏",那么,展会的相关活动就好比"配乐、配器"。在展会期间举办相关的活动,如产品展示会、有关表演和比赛等能使企业和产品的形象更好地展现,给观众留下更加深刻的印象。

4. 延伸展会贸易

在大多数交易会、展览会和贸易洽谈会上,一般都能签署一定金额的购销合同,以及投资、转让和合资意向书。据统计,法国博览会和其他专业展览会每年展商的交易额高达1 500亿法郎。在2013年第十七届中国国际投资贸易洽谈会上,共签订各类投资项目1 386个,总投资金额4 206亿元,利用外资1 980亿元。因此可以说,展会是一个重要的贸易平台。举办会展相关活动,能够延伸展会贸易的这种功能。例如,产品订货会、产品推介会、项目招标活动等都可以使展会取得良好的效果(图8-1)。

图8-1 投洽会开馆式

5. 活跃展会现场气氛

举办富有观赏性和趣味性的相关活动,能极大地调动现场观众的积极性。在设计相关活动时,策划者应当选取参与性强、互动效果好的项目,这样不仅能给观众留下深刻的印象,而且,可以使展会现场气氛活跃,为参展企业创造良好的现场气氛。

二、举办会展相关活动的原则

策划展会的相关活动是为展会服务的,所以,举办展会活动的原则应该是"锦上添花",而不应当是"画蛇添足"。

一般来说,举办展会的相关活动应遵循的原则有以下三条。

1. 要切合展会的主题

举办展会的相关活动一定要与展会的主题相得益彰,因此展会相关活动的策划不能漫无边际、空穴来风。

如果举办的相关活动与展会主题不相干,活动的形式脱离展会的实际,那么相关活动不仅与展会脱节,而且还会扰乱展会的现场秩序,甚至造成一些安全上的隐患。

2. 有助于吸引目标受众

策划得当、组织完善、丰富多彩的展会相关活动,必对展会观众有很大的吸引力。因此,能吸引目标受众是举办展会相关活动的重要原则。

展会不能没有一定数量的参展企业和观众,有一定数量与质量的企业参展是展会赖以存在的基础,而有一定数量与质量的观众参观则是展会赖以发展的根本。举办展会的相关活动一定要充分考虑到目标受众的因素。

3. 有助于提高展会效果

企业参展的目标是多种多样的,取得经济效益也好,社会效益也好,不论参展商抱着怎样的目标,总是希望能够达到预期的目的,获得良好的展览效果。展会相关活动的策划要组织有力、秩序井然,要为人们所喜闻乐见,为获取展会总体效果服务。

如果把展会比作一个大舞台的话,那么,展会所举办的相关活动都可以看作是展会大舞台上的道具,道具的设置一定是剧情发展所需要的,如果可有可无,那最好是不要安排该道具登台亮相。

第二节 会展相关活动的种类与策划

会展的类别不同,其主体内容也不相同,如展览会的主体活动是展位中的展示、宣传、营销活动。不过,会展相关的活动,如礼宾活动(开幕式、招待酒会、领导会见等)、交流活动(技术交流、技术讲座、学术报告、经济论坛)、表演活动(产品演示、设备操作、技术表演)、贸易活动(贸易洽谈、项目介绍、合同协议、意向签约仪式)、娱乐活动(参观访问、观看文艺节目、品尝风味小吃)、等等,也都是不可缺少的内容。以下介绍主要的活动及其策划。

一、专题会议策划

在会展的相关活动中,专业研讨会、技术交流会、行业会议以及产品发布会等是最常见的会议活动。在策划专题会议时,关键要掌握策划要点。

1. 专业研讨会

(1)专业研讨会是以研究行业发展动态为主要内容的会议,其策划要点有以下几点。

① 会前简明扼要地向主要发言人与主持人介绍相关情况。

② 事先设计好会议议程。

③ 邀请知名人士主持讨论会。

④ 使主要发言人明白你希望他们做什么。
⑤ 明确讨论会的性质。
⑥ 合理安排讨论会的时间。
⑦ 与主持人讨论议程要求。
⑧ 请演讲者告诉你他们演讲的大致内容,并为你提供适当细节。
⑨ 预先与主持人讨论多少人来参加专题讨论会最合适。
⑩ 计划最多的互动人数,准备分会场。
⑪ 预计要用到的演示设备。
⑫ 关于分发材料,要让他们知道你能做到什么,以及什么无法做到。
⑬ 如果可能,为专业研讨会安排一位会议主席。

(2) 有些专业讨论会,可以通过围绕中心议题进行互动式讨论,从而收到良好的研讨效果。不过,这种专业讨论会对组织者的要求较高,在策划上需注意的要点有以下几点。
① 在整个会议中最恰当的时候安排讨论。
② 确保这个议程的时间长度合适。
③ 考虑多少人参加合适。
④ 明确会议目标。
⑤ 提供必需的设备。
⑥ 安排一位会议主席或是总结发言人来掌控全程。
⑦ 用一些刺激手段来引发议论,如一小段录像。
⑧ 房间布置要保证能够进行最大规模的讨论。
⑨ 使讨论的结果有机会得以反馈。

2. 技术交流会

技术交流会是以技术的交流和传播为主要内容的会议。这类会议是与会者就大家共同关心的领域和能引领合作事业,或是未来伙伴关系的框架进行研讨。其策划的要点有以下几点。

(1) 考虑合理安排会议时间。
(2) 不要强挤时间来安排活动。
(3) 事前当众宣传会议,要知道这个机会也许还有利于会议登记。
(4) 考虑设立"交流会"布告牌。
(5) 如果合适,与会议主席或主持人一起为会议构建框架,推进会议的进行。
(6) 考虑提供茶点。
(7) 不要强迫人们参加讨论交流会。
(8) 要考虑到那些也许不属于交流范围内的人。

3. 行业会议

行业会议一般是由行业协会或者政府主管部门组织举办,行业协会会员或者该行业有关企业参加的会议。

行业会议在策划上有三个方面的中心任务,即会议的主题、议题和筹备方案。值得注意的是,行业会议的筹备方案有一些自己的特点,如有些会议举办时间、规模、场所固定,但召开方式灵活等。

4. 产品发布会

产品发布会是以发布新产品或者是有关新产品信息为主要内容的会议活动。在发布形式上，可采取新闻发布会、记者招待会、情况通报会、记者通气会、政策说明会、技术推介会、产品推介会以及成果发布会等类型，这些类型在内容和形式上常常互相交叉，又各具特点。

产品发布会的策划要点有：

(1) 明确目的。

(2) 确定口径和发布方式。

(3) 选择时机。

(4) 确定对象。

(5) 发出邀请和接受报名。

(6) 确定主持人和发言人。

(7) 准备有关材料。

(8) 布置会场。

(9) 安排翻译。

(10) 收集媒体的报道。

二、表演、比赛活动策划

在展会期间，为了活跃现场气氛、更好地吸引企业参展和观众参观，办展机构往往会结合展会的需要，举办一些与展会有一定关联的表演、比赛，如果这些活动策划得好，可以提高展会的效果。

1. 表演

表演是一项观赏性比较强的公众性活动，它吸引的观众一般较多，现场气氛也比较热烈。表演可以是参展企业自己组织的为提高其展出效果的表演，也可以是由办展机构组织的为整个展会和所有参展商及观众服务的表演，还有一些是行业协会和当地政府组织的表演。

从办展机构来说，可以组织策划的表演有两种：一种是与展览题材无关的表演，如演唱会和其他娱乐性表演活动等；另一种是与展览题材有关的表演，如某项展品的制作演示和操作演示等，如图 8-2 所示。

举办与展览题材无关的表演活动有何价值或意义？

从参展商的角度来说，最具实质意义的表演是展示现场演示。现场演示的好处是可以帮助你成为会场谈论的话题。但是，在进行该项活动策划时必须注意以下内容。

所有的演示都必须珍惜参观者的时间，紧紧抓住两个或 3 个要点。曾有专家推荐每场演示花大约 7 分钟的时间为宜，然后不断重复(大约每小时 4 次)。为了避免中间空闲时段现场过于冷清，可在大屏幕上不停地放映一些围绕主题的相关活动内容，以吸引注意力。

在表演和演示的活动策划中，还可以请一位名人或是体育明星到现场与观众互动，签名或

图 8-2　自行车展现场表演

与参观者合影。请名人会引来很多根本就不会成为你客户的人,但也要注意一些相关的细节问题,如出场费、冠名、宣传材料上照片的使用等。对于由名人所吸引来的观众,也要充分考虑到如何安排、筛选,做足文章。

2. 比赛

为了吸引参观者的"眼球",展会期间常常举办各种各样的比赛。展会期间的比赛活动有很多种,其中,关于展会参展展品的比赛最为常见,这种比赛通常被称为"评奖"。例如,现在很多企业在宣传自己产品时,往往会提到曾获"某某博览会金奖"等。

组织策划比赛应注意以下几个要点。

(1) 要事先邀请一个专家评审团。
(2) 评审团成员要有代表性,并且要向所有参赛者公开。
(3) 要先制定比赛范围和一个公平、合理的规则,并且要向所有参赛者公开。
(4) 邀请有关媒体参加报道会更有影响力。
(5) 比赛评比的揭晓时间一般安排在展会结束的前一天。
(6) 比赛评奖的揭晓一般需要安排一个公开的颁奖仪式。
(7) 比赛资金来源于展会利润或企业赞助。

比赛是公众参与性较高的项目,策划时要做好所能预测到的危机管理方案,以便使得展会比赛顺利进行。

典型案例 8-1:

阅读下列材料,学习展会比赛活动的策划。

第五届中国会展教育与科技合作发展论坛创意设计比赛策划

1. 会展创意设计赛预展主题

科技·生态·会展

2. 会展创意设计赛预展作品征集时间

作品征集：2014年3月1日—5月10日

作品评审：2014年5月10日—5月16日

作品展出：2014年5月22日—6月1日

现场比赛：2014年5月22日下午，作品征集评选的前15名进行现场比赛

颁奖典礼：2014年5月24日

3. 参赛对象

全国普通本专科院校会展及相关设计专业学生

4. 参赛作品类别

A. 主题类作品

"科技·生态·会展"主题海报设计

B. 展会设计类作品

展台类

展馆类

展馆视觉传达类

会展多媒体类

5. 作品递交要求与格式

A. 主题类作品

主题海报设计

提交要求：参赛表格、作品小样一份（A4文件格式为"jpg"，分辨率为200dpi，RGB模式）、高精度作品电子稿一份（A4文件格式为"TIF"，分辨率为300dpi，RGB模式）。

B. 展会设计类作品

展台类

提交要求：参赛表格、电脑效果图小样一份（A4文件格式为"jpg"，分辨率为200dpi，RGB格式）、高精度电脑效果图一份（A4文件格式为"TIF"，分辨率为300dpi，RGB格式）

注：本类参赛作品可附模型（底面积不小于600mm＊600mm）。

展馆类

提交要求：参赛表格、电脑效果图小样一份（A4文件格式为"jpg"，分辨率为200dpi，RGB格式）、高精度电脑效果图一份（A4文件格式为"TIF"，分辨率为300dpi，RGB格式）

注：本类参赛作品可附模型（底面积不小于600mm＊600mm）。

展馆视觉传达类

提交要求：参赛表格、作品小样（A4文件格式为"jpg"，分辨率为200dpi，RGB模式）、高精度作品电子稿一份（A4文件格式为"TIF"，分辨率为300dpi，RGB模式）。

会展多媒体类

提交要求：参赛表格、会展相关多媒体作品一件，每件作品需附上作品中 8 张以内高精度截图画面和自执行文件刻录到光盘后与截图、打印稿一并邮寄到创意设计大赛工作组。

C. 创意类产品设计

提交要求：参赛表格、作品小样（A4 文件格式为"jpg"，分辨率为 200dpi，RGB 模式）、高精度作品电子稿一份（A4 文件格式为"TIF"，分辨率为 300dpi，RGB 模式），一段 150 字以内的描述性的内容。如参赛作品为多媒体作品，每件作品还需附上作品中 8 张以内高精度截图画面，以及自执行文件刻录到光盘后与截图、打印稿一并邮寄到创意设计大赛工作组。本类参赛作品可附模型（底面积不小于 600mm＊600mm）。

注：① 以上内容电子版全部刻录光盘，作品光盘上须用油性笔注明作者、作品名称、类别等信息（多份作品可存于一张光盘）。

② 参赛表格与作品小样及截图均以 A4 打印，与光盘一同提交。

③ 凡参加 B1、B2、C 类比赛之作品，如有模型，请附模型照片，入围后递交模型。

④ 每个参赛表格对应一件参赛作品。

三、其他相关活动

展会期间，往往要举行一些如会展旅游、明星与大众见面活动，以及群众参与的各种活动。因会展旅游很有特殊性，将专节介绍，在此不赘述。

约瑟夫·派恩在《体验经济》一书中说过：当一个公司留给参观者深刻的印象时，才可以说它们为参观者创造了一种体验……体验不是说给他们一种娱乐，而是牢牢地吸引他们。举办相关活动的主要目的正是为了使展会更专业、更有吸引力。

吸引注意力的工具

虚拟现实/多媒体

现场展示

魔术师

记者招待会/媒体庆典

款待宴请

展台赠品

拍照机会

名人或像名人的人

会展现场特惠

互动活动

比赛

赞助

按摩

演示/模拟

你还能举出可以在展会期间举办的有效活动吗?

不管什么相关活动,一项活动对展会最终产生什么样的影响,可以说,办展机构、参展商对该活动的策划和把握起着关键的作用。因而,重视策划工作,策划到每一个细节,是十分必要的。

第三节　会展旅游活动策划

会展和旅游似乎是一对天生的"孪生姐妹",每一次大型的展会活动,都给旅游业带来巨大的商机;而没有餐饮、住宿、服务、娱乐等与旅游相关方面的支撑,会展活动也难以开展。在会展活动中,主办方往往组织参观、考察、游览等活动,以丰富会展活动期间的业余生活,既做到劳逸结合,同时也可以带动旅游消费。

一、会展旅游的概念

会展旅游的概念。

一般认为,会展旅游的概念有广义和狭义之分。广义的概念是把会议、展览作为旅游活动的一种特殊类型;狭义的概念是指会议、展览之余所伴随的考察、观光、休闲活动。本书所说的会展旅游活动是指狭义的概念。

确切地说,会展旅游是为会议和展览活动提供会场之外的且与旅游业相关的服务,并从中获取一定收益的经济活动。

会展旅游是会展产业链的一个重要组成部分,是会展的发展和延伸。举办展会时,参展商和观众参加展会是主要目的,参加会展旅游只是参加展会活动的一种延伸和补充。办展机构在安排和策划会展旅游时,一定要注意到会展旅游不能脱离展会而存在,它只是依托展会并服务于展会的。

会展旅游主要有两方面的目的:一是商务考察;二是观光休闲。

1. 商务考察

早期的旅游研究者提出商务旅游的概念,他们认为:商务旅游是以经商为目的,是把商业经营与旅游、游览结合起来的一种旅游形式。据统计,全球商务旅游约占旅游者总数的1/30。

所谓商务考察,就是以收集有关商品的市场信息、了解有关市场行情为主要目的的商务活动。

> 据调查,参加展会的参展商和观众有90%以上是商务人士,这些商务人士对展会的贸易、展示、信息和发布的四大功能的需求各不相同。如果参展商和观众觉得在展会上获取的东西还未达到他参加此次展会的全部目的,那么,他就有亲自去市场看一看的愿望,商务考察的需求就产生了。

参展商和观众进行商务考察的主要目的是收集市场信息和了解市场行情,一般来说,商务考察活动安排在展会前或展会中为宜。

2. 观光休闲

以观光休闲为主要目的的会展旅游主要集中在会展活动结束之后,在展会前和展会中比较少见。这种会展旅游主要是为了在游览风景名胜古迹等旅游景点的过程中,放松身心、增长见识。

观光休闲可以说是展会的一种延伸,尤其是在一些国际性的展会中,有许多参展商和观众来自不同的国家、地区,他们对当地的风土人情可能是有所耳闻但没有目睹,展会结束后的观光休闲活动恰好迎合了他们的心理需求。

随着我国会展经济的发展,会议和展览旅游活动迅速发展。目前,我国作为举办国际会议、展览旅游的目的地已逐渐被人们了解,在亚洲乃至在世界已具备了一定的知名度,并形成了一些会展旅游中心城市。

会展旅游中心分为地区性会展旅游中心、全国性会展旅游中心以及国际性会展旅游中心。目前我国尚未形成国际性会展旅游中心,北京、上海、广州已成为公认的全国性会展旅游中心。地区性会展旅游中心其辐射范围仅限于城市的周边地区,体现为某一特定产业服务功能,如大连服装展、珠海的航空展、哈尔滨的边境地方经济贸易洽谈会等,如图8-3所示。

图8-3 哈尔滨经济贸易洽谈会

二、会展旅游活动策划

1. 会议旅游

会议旅游是指会议接待者利用召开会议的机会,组织与会者参加的旅游活动。会议旅游不同于一般单纯的旅游,属于商务旅游的范畴,它所涉及的旅游往往带有与会议、工作相关的目的。

现在,一个国家或城市召开国际会议的数量已成为该国城市发展水平的标志之一。按国别分,美国最多,占8%以上,其次是英国、德国、澳大利亚、西班牙、法国、新西兰、意大利、日本、加拿大和中国等。按城市分,据国际协会联合会调查,世界排名在前的会议城市有巴黎、伦敦、维也纳、布鲁塞尔、哥本哈根、纽约等。

国际会议能给承办国或城市带来包括旅游业在内的巨大经济效益是不言而喻的。

2001年在上海举办的APEC会议期间,旅游行业约有两万名员工直接参加了APEC会议的接待服务工作,上海的26家指定星级饭店接待与会者代表和记者约3.2万人次。

2. 展览旅游

举办大型商业活动,可以扩大举办国的影响,提高举办城市的知名度,吸引成千上万的游人前来旅游,促进举办城市的市政建设,给旅游业、饮食业等带来巨大的商机。展览旅游主要指因展会而产生的外出商务活动。从展览举办方来说,它是展会的有机组成部分。

在展览旅游市场中,主办单位将展览产品(创意、主题或品牌)出售给展览公司,展览公司组织参展商(展览的买家)购买产品,为了更好地吸引展商,主办单位还要帮助组织观众,这中间的接待工作由目的地管理公司(DMC)去完成。DMC最初是从事会展活动过程中的后勤管理的机构,后来逐渐发展为直接与主办单位接触,甚至自行办展、销售展览产品的专门机构。

会议旅游与展览旅游有一定差异,主要表现在以下四个方面。

(1) 先决条件不同。会议的先决条件是设施,是否决定在某个城市举行会议,要看这个城市有没有好的会议展览中心、住房够不够、租金多少、通讯设备怎么样等。而展会的先决条件是市场,有展览的市场,才会有展览会。

(2) 场地要求不同。会议的场地要求分散,且时间较短。展览会则要求场地面积较大,使用时间也较长。

(3) 服务范围不同。会议需要场馆提供包括音响、通讯、信息系统、场地布置等在内的全面服务;展会的服务,如展台搭建、运输等一般由展览承办商负责,展馆只提供基础设施。在餐饮服务方面,展会一般要求简单,有基本餐饮即可;会议则要求全面,通常有早餐、午餐、晚宴,会议期间还要有茶点等。

(4) 参与人数不同。会议参加人数有限,上千人就算是很大规模的会议了;展览则不同,参与人数较多,上万人也不足为奇。

正因为会议与展览存在着差别,所以,会议旅游和展览旅游在策划运作、经营管理上也是有所差异的。

会议旅游和展览旅游在策划运作、经营管理上有何不同?

3. 会展旅游活动策划

（1）策划项目及路线。一般来说，策划会展旅游项目及线路要考虑以下几方面。

首先，切合会展主题。参观、考察、游览的项目要尽可能与会展活动的目标和主题相适应。例如，召开展览搭建方面的专题研讨会，应该组织参观知名的展示材料生产工厂、基地等相关地方，如图8-4所示。

其次，照顾对象的兴趣。参加旅游的对象可能会有不同的兴趣、擅长和要求，在具体会展旅游项目和线路策划时应当充分考虑到，要尽可能地安排大部分参加对象感兴趣的项目。参加对象兴趣不大或毫无兴趣，则策划该旅游参观项目就没有意义了。

图8-4 常州灵通展览用具基地

再次，接待能力。要考虑参观、考察、旅游的当地是否具有足够的接待能力。如果接待能力有问题，则应改变或取消该项活动，以免效果不好、事倍功半。

最后，内外有别。有的项目不宜组织外国人参观游览，有的项目参观时有一定的限制要求，策划安排时应了解有关规定，做到内外有别，注意做好保密工作。有些项目则需要报经有关部门批准。

（2）安排落实。会展旅游项目确定之后，应及时与接待单位取得联系，以保证会展旅游项目的顺利实施。

制定详细计划，安排参观游览的线路、具体日程和时间表，并明确告知参加对象，让他们做好思想准备和物质准备。大型会展活动安排应当在会议通知、邀请函中加以说明，并列明各条观光项目和线路的报价，以便参加对象选择。

落实好车辆，安排好食宿。安排车辆时，细到座位数都必须考虑到，细节决定成败。

准备必要的资金和物品，如摄像机、摄影机、对讲机、团队标志、卫生急救药品等。

人数较多时，应事先编组并确定组长，明确责任。

旅游项目也可委托旅行社实施，但必须选择信誉好、价格合理的旅行社，并签订合同（图8-5）。

（3）陪同。组织会展旅游项目一般应当派有相当身份的领导人陪同。除必要的工作人员外，其他陪同人员不宜过多。每到一处，被考察、参观单位应派有一定身份的领导人出面接待欢迎，并作概况介绍。游览名胜一定要配备导游。若陪同外宾参观游览，则还应配备翻译人员。

（4）介绍情况。每参观游览一处，应由解说员或导游人员作具体解说和介绍。介绍情况时，数字、材料要确切。向外宾介绍情况时，要避开敏感的政治、宗教问题，保密内容不能介绍，也不宜用"汇报"、"请示"、"指示"、"指导"、"检查工作"等词语。

图 8-5 大型情景剧"印象刘三姐"

（5）摄影摄像。为扩大宣传或为以后的会展活动留下珍贵的历史资料,会展旅游活动的主办方应注意影像资料的收集。遇到不让拍摄的项目或场所,应当事先向客人说明,现场应竖有"禁止摄影"的标志。

（6）安全。参观游览,安全第一。例如参观施工现场、实验室等,要事先宣布注意事项;又如,在有一定危险的旅游景区游览,一定要告知每一个参加者,确保安全。每到一处参观旅游,开车前要仔细清点人数,避免遗漏。

 小结和学习重点

（1）会展相关活动的作用与原则。
（2）会展主要相关活动的种类及策划。
（3）会展旅游的概念。
（4）会展旅游活动的策划。

企业参展的目的更多地是要展示企业和产品形象、获取行业最新信息或者是将展会作为自己发布新产品的一个重要场所。在展会举办期间策划一些相关活动,不仅可以给展会创造更好的气氛,更能够丰富、完善展会的贸易、展示、信息和发布功能。会展旅游所运用的手段是根据参会者的不同需求,为其提供旅游企业擅长的服务,服务对象应该落实到具体参加会议、展览和节事活动的人。

 前沿问题

（1）评估实施展会相关活动的作用、负面影响。
（2）会展与旅游的渊源关系及两者的互动效应。

案 例 分 析

案例一　　2009 法兰克福书展中国主宾国相关活动策划

法兰克福书展中国主宾国活动从 2009 年 3 月的莱比锡书展开始，在 10 月份的法兰克福书展达到高潮，历时 8 个多月，大小活动共 600 余场，其中作家活动 150 多场，出版社交流活动 300 多场，出版专业活动近 30 场，展览活动 10 多场，各种文艺演出 10 多场，非物质文化遗产表演活动 50 多场。

主要活动包括以下几种。

一、领导人出席的重要活动

根据惯例，历届主宾国都有重要领导人出席书展期间的重要活动。在 2009 年法兰克福书展期间，中国领导人出席 4 场重要的主宾国活动，分别是：法兰克福书展开幕式、中国主宾国开幕式、中国主宾国开幕演出、中国主宾国与下届主宾国的交接仪式。

二、出版活动

由 3 个部分组成，分别是：2 500 m² 主宾国主题馆文化展示、1 000 m² 中国展团展台展示，以及法兰克福书展期间的专业交流活动。

法兰克福书展期间，中国各个参展的出版单位将结合本单位的业务特点，组织百余场专业交流活动；除此之外，主宾国组织承办方还将主办 15 场重要的出版专业交流活动。

15 场重要的出版专业交流活动由高端论坛（一场）、中型研讨会（5 场）、专题会议（4 场）、主题招待会（5 场）共同组成。

1. 一场高端论坛

时间：2009 年 10 月 13 日 10:00—12:00。

地点：展馆附近酒店会议室。

内容：借主宾国活动的契机，由中国出版单位牵头，同时联合三家国外著名出版机构一起举办一场专业国际的高端论坛。论坛历时 2 小时，中、德两国政府提供支持。论坛围绕"中国出版业与世界交流合作"的主题。

2. 5 场中型研讨会

策划设计 5 场中型研讨会。

(1) 文学出版的今天与未来。

(2) 中国出版业的新变化暨中国出版产业报告专题研讨会。

(3) "文学与女性关怀"——三国原创女作家座谈会。

(4) 科技出版的数字化发展与问题应对。

(5)"爱、成长与教育"——中、外儿童文学创作主题交流会。
3. 4场专题会议
策划设计4场专题会议。
(1)中外翻译资助项目推介交流会。
(2)中文图书版权购权3个常见问题。
(3)汉语学习方法之我见。
(4)中国设计艺术图书国际合作出版研讨会。
4. 主题招待会
(1)中国主宾国招待酒会。
时间：2009年10月14日20:00—22:00。
地点：展馆附近五星酒店。
(2)中国之夜。
时间：2009年10月15日20:00—22:00。
地点：法兰克福市贝特曼公园内的中国园。
(3)中国文学之夜。
时间：10月16日20:00—22:00。
地点：法兰克福古城堡。
(4)欢乐中国风。
时间：10月17日20:00—23:00。
地点：法兰克福某车库。
(5)中国主宾国答谢晚宴。
时间：10月18日19:00—21:00。
地点：法兰克福市某餐厅。

三、作家学者交流活动

作家学者交流活动是主宾国活动的"重头戏"，作家学者交流活动共分三个阶段。
(1)莱比锡书展期间的作家交流活动。
(2)中国作家学者德国朗读之旅。
第二阶段从4月到10月的"德国朗读之旅"，20位左右的中国作家将在德国不同城市的不同文化场所举行演讲、作品朗读等活动，为10月份的书展预热。
(3)法兰克福书展期间的作家活动。
第三阶段是10月14—18日的法兰克福书展期间，20位左右的中国当代著名作家、文化学者将来到法兰克福书展现场，举办一系列文化活动，使中国作家学者的交流活动达到最高潮。
活动时间：2009年10月14日—18日。
活动地点：法兰克福书展及法兰克福市各文化场所。
活动数量：35场左右。
作家学者名单(20位)：铁凝、王蒙、莫言、余华、阿来、李敬泽、李洱、刘震云、李师江、田耳、于丹、杨红樱、苏童、于坚、欧阳江河、黄土路、张洁、赵鑫珊、裴胜利、李清华。

四、图书翻译、出版与推广活动

(一) 图书的翻译、出版与推广,是2009年中国主宾国活动的一项重要内容

(1) 图书翻译出版资助项目。
(2) 翻译出版资助项目成果。
(3) 翻译出版资助项目图书宣传推广。

(二) 中国图书德国销售推广活动

在法兰克福书展前后举办中国图书德国销售推广活动。销售图书主要包括中文原版图书、翻译为德文的中国图书、英文版中国图书、中国出版的德文、英文图书,以及外国出版社的有关中国的图书等。拟与德国两家大型连锁书店进行合作,在所属的店面进行销售,并对合作店面进行一定补贴,促进中国图书在德国的销售推广。

五、文化演出及艺术展览活动

(一) 文化演出

主要包括法兰克福书展广场的文化表演(舞台约 60 m²),以及广场中国主宾国帐篷(面积约 500 m²)内的中国民俗文化表演区域及民间艺术品展览展示区域。

1. 书展广场文化表演

时间:2009 年 10 月 14—18 日。

地点:法兰克福展览中心广场 60 m² 舞台。

内容:在书展 5 天时间里,广场演出将充分展示中国民族艺术元素,举行 10 场特色演出,分别是:

活动一,中国武术的魅力;

活动二,少林风采;

活动三,川剧艺术表演;

活动四,中国提线木偶表演;

活动五,抖空竹;

活动六,传统杂技表演;

活动七,少数民族舞蹈表演;

活动八,民俗舞蹈表演;

活动九,魔术表演;

活动十,风筝表演。

2. 中国非物质文化遗产艺术展演

时间:10 月 14—18 日。

地点:法兰克福展览中心广场 500 m² 帐篷内。

形式:现场表演+摊位展览。

内容:在书展广场,通过摊位展览民间艺术品的形式,向世界特别是欧洲国家的人民展览展示中国的非物质文化遗产,并由手工艺术家进行现场制作表演。如:老北京风俗泥塑、贵州

苗族蜡染、杨柳青年画、陕西木板年画、中阳剪纸、唐山皮影,等等。

(二)艺术展览

本次 8 个展览活动,由中图公司统筹,依据展览内容与相应的资源优势,分由不同单位承办,具体展览内容如下:

(1) 中国电影展;

(2) 中国连环画精品及名家手稿展;

(3) 中国当代建筑图片展;

(4) 中国传统木版水印展;

(5) 中国传统宣传画展;

(6) "百年传情"——中国百姓家庭照片展;

(7) 中国风光图片展;

(8) 中国传统剪纸展。

(资料来源:中国经济网)

思考:

1. 试分析 2009 法兰克福书展中国主宾国相关活动策划的特色。

2. 从举办展会相关活动的原则角度,分析 2009 法兰克福书展中国主宾国相关活动策划的实施效果。

案例二 拉斯维加斯的会议旅游

拉斯维加斯的会议旅游业十分兴盛,目前已成为仅次于芝加哥的世界第二大会议旅游城市。

截至 2004 年,拉斯维加斯的会议与展览总面积为 180 万平方英尺(ft^2),居世界第一位。

据拉斯维加斯市会议及展览协会提供的数字,会议旅游者平均每人在该市停留 4.1 个晚上,而普通旅游者平均停留仅为 3.7 个晚上。

此外,会议与展览旅游者平均消费为 1 273 美元,会议参加者花费 961 美元,而普通旅游者花费仅为 630 美元。

会议有大有小。在拉市召开的大型会议比其他所有城市都多。2001 年,全美国 200 个大型会议中 34 个在拉市举行。但是人们注意到,中小型会议同样能带来良好的经济收益。实际上,2001 年在拉市召开的 4 000 个会议中,92%参会者少于 500 人,1/3 以上的会议参会者不足 100 人。

(资料来源:胡平《会展旅游概论》)

思考:

1. 试分析拉斯维加斯的会议旅游业兴盛的原因。

2. 为什么中小型会议同样能带来良好的经济收益?

练习与思考

(一) 名词解释

DMC　商务旅游　会展旅游　会议旅游　展览旅游

(二) 填空

1. 从本质上来说,会展是为_____而进行的传播活动。会展的最大特点在于信息的"_____"。

2. 展台工作包括展会开幕期间的展台接待、_____、_____、_____、市场调研等。

3. 行业会议在策划上有三个方面的中心任务,即_____、_____和会议的_____。

(三) 单项选择

1. 有专家推荐每场演示花大约(　　)分钟的时间为宜,然后不断重复(大约每小时四次)。
　　A. 5　　　　B. 6　　　　C. 7　　　　D. 8

2. 比赛评比的揭晓时间一般安排在展会(　　)。
　　A. 开幕时　　　　　　　　B. 展会中期
　　C. 结束的前一天　　　　　D. 结束时

(四) 多项选择

1. 展会的主要功能有(　　)。
　　A. 贸易　　　B. 展示　　　C. 信息　　　D. 发布

2. 一般说来,策划会展旅游项目及线路主要应考虑(　　)。
　　A. 切合会展主题　　　　　B. 照顾对象兴趣
　　C. 旅行社报价　　　　　　D. 天气情况

(五) 简答

1. 举办会展相关活动有哪些作用?
2. 举办会展相关活动应遵循哪些原则?
3. 产品发布会一般可采取哪些类型?
4. 会展比赛活动策划的要点是什么?

(六) 论述

会议旅游与展览旅游的差异性主要表现在哪些方面?

部分参考答案

(二) 填空

1. 信息交流　集中

2. 展台推销　贸易洽谈　情况记录
3. 会议的主题　会议的议题　筹备方案
（三）单项选择
1. C　2. C
（四）多项选择
1. ABCD　2. AB

第九章 会展策划案

 学习目标

学完本章,你应该能够:
1. 明确会展策划方案的概念及种类;
2. 掌握会议(节事)与展览策划方案的写作结构与要求;
3. 掌握写作会展策划书(案)的实践技能。

 **基本概念**

会展策划案　策划书　筹备方案　预案　计划　文头　会议(节事)策划方案　策划方案本文

会展策划是会展的策略规划,把策划过程用文字完整地记录下来就是会展策划方案。本章着重从写作结构、写作要求等方面,分别介绍展览策划方案与会议(节事)策划方案的撰写。

第一节　会展策划方案的作用和种类

会展策划方案是指企业或有关机构为举办展览或者会议,而进行安排的商务策划方案,包括展览策划方案和会议(节事)策划方案等。

 会展策划文案的作用。

一、会展策划文案的作用

对会展的主办方来说,会展策划方案是会展筹划阶段一项非常重要的工作,它体现了主办方对整个会展活动的整体安排和构想。会展策划文案是会展文案的一部分,它在会展活动实施阶段实际运作中的作用有以下两个。

1. 决策依据作用

会展策划文案是会展决策的备择方案,它是建立在科学预测、理智分析和大胆创意基础上的,并且经过严格咨询、论证程序,是会展策划人员智慧的结晶。作为一种备择方案,会展策划文案对于会展活动的决策机构来说,具有建议和提供决策依据的作用。

2. 指导执行作用

会展策划文案一旦经决策机构确认后,就转化为实施方案,对会展活动的各项筹备工作具有指导作用。各筹备工作部门在工作中应当贯彻、体现策划意图。

一个全面的会展策划方案一般包括从构想、分析、归纳、判断,一直到拟定策略、方案的实施,事后的追踪与评估过程。可以说,会展策划方案就是会展实施战略的总指导书。

二、会展策划文案的种类

1. 按会展策划文案的名称分

会展策划文案的名称包括策划书、筹备方案、预案、计划等,在写作上都各有一些特殊的要求。

(1) 策划书。策划书偏重于文案的创意性。它可以对一次具体的会展活动的筹备工作进行策划,也可以是会展战略的策划。在写作上,策划书要说明策划的背景和依据,对策划对象要作具体分析,有时还要作横向比较,以求全面把握策划对象。

(2) 筹备方案。筹备方案是针对某一次具体的会展活动所制定的筹备工作方案。一些法定性的会议,或气氛较为严肃、程序较为规范的会议,一般采取筹备方案,而不宜用策划书。

(3) 预案。预案即预备性方案。在会展活动中,预案通常有两种情况:一是筹备工作方案,如"会议预案";还有一种是会展活动过程中的应急方案,如"停电事故预案"、"火灾事故预案"等。

实训 9-1:

阅读下列材料,学习应对展会危机的一般方法。

在应对会展经营中的危机方面,通常的做法有:

(1) 成立危机管理小组,查找并发现组展过程中可能出现的疏忽及遗漏,提供相应服务;

(2) 在交通、医疗卫生、安全、饮食等诸多方面,与合作方确立可行性方案,并通过联席会议保持沟通;

(3) 提请交通管理部门成立交通指挥中心,确保临时交通管制造成的道路受阻不会因此影响展商以及观众的出行;

(4) 在安保方面,安排警力执勤和专业保安人员,确保展馆安全万无一失;

(5) 在客户服务方面,与有关各方在现场成立投诉机构,现场受理并解决临时发生的突发性事件,解决展商的困难;

(6) 在宣传方面,加大宣传力度,与媒体保持良好沟通,提醒观众在适当的时间以恰当的方式参观等。

此外,还需要特别注意:物流和人流管理、展会现场管理、展会同期活动及接待、保安措施、知识产权保护及法律服务、投诉及争端处理、保险及责任等问题。

---

(4) 计划。计划是在任务、要求、时间进度等方面较为具体的操作方案,是对策划书、筹备方案、预案的具体展开和细化。

2. 按会展策划文案的内容分

按会展策划文案的覆盖内容,可以将会展策划文案分为整体方案和专项方案。

(1)整体方案。整体方案实际上是会展策划文案的全部,包括整个会展策划过程中所涉及的所有文案部分。

(2)专项方案。专项方案是针对会展活动的某一方面所制定的工作方案,如会展接待方案、会展设计方案等。

实训9-2:

阅读下列材料,学习会议接待方案的基本内容。

1. 接待对象和缘由

会议的接待对象的种类众多,包括上级领导、政府官员、协办支持单位、特邀嘉宾、会议成员(正式和列席)、参展单位、客商、普通观众以及媒体记者等,有以政府代表团名义来访的,也有联合组团参加的,还有的是以个人身份参会。每一种接待方案一定要写清楚具体的对象,同时还要简要说明为何接待,即接待的缘由、目的和意义。

2. 接待方针

接待方针,即会议接待工作的总原则和指导思想。接待方针应当根据会议目标和会议领导机构对接待工作的要求,以及参加对象的具体情况确定。

3. 接待规格

包括迎接、宴请、看望、陪同、送别参加对象时,主办方出面的人员的身份,以及主办方安排的食宿标准等。

4. 接待内容

包括接站、食宿安排、欢迎仪式、宴请、看望、翻译服务、文艺招待、参观游览、联欢娱乐、票务、返离送别等方面。

5. 接待日程

写明各项接待活动的日程安排。

6. 接待责任

写明各项接待工作的责任部门及人员的具体职责。例如,大型会议活动可设置报到组、观光组、票务组等工作小组,分别负责与会者的接站、报到、签到、观光旅游、返离时的票务联系等工作。

7. 接待经费

写明与会者的食宿和交通的费用安排,有时也包含安排参观、游览、观看文艺演出等的支出,涉外会议活动还包括一定数量的礼品费。对外公布的接待方案一般不写这一部分的内容。

第二节 展览策划方案的撰写

一、展览策划方案的写作结构与要求

会展策划方案的各部分结构及写作要求。

1. 标题

展览策划方案的标题通常由两部分组成：策划的对象名称和文种。例如"国际钟表展广告招商方案"，展览对象策划名称是"国际钟表展广告招商"，文种是"方案"，属专项策划方案。

2. 文头

在标题的下方依次排列这些内容：策划方案的名称、策划者的姓名、策划方案完成的日期、策划方案的目标。策划方案的名称和标题相同；策划者的姓名除了策划者的名字外，隶属的单位、职位均应写明；策划方案完成的日期也包括修改的日期；策划方案的目标写得越明确、具体越好。

3. 正文

正文由策划方案的详细叙述说明和策划方案本文两部分组成。

（1）策划方案的详细说明，包括策划的缘起、背景资料、问题和机会、创意的关键等。

（2）策划方案本文，可包括基本事项、会展设计、展览宣传和推广、展览现场管理、展览的后续工作等方面的内容。

二、大型展览策划方案的写作结构

通常来说，一个大规模展览的完整的展览策划方案应该包含以下十二方面的内容。

1. 概要

（1）项目名称。

（2）主办单位、承办单位、支持单位、协办单位、执行承办（可根据项目的需要选择）。

（3）举办时间。

（4）举办地点。

（5）项目举办的周期安排（是每年举办一次、隔年举办还是只举办一次等）。

2. 市场分析

（1）国内外该展览项目所在产业的发展趋势。

（2）本地区该展览项目所在产业的特点和发展趋势。

（3）分析是否有市场空间，以及如何进入或拓展这个市场空间。

（4）设计该项目对城市和区域经济发展的作用和意义。

3. 资源分析

对本地区可支撑该展览项目举办所依托的相关资源，如经济资源、社会资源、区位资源、产业资源、文化资源、管理资源和政策资源、产品资源、设施资源和服务资源等进行系统、深入的分析。包括支撑该项目主要资源的优劣势比较分析和各资源在整个展览项目设计中的作用。

4. 竞争分析

（1）简述国内外该题材的展览项目的举办情况（包括举办时间、举办规模、展品范围、主办单位、已经举办过的展览项目的特色、主要效果和可能对本展览项目产生的影响等）。

（2）重点分析周边地区相关展览项目的举办情况（同上）。

（3）本项目举办面临的优势和劣势。

5. 项目整体设计

（1）项目的主题。

（2）展品范围及展位空间布局。

(3) 主要活动安排。
(4) 拟邀请的重要嘉宾。
(5) 参展商主要范围。
(6) 客商的主要范围。
(7) 观众的主要范围。
(8) 是否举办开幕式和闭幕式。
(9) 需要政府有关部门支持的工作内容。

6. 营销方式和手段
(1) 参展商和客商分析。
(2) 广告宣传方式和内容的设计。
(3) 展位定价方式和价格情况。
(4) 主要的营销理念和营销手段。
(5) 其他营销手段和方式。

7. 主要服务机构的对接
(1) 物流企业的选择和对接方式。
(2) 展台搭建企业的选择与对接方式。
(3) 餐饮企业的选择和对接方式。
(4) 商务服务企业的选择和对接方式。
(5) 旅游服务企业的安排。
(6) 票务服务工作的安排。
(7) 安保与保洁工作的安排。
(8) 其他设计者认为需要的服务的安排。

8. 公共危机预案设计
(1) 展览项目的整体安全管理情况。
(2) 可能出现的公共危机的情况。
(3) 需要设计的公共危机预案。
(4) 公共危机预案的管理方式和程序。

9. 展览工作团队设计
(1) 采用何种方式组建工作团队。
(2) 团队采用何种组织结构。
(3) 具体设立哪些工作部门,部门的负责人需要具备哪些基本素质,每个部门需要设立哪些工作岗位和安排多少工作人员。
(4) 团队采取哪些管理措施和奖惩措施。
(5) 其他需要设计或说明的内容。

10. 财务分析(成本与利润分析)
(1) 主要的支出项目的内容和预算。
(2) 主要收入项目的内容和预测。
(3) 整体经济效益分析。

(4) 特色盈利手段和节约资金的手段。
(5) 需要说明的相关问题。

11. 对经济社会发展的作用分析
(1) 对本地区经济发展的直接作用。
(2) 对展品所在产业的提升或促进作用。
(3) 对城市服务业的拉动作用。
(4) 对城市知名度的提升作用。
(5) 对城市社会发展和文化产业发展带来的作用。

12. 其他方面的内容
包括独特的设计内容,项目的差异化特色等。

如果展览的规模较小,策划方案的撰写也可以相对精简一些,但有些内容是必不可少的。例如,展览会名称或展览项目名称、展览宗旨及主题、展览内容、展览时间及地点、主办方或机构、协办方及新闻媒体支持等。

三、展览策划案例文

例文一:

中国(宁波)医药器械产品及设备博览会策划方案(节选)

第一部分 概要

一、项目名称

中国(宁波)国际医疗器械产品及设备博览会

二、相关单位

主办单位:中国医疗器械行业协会
　　　　　浙江省国际科学技术合作协会
　　　　　宁波市科学技术局

承办单位:……会展公司

执行承办:宁波世纪国际展览有限公司

支持单位:中国医疗商业协会
　　　　　中国医疗工业科研开发促进会
　　　　　中国医疗集团
　　　　　宁波市人民政府
　　　　　宁波市医疗器械行业协会

协办单位:浙江省科技厅
　　　　　浙江省商务厅
　　　　　中国医药报

三、举办时间

2015年5月7日—5月10日(拟)

四、举办地点

宁波国际会展中心

五、项目举办的周期安排

每两年举办一次

第二部分 市场分析（略）

第三部分 资源分析（略）

第四部分 竞争分析（略）

第五部分 项目整体设计

一、项目的主题

健康 生活 未来

二、展品范围及展位空间布局

（一）展品范围

1. 影像设备

CT、MRI、X线机、核磁共振、彩超、数字减影仪、CT/X线管球、洗片机、B超诊断仪、镜类设备、造影剂、正电子断层扫描机、伽玛照相机、图像记录仪及图像处理系统等。

2. 心脑电监护设备

遥测监护系统、HOLTER、除颤监护仪、胎儿监护仪、运动平板心电系统、动态血压、脑电图机、肌电图机、诱发电位仪、血氧饱和度监护仪及辅助诊断设备等。

3. 口腔科设备

牙科诊断设备、牙科手机、牙周检查系统、牙科手术设备、牙科麻醉设备、洁牙用品及正畸/牙周材料等。

4. 生化及实验室设备

自动生化分析仪、血球计数仪、尿分析仪、血液透析仪、流式细胞仪、血气分析仪、电解质分析仪、酶标仪、色谱仪、PCR仪、微生物鉴定分析系统、血库冰箱和培养箱等。

5. 辅助设备

医用救护车辆、各类医用床、担架、康复器械、残疾人专用器械、呼吸麻醉设备、供氧系统和制氧设备等。

6. 其他设备

骨科器械、五官科诊疗设备、神经科设备、手术室设备、计生器械、医院信息管理系统及医院远程医药系统。

（二）展位空间布局（略）

1. 国内医药器械及设备展区

医用电子、影像设备，医用治疗装置及医院设备，医用光学仪器及齿科设备，眼科设备，医用生化分析仪器，检验设备及实验室设备，医药器械设计及制造技术，急救设备，理疗保健康复器械；医药保健器械、康复理疗器械、家庭保健仪器、家庭急救护理设备、健康家庭小家电产品、加湿器、空气清新机、消毒机、制氧机、口腔和牙齿护理用品、健身器材、美容保健仪器。

2. 进口医药器械及设备展区

影像设备：CT、MRI、X线机、核磁共振、彩超、数字减影仪、CT/X线管球、洗片机、B超诊断仪、镜类设备、正电子断层扫描机、伽玛照相机、图像记录仪及图像处理系统等。心脑电监护设备：遥测监护系统、HOLTER、除颤监护仪、胎儿监护仪、运动平板心电系统、动态血压、脑电图机、肌电图机、诱发电位仪、血氧饱和度监护仪及辅助诊断设备等。口腔科设备：牙科诊断设备、牙科手机、牙周检查系统、牙科手术设备、牙科麻醉设备、洁牙用品及正畸/牙周材料等。生化及实验室设备：自动生化分析仪、血球计数仪、尿分析仪、血液透析仪、流式细胞仪、血气分析仪、电解质分析仪、酶标仪、色谱仪、PCR仪、微生物鉴定分析系统、血库冰箱和培养箱等。辅助设备：医用救护车辆、各类医用床、手术台、担架、康复器械、残疾人专用器械、呼吸麻醉设备、供氧系统和制氧设备、急救设备、消毒灭菌设备、卫生材料及一次性用品等。

3. 国内外医药器械成果展区

国内外最新医疗成果展示。

三、主要活动安排

1. 国内外专家、教授最新医学专题研讨

邀请业界权威专家，阐述当前热点论题，并通过省医学会审核上报，对参会代表发放继续教育学分，提高医学人士参会积极性，专题研讨主要分为影像专题、口腔专题、临床检验专题等。

2. 答谢晚宴

为答谢参展企业对首届中国（宁波）国际医药器械及设备博览会的支持，举办答谢晚宴，每个参展企业可获两个免费参加名额，晚宴现场举行抽奖活动，出席答谢晚宴的嘉宾将有机会赢取手提电脑、数码相机、MP3等奖品。

时间：2015年5月7日19:00—21:00。

地点：宁波东港喜来登酒店大堂酒廊。

人数：500人。

晚宴介绍：美酒、豪宅、美景、美乐。

在宜人的氛围中尽情放松，潺潺流水及和煦日光将帮助您的身体、头脑和精神恢复活力。这里供应清淡茶点、鸡尾酒，夜晚还有现场爵士乐演奏。

3. 观展送大奖

为答谢历届专业观众的支持，吸引更多的专业人士到会参观，展会将继续举办观展送大奖活动，为确保抽奖的公正，将邀请展商代表主持抽奖。

观众可凭门票进行登记，然后撕下票根投入抽奖箱，大会将每日抽取固定数额观众领取奖品，礼品由赞助商提供。

4. 媒体专访

邀请省政府、省卫生厅、省医学会、省药学会领导，参展企业代表，三甲医院院长等出席开幕仪式，并邀请宁波电视台等当地报刊对开幕仪式进行报道，并安排媒体对重点客户进行专访。

5. 最新药品、医药器械产品订货会

邀请一些报名参展商介绍自己的新产品、企业文化等，并进行适当的演示，给目标客户一个初步了解。随后的订货会上进行意向观众的统计。

四、博览会项目的创新点

为了体现竞争优势，大会将致力于打造"医疗器械在宁波"的品牌特色，将做到"全、新、优"。

1. 亮点一：最全医疗医药器械产品订货会

全：行业展会中产品种类最齐全的展会。大会将邀请一些报名参展商介绍自己的新产品、企业文化等，并进行适当的演示，同时在现场发放有关企业产品资料，给目标客户一个初步了解。并且在订货会上进行意向观众的统计，信息记录，以便于日后的配货，以及更长远的效果评估。

2. 亮点二：医学影像、口腔专题、医疗设备最新技术研讨会

新：引领医疗技术发展的展会。大会将邀请国内外临床、医疗技术专家在研讨会上进行发言，并就有关热点话题进行现场互动，让专业人士有一个面对面的交流机会。为踊跃参加的专业观众提供了该行业全景的视觉和创新的理念。

3. 亮点三：观展送大奖、订货更优惠

优：打造"质量优、价格更优"的医疗器械设备展会。为了在同行展会中更具有竞争优势，吸引更多的专业人士到会参观，采取优惠政策。与会的观众获得抽奖机会，专业观众获得优惠价格订货机会。为确保抽奖的公正，将邀请展商代表主持抽奖；同时，在订货会上，专业买家将可以拥有低于市场价的优惠服务。

4. 亮点四：足不出户看展览

首次推出网上展会的形式。在网络上虚拟整个展会，与会者可以选择足不出户看展会。门票通过网上银行的方式进行汇款，网上设有专门的客服与客户交流，并可进行在线交易。

5. 亮点五：团购节，优惠更多

中国国际医药器械产品及设备博览会推出"第一届宁波医疗器械产品及设备团购节"。主办方将利用所具有的优势，集中项目、集中置业者，进行团购的组织活动，降低买卖双方的成本。

第一步：将提前一个月通过媒体公开发布消息、以平面广告、网络广告等方式，宣传团购节的活动，公开要约人们参加。

第二步：在4天的展出时间里，大约有2 000家各种不同类型的公司参展。人们在参观完展览后，若对于某个项目感兴趣，可以到4号和1号馆之间的组委会处报名参加团购。现场有30个人，每个人负责2~3个项目，现场登记后，发放个人团购卡，并把优惠条件告诉团购者。组委会可以起到第三方组织的作用。组委会把大家组织起来，帮助开发商节约了销售成本，让利给了消费者。

第三步：组织客户与参展商面对面交流和洽谈，并享受优惠。这种展览加团购的新的展会服务模式增加了对于渠道的服务、对于有效客户进行组织，可以说对于参展商、客户都有服务，是一个新的举措。

中国国际医药器械产品及设备博览会将注重以展商和客商需求做市场创新，采用各种模式和手段来满足双方的需求。这样一个"团购"模式，展商节约了营销过程中的成本，可以不要太多的销售代理了。而客商，则得到了优惠。这是一个展商自愿选择的过程，展商可以参加团购，也可以自我展示，不参加这个活动。

五、拟邀参展嘉宾（略）

六、拟邀参展对象

参展对象主要从事以下行业的企业或个人：医疗仪器设备制造业、医用材料制造业、医疗

用品制造业、诊断用品制造业、医疗器械进口商、代理商、经销商。

七、开、闭幕式安排

根据宁波市会展举办的精神,开幕式已渐渐淡出展会,但作为首届中国(宁波)国际医药器械产品及设备博览会,为了创造一定的影响力和打响知名度,开幕式还是要举办,不过,一切从简。

第六部分　项目营销预案(略)

第七部分　主要服务机构(略)

第八部分　公共危机预案(略)

第九部分　展览工作团队(略)

第十部分　财务分析(略)

第十一部分　博览会对宁波经济社会发展的作用(略)

例文二:

2008年萨拉戈萨世博会中国馆参展方案

一、概述

"2008年西班牙萨拉戈萨世界博览会"简称"2008年萨拉戈萨世博会",于2008年6月14日至9月14日在西班牙的萨拉戈萨市举办,共有105个国家和3个国际组织参展,预计吸引600万～900万人次的观众。

2008年萨拉戈萨世博会的主题是"水与可持续发展"。在国家馆展区中,各参展国可从不同角度出发,诠释其对萨拉戈萨世博会及其主题的理解。

二、中国馆标志

中国馆标志是中国传统的水纹图案与吉祥图案的组合,表示中国人对水的美好感情。

三、中国馆吉祥物

金鱼是中国馆的吉祥物。金鱼最早是由中国人从鲫鱼培育而成。在中国,金鱼是平安、幸福的象征。

四、中国馆方案

在中国960万 km^2 的大地上,河流纵横,湖泊星罗棋布。世界第三大河长江、第五大河黄河,自国土之西发源,浩荡东行6 000余 km,注入太平洋。

像非洲的尼罗河、亚洲的底格里斯河、幼发拉底河以及恒河一样,大江、大河也催生、哺育了中国文明。中国人依水而居、垦田耕种、生息繁衍,逐渐形成了独特的政治体制、经济模式、哲学思想、科技发明、文学艺术、传统习俗、体育竞技、园林建筑。中国的文明史长达5 000年,传承至今。

中国人崇拜水、敬畏水、观察水、思考水、赞美水、亲近水。中国人研究水的特性并利用它来为人类服务,从江河的流动中感悟人生的短暂与永恒。中国人认为水是智慧的象征,可以启示人们做人的道理以及治理国家的方略。

中国馆以"人与水,复归和谐"为主题,面积1 200 m^2,分五个展出部分。中国馆展示水在中国的历史与现状、水与中国人的生活,进而展示中国的文明。

部分一

黄河在中国的北方、长江在中国的南方自西向东奔流到海。大地上还有无数的河流,千姿百态。湖泊好像是大地的眼睛。成长在黄河流域的文明,中国人称作"黄河文明";成长在长江流域的文明,中国人称作"长江文明"。"黄河文明"与"长江文明"是中国文明的重要组成部分。

中国馆在此部分展示黄河文明与长江文明,探讨水与中国文明发生、发展的关系。

中国的河流(地图)。

水钟(时间装置)。

视频播放。

实物陈列。

部分二

在5 000年的中国文明史中,黄河与长江等大江、大河引发的水患曾经带给中国人深重的灾难。长江大洪水平均10年一次;从公元前602年至1938年的2 540年间,黄河的水患年份有543年。

中国的文明史,是一部中国人与水患抗争的历史。中国大地上的一处处水利工程,是中国人意志、智慧与力量的证明。在大自然带来的挑战与人类坚强应战的过程中,中国文明绵延传递。

中国馆在此部分重点展示中国的治水工程,同时介绍古代"海上丝绸之路"。

都江堰(装置及视频)。

都江堰,公元前256年建造完成,迄今仍在使用。

京杭大运河(视频)。

大运河,公元605年开凿,全长1 800 km。

中国水利工程(视频)。

三峡工程(装置)。

南水北调工程(装置)。

开封考古断层(视频)。

古代"海上丝绸之路"(展示橱窗)。

"海上丝绸之路"是中国古代与东南亚、南亚、非洲,乃至地中海国家贸易和文化交通的海上通道。它的起点在中国东南部和南部沿海。如同"陆路丝绸之路"一样,这条海上丝绸之路最早形成于2 000年前的秦汉时期,发展于三国隋朝时期(公元220年至618年),繁荣于唐宋元明清(公元618年至1911年)时期,是当今世界已知的最为古老的海上航线。

公元1405—1433年,中国的郑和率领两万七八千人、两百余艘船七次下西洋,历时28年,航程万余里。在中东方向,郑和船队最远航行到沙特阿拉伯的麦加城;在非洲方向,郑和船队最远航行到莫桑比克的贝拉港;历经亚、非三十多个国家和地区。

部分三

影视厅。

放映影片《水德》。

部分四

生命起源于水。在现代社会,人类对物质生活的强烈追求,导致对环境保护的漠视,对水缺乏尊重。

中国传统的哲学思维,讲究人与自然的和谐,以平等之心观天地万物。这种思维对现代处理人与水的关系,不无启发。

中国馆在此部分演示生命与水的关系,提倡人与水复归和谐。

互动装置。

立体影像系统。

部分五

2010年上海世博会宣传区。

2010年的世博会将在中国的上海市举办,时间为2010年5月1日至10月31日,主题为"城市,让生活更美好"。

五、中国馆重要活动

1. 中国馆馆日

7月1日为中国馆馆日。中国馆馆日将举行升旗仪式、签字仪式、馆日开幕式、欢迎宴会、参观展馆等官方活动。此外,中国四川省的成都市在中国馆馆日开幕仪式和招待晚宴上组织文艺表演,西班牙中西合作发展基金会组织馆日当晚的舞龙表演。

2. "成都周"

7月1日至7月7日为中国馆"成都周",介绍其秀丽的自然风光、历史久远的建筑、独具魅力的民俗风情。

成都市位于中国的西南部,是一个有着2 300年历史的文化名城,常住人口近1 300万。目前,成都市是中国西南地区的科技、商贸、金融中心和交通及通信枢纽。

始建于公元前250年左右、历时2 000多年一直效益不衰的都江堰水利工程,位于成都平原西部的岷江上,是中国古代人治水智慧的结晶。

3. "上海周"

9月8日至9月14日为中国馆"上海周",将在世博园内举办"上海周"开周仪式、巡游演出、第六届世博会论坛和"上海周"闭幕式等活动。

上海市位于中国的东部,是中国第一大城市,也是中国经济最发达的城市之一。2010年的世界博览会将在中国的上海市举办。

(资料来源:中国国际贸易促进委员会网站)

第三节 会议(节事)策划方案的撰写

会议(节事)策划是指为大型会议、大型体育赛事、大型文化活动以及节日活动进行的策划,如奥运会(见图9-1)、世界杯足球赛(见图9-2)、APEC会议、青岛啤酒文化节、上海旅游节、厦门风筝节、等等。会议(节事)策划方案,即是为这类活动所撰写的策划文案。

撰写展览策划方案和会议策划书,各自的侧重点是什么?

图 9-1 2012 伦敦奥运会

图 9-2 世界杯足球赛获奖

一、会议(节事)策划方案的写作结构与要求

会议(节事)策划方案的写作结构与展览策划方案的结构大致相同,也由标题、文头与正文三大部分构成。不同的是,会议与节事策划方案中往往包含整体活动的包装,同时兼有大量的

公关活动。因此,在会议(节事)的策划方案中应重点对此进行策划。具体而言,又包括主题策划、会议(节事)的形象策划、媒介策划、宣传推广策划、会议(节事)公关活动策划等。

下面,我们通过实例来了解会议(节事)策划方案的撰写。

二、会议(节事)策划案例文

例文一:

营养产业发展论坛筹备企划书

一、论坛缘起

营养产业正以不容忽视的速度在全世界范围中发展,各国同行间相互的交流磋商日趋迫切。为此,特筹备"营养产业发展论坛"。

二、论坛宗旨

本着平等互利、互惠的原则,总结经验,寻找进一步发展方向,为使营养产业成为 21 世纪的朝阳产业献计献策。

三、邀请演讲者阵容

(名单略)

四、演讲主题

(略)

五、筹备委员会组织名单

(略)

六、各组工作职责

(略)

七、工作进度表

(1) 召开委员会会议,制定论坛目标。

(2) 核对预算。

(3) 确定酒店/会议中心。

(4) 决定论坛议程。

(5) 审阅/取得签署的合同。

(6) 负责制作论坛邀请信。

(7) 获得旅行信息,确定预计票。

(8) 提交资料初稿,请示批准。

(9) 发送邀请函。

(10) 将论坛资料送至设计商。

(11) 送交幻灯片资料,请示批准。

(12) 雇临时工、现场工作人员。

(13) 订购礼物和装饰品。

(14) 确认礼物和装饰品。

(15) 确认视听设备。

(16) 为演讲人/贵宾安排旅行。

(17) 确认全部与会人员。
(18) 订餐。
(19) 印制广告。
(20) 将所有资料运至会场。
(21) 将会议和餐饮担保交给酒店。
(22) 对现场工作人员培训。
(23) 核实所有确认记录。
(24) 检查所有活动安排。
(25) 到达会议场所,准备工作。
(26) 与各方人员一起,召开预备会。

例文二:
2007中国曲阜国际孔子文化节筹备工作实施方案

2007中国曲阜国际孔子文化节定于9月20日至28日在我市曲阜举办。为切实办好本届文化节,按照省政府办公厅《2007中国曲阜国际孔子文化节总体方案》要求,特制定如下实施方案。

一、指导思想

以邓小平理论和"三个代表"重要思想为指导,以科学发展观为统领,突出"走近孔子、喜迎奥运、同根一脉、共建和谐"主题,重点举办"世界华人华侨相聚孔子故里"、祭孔大典、国际孔子教育奖颁奖盛典等重大活动,进一步弘扬中华优秀传统文化,扩大对外开放与交流合作,推动和谐社会、和谐世界建设。坚持政府主导、市场运作、社会参与,突出国际性、彰显开放性,切实把孔子文化节办成国际性的文化盛典和经科贸合作盛会。

二、主办、承办单位

主办单位:山东省人民政府、文化部、教育部、国家旅游局、中华全国归国华侨联合会。

承办单位:省政府办公厅、省委宣传部、省委外宣办、省委台办、省发改委、省教育厅、省科技厅、省公安厅、省财政厅、省外经贸厅、省农业厅、省文化厅、省卫生厅、省广播电视局、省旅游局、省外办、省侨办、省安全厅、省侨联和济宁市人民政府、曲阜市人民政府。

三、主要活动安排

(一)文化主题活动

(1)9月27日晚,在曲阜体育场举行2007中国曲阜国际孔子文化节开幕式及大型文艺晚会。由省政府、文化部、教育部、国家旅游局、中华全国归国华侨联合会主办,省文化厅、省旅游局、省侨联和济宁市政府承办,市文化局、市旅游局、市侨联和曲阜市政府具体承办。

(2)9月28日上午,在曲阜孔庙举行祭孔大典。由省政府、文化部、教育部、国家旅游局、中华全国归国华侨联合会主办,中国孔子基金会、省文化厅、省教育厅、省旅游局、省广播电视局、省侨联和济宁市政府承办,市文化局、市教育局、市旅游局、市广播电视局、市侨联和曲阜市政府具体承办。

(3)9月23日,在孔子研究院举办第二届"联合国教科文组织孔子教育奖"颁奖盛典(联合国教科文组织拟在颁奖活动期间举行亚太地区全民教育工作会议)。由联合国教科文组织、教育部和省政府主办,中国联合国教科文组织全国委员会、中国孔子基金会、省教育厅、省旅游局、省广播电视局、省外办和济宁市政府承办,市教育局、市旅游局、市广播电视局、市外办、孔子研究院和曲阜市政府具体承办。

(4) 9月27日至28日,举办世界儒学大会发起暨国际会议。由文化部、教育部、省政府主办,中国艺术研究院、省文化厅和济宁市政府承办,市文化局、孔子研究院和曲阜市政府具体承办。

(二) 经科贸活动

(1) 9月28日,在曲阜科技城举行第八届中国专利高新技术产品博览会暨中国工程院院士与济宁市政府第六次合作会议。由国家知识产权局、中国工程院和省政府主办,中国专利信息中心、省科技厅、省知识产权局、济宁市政府承办,市科技局、市知识产权局、市经贸委、市外经贸局、市招商局、市建委和各县市区政府、济宁高新区管委会具体承办。

(2) 9月21日至28日,在曲阜举办"第二届两岸孔子文化交流周暨台商孔子故里行"活动(重点活动:鲁台经贸洽谈会客人于21日至23日在曲阜组织祭拜孔子和经贸洽谈等活动)。由济宁市政府和省台办主办,市台办和曲阜市政府具体承办。

(3) 9月21日至23日,在济宁市农高园举办2007中国(济宁)现代农业国际博览会。由农业部绿色食品发展中心、省农业厅、省科技厅和济宁市政府主办,兖州市政府承办,市委农工办、市农业局、市林业局、市畜牧局、市渔业局、市农机局协办。

(4) 9月25日至28日,在曲阜等地举办"迎北京奥运、游孔孟之乡"国际旅游推介会。由省旅游局、济宁市政府主办,市旅游局、市体育局、曲阜市政府、邹城市政府、微山县政府、嘉祥县政府、汶上县政府、梁山县政府等联合承办。

(5) 9月21日至29日,举办国际孔子文化节经科贸合作项目洽谈系列活动。期间,举行济台经贸合作项目洽谈会、华人华侨经贸合作项目洽谈会、中法科技项目洽谈会、国际孔子文化节经贸合作项目集中签字仪式等活动及专业招商活动。由济宁市政府和省台办、省侨联主办,市外经贸局、市招商局、市台办、市经贸委、市外办、市侨联、市贸促会、济宁市儒家文化与企业发展协会等单位承办。

四、筹备工作分工

(一) 认真做好客人邀请工作

制定邀请客人工作方案,提前做好客人邀请工作。今年文化节主题活动拟邀请的重点客人是:① 国家领导人及国家有关部委领导;② 联合国及教科文组织官员;③ 香港、澳门特区政府高层官员和台湾中国国民党高层祭孔文化参访团;④ 外国政要和驻华使节;⑤ 世界华人华侨代表、著名侨领,世界儒学机构代表、世界孔子学院院长代表,海外孔孟颜曾后裔代表;⑥ 海内外重要文化、经贸、旅游团体,文化界、教育界、科技界、体育界、旅游界、企业界著名专家、学者和重要人士等。

重点客人的邀请工作:由市委办公室、市人大常委会办公室、市政府办公室、市政协办公室、市委宣传部、市委统战部、市台办、市发改委、市教育局、市科技局、市外经贸局、市农业局、市文化局、市旅游局、市招商局、市外办、市体育局、市侨联等单位负责。

(二) 积极做好宣传推介工作

制定宣传推介工作方案,利用境内外各类重要媒体,加强对济宁资源优势和国际孔子文化节的宣传推介工作,扩大其在海内外的影响,进一步打响孔子国际品牌。

宣传推介工作的主要内容:一是举办新闻发布会。8月中旬和9月初,分别在北京、济南举办2007国际孔子文化节新闻发布会,对文化节主要活动项目进行宣传推介。二是境内外媒体提前推介。利用境内外重点媒体和重点门户网站进行宣传推介,广泛发布孔子文化节信息。从8月下旬开始,在省和济宁新闻媒体开辟国际孔子文化节专栏,启动倒计时,对文化节进行广泛宣传;组织发表一批有深度、有影响的重头文章,对国际孔子文化节进行深层次宣传报道;从8月中旬开始,在中央电视台、山东电视台、凤凰卫视等电视媒体进行集中广告宣传,同时,在机场、车站、码头及城市主要街道进行立体式广告宣传,营造浓厚的舆论氛围。三是搞好文化节期间的宣传报道。认真做好新闻记者邀请和集中采访报道工作,邀请中央电视台、山东电视台、凤凰卫视及重点网络媒体做好祭孔大典的直播工作,请中央电视台做好文化节开幕式大型文艺晚会和"孔子教育奖"颁奖盛典的录像和播出工作,请省电视台及重点网络媒体做好孔子文化节开幕式及大型文艺晚会、"孔子教育奖"颁奖盛典的直播工作。

以上工作由市委宣传部、济宁日报社、市广播电视局、市旅游局、市建委、市综合行政执法局、济宁高新区管委会、曲阜市政府等单位负责。

(三)扎实做好招商引资工作

各级、各部门、各单位要充分利用孔子文化节在海内外的广泛影响,加大招商引资工作力度,积极开展多渠道、多形式的经贸洽谈和招商引资活动,借助节会招商平台,再掀扩大开放招商引资热潮。各级、各部门、各企业要认真做好邀请客商、招展布展、对接洽谈等工作,加大对世界500强企业邀请工作力度,注重邀请有投资意向的重要客商,力求使经科贸活动办出特色。各县市区和市直各部门、各单位要抓紧成立专门工作班子或招商团组,明确一名领导具体负责,制定招商引资工作实施方案。借助各类新闻媒体,加大节会招商宣传推介力度,采取多种形式,全面宣传济宁的资源优势,努力打造我市招商引资工作的强大声势。各县市区和市直各部门、各单位要把年度招商与节会招商紧密结合,以举办"世界华人华侨相聚孔子故里"和"台商孔子故里行"活动为契机,广泛联系海外华商和台商,扩大招商引资渠道,力求在对台招商,对日韩、欧美招商和华侨招商等方面取得重大突破和实际成果。要以文化节经贸项目签约为目标,认真做好会前招商和项目洽谈工作。坚持以企业为招商主体,切实摸清企业底子,研究企业需求,进一步发动各方面提报筛选新的招商项目,搞好项目整体包装,选准招商目标,有的放矢地做好前期项目洽谈工作。积极走出去、请进来,采取网上招商、专业招商、委托招商等多种形式,广泛开展对外联络和项目论证工作,提高项目洽谈成功率,促成一批"大高外"项目在文化节期间签约。加强组织协调和督促检查,从8月中旬开始,市外经贸局、市招商局、市台办、市侨联、市科技局、市知识产权局、市农业局等单位要抽调专人,对全市邀请客商、项目洽谈、布展参展、落实签约项目等情况进行定期调度和通报,积极推进招商活动的开展。同时,对招商引资工作进行严格考核,考核结果纳入年度综合考核体系。

以上工作由市外经贸局、市招商局、市台办、市侨联、市工商联、市科技局、市知识产权局、市农业局、市贸促会和各县市区政府、济宁高新区管委会等单位负责。

(四)周密细致地做好接待和安全保卫工作

统筹安排、周密细致地做好接待工作。对重要客人要明确分工,组成专门接待班子,严格实行接待工作责任制。对承接文化节活动的宾馆要及早拉出单子,统一调度,加强软硬件建设,完善服务功能,搞好业务培训,切实提高接待和服务水平。卫生部门要加强食品卫生监督与管理,对接待宾馆加强检查,确保食品卫生安全。各县市区、各单位要深入开展精神文明教育,大力开展"办好文化节、当好东道主"和"讲文明、树新风、迎节庆"活动,曲阜市和承接接待工作的县市区都要制定文明服务方案,对各行业、各旅游景点和服务窗口等加强教育培训,规范服务行为,讲究文明礼仪,充分展示孔孟之乡、礼仪之邦的良好形象。文化节期间,组织一批懂英、韩、日等外语的青年志愿者参加服务活动,为重要来宾搞好服务。加强交通管理,确保道路畅通。提前与铁路、公路、航空等运输单位联系,根据客源情况,做好增开列车、汽车和包机等工作。

认真制定国际孔子文化节安全保卫工作方案,切实做好各项活动的安全保卫工作,对活动场所和驻地宾馆要提前搞好安全设施检查,发现隐患限期改正;加大治安防范和打击力度,制订突发事件处理预案,坚决杜绝各类事故的发生,为孔子文化节的顺利进行创造良好的社会治安环境。

以上工作由市接待处、市公安局、市安全局、市文明办、市教育局、市交通局、市公路局、市卫生局、市外办、团市委和各承办单位负责。

(五)加强城市基础设施建设和环境整治工作

各级各单位要把活动场所建设、设施改造和环境整治工作列入重要议事日程,下大气力搞好城市基础设施建设和环境整治。曲阜市和孔子研究院要重点抓好开幕式主会场、祭孔大典现场、科技博览会开幕式现场和孔子研究院二期工程国际会议厅等重大活动场所的改造和建设工作,切实完善配套设施,高质量、高水平、高效率地完成工程任务,确保如期投入使用。加大环境整治工作力度,重点加强城市道路整修、绿化美化、污水处理、空气污染治理、旅游景点治理和城乡接合部的环境整治,切实解决脏、乱、差问题,以节庆活动促进城乡环境改善和管理水平的提高。

以上工作由市建委、市综合行政执法局、市交通局、市公路局、市环保局和市中区、任城区、曲阜市、邹城市、兖州市、泗水县、微山县、嘉祥县、梁山县政府和济宁高新区等单位负责。

(六)积极推进市场化运作

要把孔子文化节作为文化产业和节会经济来培育,积极探索市场化运作的新路子。加强与国内外大企业和新闻媒体的广泛联络,充分利用各种招商平台,搞好文化节活动的包装推介与招商,力求通过市场运作的办法解决部分活动经费,减轻财政负担。进一步健全市场运作机制,加大对活动项目宣传推介的力度,积极支持和鼓励企业承揽各项活动,让更多的企业成为办节主体。坚持勤俭办节,扩大群众参与,促进人流、物流、信息流的形成,使孔子文化节成为发展繁荣文化产业的重要载体,成为我市新的经济增长点,成为广大群众的文化节日。

以上工作由市节会办、市文化局、市旅游局和各承办单位负责。

五、加强组织领导

为加强对孔子文化节的组织领导,认真做好各项具体筹备工作,成立2007中国曲阜国际孔子文化节组织委员会济宁市执行委员会(简称执委会),负责对各项筹备工作的整体协调和组织实施。执委会下设若干领导小组和秘书处,具体组织做好孔子文化节专项活动的筹备工作。各筹备工作领导小组要按照总体方案的要求,于8月15日前制定出各专项活动的具体实施方案和细则。曲阜市要成立相应的工作机构,重点做好活动设施保障、环境治理等工作,配合做好各项活动的筹备和具体实施。严格实行工作责任制,精心组织、周密安排、精益求精,确保高水平、高质量、高效率地完成工作任务。加强情况调度,对工作进度定期通报,对各部门、各单位完成任务情况实行严格考核,考核结果纳入县市区综合考核和市直机关年度考核体系。各级、各部门、各单位都要从大局出发,自觉服从执委会的统一领导,密切配合、加强协作、主动沟通、扎实工作,确保本届国际孔子文化节取得圆满成功。

(资料来源:孔子文化节办公室)

小结和学习重点

(1) 会展策划方案的概念、作用、种类。
(2) 展览策划方案的写作结构与要求。
(3) 会议(节事)策划方案的写作结构与要求。
(4) 展览策划方案与会议(节事)策划方案的主要区别和各自的侧重点。

本章着重从写作结构、写作要求等方面分别介绍展览策划方案与会议(节事)策划方案的撰写,并提供一些例文以供参考与借鉴。

前沿问题

严格来说,会展策划方案的撰写应贯穿于整个会展运作的全过程,应总体统帅包括会展调研、会展媒体、会展预算、会展效果测评等环节,形成一个系统的策划。关于这个问题,目前学术界尚有争议。

西博会万事利服饰丝巾展策划方案

一、背景

万事利作为丝绸行业的知名品牌,拥有中国驰名商标的称号,但其知名度仅限于服装行业厂商。如欲进入服饰行业,挺进消费品市场,万事利品牌虽可作为基本依托,但并不足以影响消费者的购买决策。因此,启动万事利服饰事业的首要之务及长期之举,都必然是经过精心策划与不懈培育,将万事利在丝绸行业的影响力逐渐扩散到服饰市场,从而形成万事利驰骋服饰市场的品牌影响力。杭州西博会的影响力与日俱增,可借势推出万事利服饰品牌形象,从而迈出进入消费品市场的实质性步伐,因而本次参展起点务必要高,以形象展示为主,将丝绸、丝巾文化融入万事利的形象表达,从而建立万事利服饰的精品形象。

二、参展总概念

万事利即将占据的是服饰市场的制高点,从而实现万事利原有品牌价值与其高档服饰形象的相互辉映。本次参展是万事利服饰形象传播的重要机会，因此必须首先详细规划参展的总概念，以确保本次活动策划方向。我们认为，根据万事利服饰发展的战略方向，万事利服饰形象的总概念可界定为：万事利服饰是融合了时尚的激情元素、经典的高贵情愫和朴素的人文关怀这三大要义的高档品牌，它着力体现的是人本身流淌着的尊贵血液，激情但不张扬、高贵却不傲慢、贴身绝不伤害。因此，本次参展应以文化气氛的营造为主线，将时尚与绿色融入参展的表达要素中去，从而造就万事利品牌的精品、高档服饰形象，取得预期的效果。

三、万事利品牌参展主张

万事利丝巾——女人灵动的情绪，永不凋零的时尚！

我们认为，要表现万事利服饰内涵的三大要义，使消费者、商家感受到万事利服饰的高档形象，就必须将感情表达作为基调，致力于某种浪漫、柔情的情绪，雅致、经典的氛围的渲染，从而避免过于直接和生硬的陈述，有力提升传播的效果。同时，提出万事利服饰鲜明的品牌主张，站在消费者的立场上来传达万事利服饰的文化精神，这是本次展览的眼睛。为此，参照我们对万事利服饰精神的理解以及对服饰文化的感受，我们将万事利服饰的参展主张提炼为：女人灵动的情绪，永不凋零的时尚！并对这一品牌主张进行了初步的展开（可再进行提炼、修饰）：

女人灵动的情绪，永不凋零的时尚！

飘逸于女人肩上的万事利丝巾，宛如女人灵动的情绪，总在不经意间，轻轻流露。一条万事利丝巾，就是一种情绪，每一次佩戴，感受都奇妙不同，它已经成为一个不离不弃的朋友，一段栩栩如生的记忆。

女人对丝巾的情结，是一生一世的。几乎从小女孩开始，柔软的丝巾就凝结了女人"情调"、"韵致"、"温婉"这些令人心仪的情愫。一直到她走入迟暮之年，作为绝妙的饰物，丝巾依然会让她看起来高贵、优雅。所以，每次邂逅丝巾，都会让女人由衷欢喜。

万事利，飘逸着，女人灵动的情绪，永不凋零的时尚！

四、参展传播要素

万事利参展要达到传播形象的目的，给消费者、商家留下一个时尚、经典、绿色的高档服饰品牌形象，就必须围绕万事利服饰的品牌总概念，将"时尚的激情元素、经典的高贵情愫和朴素的人文关怀"这些品牌要义落实到展览的基本元素中，经过精心策划，通过文字的、视觉的以及活动的传达方式，将静态展示与动态传播结合起来，精心打造万事利服饰的高档品牌形象，这需要进行大量的创造性思考，在此我们先整理一下我们的思路，以此作为参展策划的基本方向。

（一）展区视觉表现

展区视觉形象是参观人群注目的焦点，它决定了万事利服饰形象的传播是否到位，消费者也主要通过它来感受、认识万事利服饰的品位。展区的视觉形象要体现出其完整性，因此必须由一个主题来带动整个形象。我们确定的主题为：女人灵动的情绪，永不凋零的时尚！在此主题的引领下，着力体现丝巾文化的魅力。画面与文字将融入时尚的激情元素、经典的高贵情愫和朴素的人文关怀这三大要义，同时我们主张将丝巾镶嵌或悬挂于背景画面中，追求万事利服饰产品与展区视觉表现的和谐,如透过伊丽莎白二世的着装风格来点染这些要义。

(二) 展区背景音乐创想

万事利服饰走的是高档品牌路线,正如我们一直强调的,务必注重将精致文化渗透于万事利的品牌传播当中。而音乐与美术一样能够抚慰人的心灵,精品服饰必然与经典音乐联系在一起,共同来演绎精致服装文化。服饰展提供的是全方位的品牌展示空间,因此我们的策划元素里古典音乐的参与也是极为重要的一个方面,古典音乐对气氛的渲染作用极大,透过经典背景音乐的精心挑选,可以提高消费者对万事利服饰品牌的曼妙知觉,从而提升万事利服饰的档次与品位。中国传统的古典音乐,如清澈至极的《高山流水》、闲逸飘然的《渔舟唱晚》都可考虑;而西乐经典中,如柴可夫斯基《如歌的行板》、约翰·施特劳斯《维也纳森林的故事》、德彪西《牧神午后前奏曲》、等等均可作为备选曲目。具体曲目经认真研究后再行确定。

(三) 产品手册传达构思方向

高档产品的产品宣传应抛弃就产品而宣传的模式,直接表达产品形体之美并非一个好主意。丝巾、领带之类的服饰属于文化意味极为浓厚的非功能性产品,因此手册万万不可仅限于强调产品的特性而忽视丝巾文化的渲染。每一款丝巾均由丝质、图案设计构成,要以文化打动人,就必须针对每一款丝巾进行详细分析研究,寻找它们与生俱来的内在特性,以确定本款丝巾的主题含义,据此作为产品手册主要内容。

(四) 展期活动

除了静态展示的卓越表现形成万事利服饰品牌的精品形象之外,展览期间还需要配合必要的动态活动来推动品牌的传播。

1. 汇聚人气必备

有针对性地向目标消费者赠送一些小工艺品,并设计问卷请其填写,从而获取消费者的看法,为万事利服饰营销搜集必要资料。

2. 丝巾、领带系法演示

因丝巾本身的文化意味,不同的系法传达的意义不同,因此通过对展区人员的培训,再由他们向现场参观者教授丝巾的系法并解释其含义,从而增加展览的生动性,活跃展区的现场气氛。

3. 模特展示

如果可能,使用真人模特系上万事利丝巾直接展示,人数无需太多,一两个即可。

4. 活跃气氛之表演活动

建议请专业舞蹈演员表演盛唐时期表现丝绸之路的古典舞蹈,如《霓裳羽衣舞》等以配合丝巾文化的渲染,进一步强化万事利服饰所倡导的精品服饰文化,使本次展示的品牌形象生动、丰满起来。

(五) 形象传播策划

参展并非万事利服饰的目的,品牌形象重整、建立品牌形象的认知才是其所追求的效果。因此,除了考虑本次参展现场的展示效果外,应充分利用西博会的旺盛人气以及会展期间媒体高度关注的特点,将万事利服饰形象在更大范围内传播开来。首先我们必须详细策划整个展览过程,使万事利服饰富于创意,成为一个新闻点;同时拟定一个以上的新闻选题,按新闻刊发的格式进行文字处理,约请媒体记者予以报道,从而最大限度地提高展览的效果。

以上是我们按照品牌建设的规律，立足于万事利西博会参展策划，并跳出参展本身进行整合思考的结果，我们始终相信，唯有跳出展览看展览才能树立起万事利服饰品牌的精品、高档形象。

（资料来源：中国服装网）

思考：
1. 具体分析万事利服饰丝巾展策划方案的写作结构。
2. 在这份策划方案中，其参展传播要素制定的依据是什么？

练习与思考

（一）名词解释

会展策划方案　文头　会议（节事）策划方案　策划方案本文

（二）填空

1. 展览策划方案文头包括_____、_____、_____、_____。
2. 策划方案的详细说明包括_____、_____、_____、_____等。
3. 策划方案本文大约可包括：_____、_____、_____、_____、_____等。
4. 一般来说，大规模展览的完整的展览策划方案应该包含概要、_____、_____、_____、_____、_____、_____、_____、_____以及对经济社会发展的作用分析等内容。

（三）单项选择

1. 一些法定性的会议，或气氛较为严肃、程序较为规范的会议，一般采取（　　）。
   A. 策划书　　　B. 筹备方案　　　C. 预案　　　D. 计划
2. 会展策划方案对于会展活动的决策机构来说，具有（　　）和提供决策依据作用。
   A. 决定　　　B. 原则　　　C. 预测　　　D. 建议

（四）多项选择

1. 会议（节事）策划包括（　　）的策划。
   A. 大型会议　　　B. 大型体育赛事　　　C. 大型文化活动　　　D. 节日活动
2. 会展策划书中，项目整体设计包括（　　）。
   A. 项目的主题　　　　　　　　B. 展品范围及展位空间布局
   C. 主要活动安排　　　　　　　D. 参展商主要范围
   E. 客商的主要范围
3. 展览策划方案的标题包括（　　）。
   A. 策划的对象名称　　　　　　B. 文种
   C. 策划方案的名称　　　　　　D. 策划者的姓名
4. 在会展策划方案中，主要服务机构的对接有（　　）。
   A. 营销方式和手段　　　　　　B. 物流企业的选择与对接

C. 展台搭建企业的选择与对接　　D. 餐饮企业的选择与对接
　　E. 安保与保洁工作的安排
5. 小规模展览策划方案中,不可缺少的内容是(　　)。
　　A. 展览会名称或展览项目名称　　B. 展览宗旨及主题
　　C. 展览内容　　D. 主办方或机构
　　E. 协办方及新闻媒体支持　　F. 相关贸易活动
6. 会议(节事)的策划方案中,应重点策划(　　)。
　　A. 主题策划　　B. 会议(节事)的形象策划
　　C. 媒介策划　　D. 宣传推广策划
　　E. 会议(节事)公关活动策划

(五) 简答
1. 请简述展览策划方案的写作结构。
2. 请简述会议(节事)策划方案的写作结构与要求。
3. 一个大规模展览的完整的展览策划方案应该包含哪些内容？

(六) 论述
展览策划方案与会议(节事)策划方案的主要区别和各自的侧重点有哪些？请结合具体的案例论述。

部分参考答案

(二) 填空
1. 策划方案的名称　策划者的姓名　策划方案完成的日期　策划方案的目标
2. 策划的缘起　背景资料　问题和机会　创意的关键
3. 基本事项　会展设计　展览宣传和推广　展览现场管理　展览的后续工作
4. 市场分析　资源分析　竞争分析　项目整体设计　营销方式和手段　主要服务机构的对接　公共危机预案设计　展览工作团队设计　财务分析

(三) 单项选择
1. B　2. D

(四) 多项选择
1. ABCD　2. ABCDE　3. AB　4. BCDE　5. ABCDE　6. ABCDE

第十章 会展预算与效果评估

 **学习目标**

学完本章,你应该能够:
1. 掌握会展预算的制定过程和具体内容,能根据实际情况拟订合理的会展预算方案;
2. 在会展评估阶段,能根据合理的评估标准对会展进行科学的评估,确保会展的质量和效率。

 基本概念

会展预算　会展评估

会展是经济、技术、文化的交流活动,对社会有方方面面的影响。但归根到底,会展是一种营销活动,无论是会展主办方还是参展商,其举办会展或参加会展的根本目的是获取收益。这些收益包括社会效益和经济效益,其中,经济效益是一个重要的组成部分,而且比较容易量化。因此,经济效益能否实现,是衡量会展成功与否的重要标志之一。

会展评估可以说是对会展环境、参展工作、参展效果的系统评价和总结,能为以后举行更高效率和效益的会展提供经验和建议。

第一节　会展预算

从会计学的角度来看,会展收入是指在会展实施过程中所形成的经济利益的总流入,支出(费用)则是指在会展实施过程中经济利益的流出,而利润亦即通常所说的经济效益则是收入与支出之间的差额。要实现办展或参展的经济效益,必须从会展筹划开始,制定一个合理的会展预算,并在会展进行过程中,严格按照预算进行操作,只有这样,才能保证参与会展的各方获得预期的经济效益。

一、制定会展预算的过程

会展预算是会展前期管理的一部分,必须结合办展(参展)具体目标,有计划、有步骤地进行。经验表明,在参展前、展会中、展会后,分别投入65%、25%、10%的精力,将获得最好的会展效果。

首先，明确办展（参展）的具体目标。例如，实现成交额5亿美元，参观人数达到1万人，树立参展企业的形象，等等。在明确具体目标的基础上，才能着手制定会展预算，只有能实现会展目标的预算，才是合理的、成功的预算。

第二步，收集信息。有三类信息需要收集：过去的预算数据、会展所需商品的最新价格信息、通货膨胀的相关信息。其中，要注意通货膨胀的信息，因为预算制定离会展正式举办有一定的时间间隔，对可能的物价上涨做未雨绸缪的准备，可以保证会展经费充足。

第三步，拟订预算。在以上三类信息的基础上，对需要支出的各种费用和可能取得的各项收入进行详细的列表分析，根据总预算作必要的调整，可以制定出相对精确的预算，以指导会展工作。

会展支出预算表

典型的会展支出预算表，见表10-1。

表10-1　会展支出预算

支出项目 \ 季度	一	二	三	四	全年
营销费用					
会议展览场地租赁费					
会展项目管理费					
提供各项服务费					
其他费用					
费用总计					

第四步，公布预算，征求意见。预算草案成形后，要征求各方的意见。有几个原则要注意：一是选定一个人负责全部直接开支，明确费用标准和使用的权限及范围，交代清楚展出目标和预算额，向全体筹备人员说明；二是不轻易改变授权，也不轻易改变被授权人的决定；三是不要保密，要将预算限额告知有关的人员，包括外部的承包商。参考各方的意见，可以使预算更加合理。

第五步，修正预算。由于预算是通过估计制定的，难以保证准确，需要不断地调整。一个耗资不菲的会展项目，其预算至少每两个月要检查一次，发现问题就及时进行调整，使之符合实际情况和需要。必须说明的是，改变预算是很正常的，但任何改变都应有充分的理由。如果理由成立，即使会造成额外的开支，甚至损失，都要坚决改变。最好的方法是仔细调研、认真核算、周密安排。而且要注意的是，改变预算的时间离会展开幕日期越近，可能产生的额外费用就越高。

二、会展预算的具体内容

会展的各项费用,根据是否随具体情况变化,可分为固定费用和可变费用。固定费用不随参展人数变动,即使实际收益少于预期收益时也不变,如印刷和邮寄宣传资料的费用、场馆租用的费用等;可变费用会根据出席人数或其他因素的变动而变化。餐饮费是典型的可变费用,实际支出的餐饮费取决于实际到会的人数。

展览费用按照是否直接计入预算,可以分为直接费用和间接费用。直接费用是指为筹办展览直接开支的费用,各个展览项目之间会有比较大的差异。展览直接费用由展览项目有关人员负责、管理,属于展览项目工作的一部分。展览的间接费用是指为筹办会议花费的人力、时间,以及从其他预算中开支的费用。在有些会展的预算中,间接费用不计入预算。

根据制定预算的主体不同,可分为组织者预算和参展商预算两类。下面将分别对这两类预算的内容进行具体分析。

(一) 组织者预算

由于会展的类型和层次不同,其办展主体参差不齐,预算的内容、范围和支出总额有天壤之别。例如,奥运会、世博会的主办者是一个国家,需要举国参与,投资以亿计;而一个产品推介会的主办者只是单个企业,花费可以不足万元。基于会展的复杂性,只能针对各类会展的共性,即举办不同类型会展所共同关注的项目进行预算分析。

1. 会展费用

会展界一般将展览费用划为四大类,见表 10-2。并且,根据不同特点、标准,提出分配比例和备用比例。

表 10-2 会展费用的分类

类 别	用 途
设计施工费(也称作展台费用)	包括设计、施工、场地租用、展架租用或制作及搭建和拆除、展具制作和租用、电源连接及用电、电器设备租用及安装、展品布置、文图设计制作及安装等。这部分费用可能占总预算的 35%~70%
展品运输费用	包括展品的制作或购买、包装、运输、装卸、仓储、保险等。这部分开支因距离远近、展品多少不同而不同,可能占总预算的 10%~20%
宣传公关费用	包括宣传、新闻、广告、公共关系、联络、编印资料、录像等。这部分开支可能占总预算的 10%~30%,其收缩性较大。有些展出者在宣传、广告、公关、编印资料等方面有专门的预算,展览宣传等工作是整体宣传工作的一部分,在这种情况下这类开支项目可以列为间接开支项目
行政后勤类费用(也称作人员费用)	行政或人员开支是一个比较复杂的类别,展览间接开支大部分发生在此处。如正式筹备人员和展台人员的工资是展出者的经常性开支,虽然不从展览预算中开支,但是,从管理角度看,为了计算展览工作效率和效益,必须计算人员开支。行政后勤的直接开支费用主要有人员的交通、膳食、住宿、长期职工的补贴、人员培训、人员制服、临时雇员的工资等方面的支出。这部分费用可能占总预算的 10%~20%

作为会展的组织者,会展场地租用和与会人员的住宿问题是一项主要的开支,因此在预算时要注意以下问题:会展地点收费如何计算?是否有淡季折扣?工作日和双休日是否有区别?是否需要押金?有哪些附加收费?哪些费用可以延期支付?客房的价格是否稳定?是否有免费使用的房间?会展预订的宾馆对迟到的客人如何安置?会展地点接受哪些货币?是否可以用信用卡消费?会展场地是否可以预订?是否要求保险?

会展费用可以参照展览方案分类逐项安排,预算要列明开支项目、预算额、实际开支额。为了说明特殊情况,可以添加一个备注栏。为了精确控制,有的预算者还列出预算额和实际开支额的差额比例以及占总额的比例,这两种比例对以后做预算有很大的参考价值。

细致周密的预算可以提高工作质量和效益,也可以作为评估的重要标准。成功的会展往往连续举办,因此每次预算都将作为重要的历史资料,成为以后举办会展的参照样本。

2. 会展收益

会展的组织者除了对会展的支出项目进行规划,还应该仔细审视收益项目。当然,有的展会不以赢利为目的,主办者只要把预算额全部合理支出即可。收益项目的考察和管理,能够帮助组织者冲销费用,对整个会展活动进行全面把握。

收益项目的来源比较简单,主要有以下几项。

(1) 拨款。是一种最简单的收益来源。

(2) 参展商注册费。参展商为参加会展所支付的摊位及报名费。这类收费额必须经过细致、精确的计算,保证能够冲抵组织者在展场预订、行政及后勤等项目上的支出。否则,参展摊位越多,组织者亏损额越大。

(3) 门票收入。门票不仅能为组织者带来收入,更是一项衡量会展影响力的重要指标。在确定门票金额时,应主要考虑参观者接受程度。通常,专业性较强的展会观众人数较少,参观者中专业观众(professional visitor,从事专业性展览会上所展示产品的设计、开发、生产、销售、服务的观众,以及用户观众)比例较高,对门票价格不敏感,可以收取较高的门票;非专业性展会观众人数多,有一定的价格敏感性,门票宜定低价;还有一些具有公益性质的会展,甚至完全免费对公众开放。总之,门票价格的确定以达到预期的观众数量为基本原则。

(4) 出售展品、纪念品的收入。对于文化商品交流类的展会,展品、纪念品的销售是组织者的一项重要收入来源。所出售的展品和纪念品要保证质量,其价格要与会展本身的定位协调一致,过高的价格影响销售量,过低的价格则有损会展的品位。

(5) 广告、赞助。这是会展重要的收入来源,如奥运会的主要收入之一就是企业的赞助和广告。会展计划的重要内容之一,就是通过各种渠道使相关行业的企业提前了解会展情况,鼓励其参展,对著名企业要特别关注,以争取它们对会展赞助和在会展中投放广告。

会展不仅能为组织者带来利益,还能为会展举办地的相关产业产生巨大的拉动作用。把会展的相关产业拉动值计入预算,有利于组织者更好地把握会展效益。综合考虑会展效益,可参考后文资料补充:"浙江省参展成本调查"。

(二) 参展商预算

参展商制定会展预算时,一方面需要全面考虑开支项目;另一方面,要对会展费用进行有效控制,在保证参展效果的基础上,使预算费用得到最大限度的使用。因此,在这里分别从参展商基本预算项目、需要特别强化的项目和成本控制项目三个方面,具体分析如何为参展商制定合理的会展预算。

1. 基本预算项目

参展商预算的项目比会展组织者少,大致由九个项目组成:

(1) 照明、电源及其他服务。组织者一般会指定电气承包商安装、出租电气设备。如果企业经常参展,可以考虑自己购买设备,但是增加了运输费、安装费和电费仍需要支付。设备操作示范可能需要用水、燃气、压缩空气等,要事先了解清楚有无供应,并知道价格。

(2) 展架、展具、地毯。如图 10-1、图 10-2 所示,展架、展具可以租用,经常参展的企业也可以自己购买。最好租用地毯,虽然地毯不贵,但自己购买并反复使用的麻烦很多,如图 10-3 所示。一些展览会也不铺地毯,企业如果觉得使用地毯效果好,就买最便宜的地毯,会展结束以后就丢弃。

图 10-1 展架

图 10-2 展具

图 10-3 展会地毯

(3) 电话。租用电话可以方便企业自己联络，提高工作效率，也能作为交际手段让潜在顾客使用，有助于提高参展效果。在移动通讯高度发达的今天，人们更习惯于用手机进行联络，因而，这部分费用更多的是列支在"通讯"项目中。

(4) 文图、道具、办公用品。企业需要为展台专门制作文字、图表，这是必要的开支。企业演示用的道具及办公用具，由于租用价格贵，自备为佳。

(5) 展览资料。会展资料中包括公司介绍、产品介绍、报价单等内容，有的项目可能印在整个会展的会刊上，但详细的产品信息和报价，公司应该专门印制。

(6) 展台清洁。一般清洁费包括在场地租金内，如果不包括，清洁费也不会太高。如果展台面积不大，可以在晚上闭幕以后自己清扫，不要等到来日开展前。无论自己清扫或雇佣别人，不要忘记展品的清洁和保养。

(7) 联络、差旅、工作人员食宿及补贴。在决定参展前应进行实地考察，有利于做好设计、宣传、运输工作。展台人员的食宿要尽早与组织者联系，以争取折扣。因为在会展期间，参展企业和参观者很多，客房、餐费都可能上涨，提前预订可以降低成本，避免出现问题。

(8) 展品运输和保险。参展企业可以自己运输展品，但如果展品多，最好由专业物流公司安排。展品运输的时间要计算好，太早或太迟都会导致额外开支，保证开幕时展品到齐是最基本的要求。展品要注意小心包装、搬运，尤其是反复使用的展具、办公用品更要注意。参展企业都必须办理保险。有的公司只需要办理手续，将保险从正常经营范围扩大到展览项目、参展人员和展品上，不需另外付费。如果保险费需要另付，可以从组织者推荐的保险公司中选择。

(9) 接待客户。通常，展台尤其是大展台要给坐下来洽谈的客户提供饮料，甚至正餐。企业要与组织者事先联系，为展台配备冰箱、茶具、咖啡具等设备，或者提供临时的会客场所。如果公司距离展场近，可以使用自己的设备；否则，可以租用场地设备。

2. 强化项目

在考虑基本项目的基础上，为了保证参展商获得满意的参展效果，还需要强化一些预算项目。

(1) 坚持进行效果评估。会展连年举办，参展商对参展效果的评估也需要每年坚持进行。即使在经济形势严峻的情况下，也不能减免效果评估的费用。参展之后，应该跟踪特定时期销售额的变化，掌握各个展会的投资回报率。中断了跟踪评测，使会展数据失去连续性，将影响数据的可比性，这是得不偿失的。

(2) 举办客户联谊会的费用不能减。很多正规公司在参展期间或前后，都会举行一个面对面的交流会，参加人员包括客户代表、公司管理层和销售市场部门负责人，这种集中约见客户的回报率是相当高的。平时管理层乘坐交通工具拜访分散在各地的客户，通常每天每人只能安排一次会见，但展览会期间，可以集中安排管理者分别与多位客户见面。客户联谊会的费用，与其巨大的回报相比，性价比绝佳。

(3) 现场演示的费用要保证。参展商向参观者展示产品的方式有很多，如印刷品、影音资料等，但是能带给参观者"身临其境"感觉的是现场产品演示，如图10-4所示。对于潜在顾客而言，当场试用更能刺激其购买欲望。参展商每次在现场演示上的投入在 1 200～2 000 美元，但调查数据显示，这些钱花得"物有所值"。

图 10-4 新产品演示

(4) 必要的公关费用要保留。参展商在展会期间的传统性的招待会或赞助活动要保留，这一方面是加强与客户交流的重要手段，另一方面也能为企业带来持久不变的良好信誉，树立企业一贯坚持的形象。

3. 成本控制项目

参展商不仅需要全面考虑各项支出，还应该学会控制预算。下面介绍一些控制预算、降低成本的方法。

(1) 尽早行动。尽早预订公司的展台，尽早设计、运输和搭建展台，尽早预订客房和餐饮，即尽早行动可以帮助节省费用。

(2) 合并运输。如果公司有多个部门有外地展览事宜，可以将所有部门的会展设备清单合并在一起，这样公司可以对所有的物品进行协调、统一运输。

(3) 协商获得更好的价格。首先要了解展馆价格的详细信息，然后可以向组织者直接提出价格协商要求。更好的价格永远都需要进一步商谈。

(4) 减少或停止派发宣传资料。如果公司的产品变动频繁，更新宣传资料的费用将是一笔巨大的开支。可以用商业明信片代替宣传册，在明信片上印刷公司的网址及电话号码，这不仅节省了印刷成本，还减少了印刷品运输的费用。在互联网运用日益普及的今天，这种做法将得到更多公司的认可。

(5) 取消赠送样品。在会展上追逐免费样品的人，可能并不是公司的目标客户。大多数美国的中小参展商用于免费样品的投入，通常占到整个参展成本的 8%～12%。

(6) 节约展位装饰投入。有的公司喜欢租用一些花草树木来装饰展位，按照一般情况估算,需要此项服务的参展商,每次需支付 250~1 800 美元。实际上,大的参展商每年在这项服务上节省 500 美元,并不会影响展台的品位。

(7) 控制电话数量。移动通信设备的普及,使参展商在展位上与外界沟通不再依赖固定电话,可以节省安装电话的费用。同时,不必要的长途通话费也得到了控制。

(8) 减少触摸屏等检索设备的使用。触摸屏可以方便参观者查找信息,这种设备的平均价格在 250 美元/台左右。如果公司已有的印刷品和多媒体宣传手段,能使参观者在短时间内获取足够的信息,不至于使他们长时间等待,那就没必要安装太多的信息检索设备。

浙江省参展成本调查

以杭州为例,目前杭州展览公司一个国际标准摊位对外报价:内宾 5 000 元,外宾平均 2 000 美元左右。其所带来的外地客商约 10 人(展商 2 人,参观商 8 人),平均每人在杭停留时间内宾为 2 天,展商 6 天。

据此,内宾参展的一个标准展位消费金额为 16 320 元,外宾参展的一个标准展位消费为 69 720 元;一个摊位的相关消费为 2 550 元。具体项目见表 10-3。

表 10-3　浙江省杭州市会展消费

内宾消费	一个摊位消费金额为 16 320 元,其中: 住店:250 元/人·天×(8×2)=4 000 元。 餐饮(包括客户宴请):100 元/人·天×(8×2)=1 600 元。 交通:(市内交通 50 元/人·天×16)+(返程交通 800×8 人)=7 200。 购物礼品:100 元/人·天×(8×2)=1 600 元。 游览:30 元/人·天×(8×2)=480 元。 文化娱乐:60 元/人·天×(8×2)=960 元。 医疗保健:15 元/人·天×(8×2)=240 元。 其他服务(洗衣、理发、美容、照相、修理等):15 元/人·天×(8×2)=240 元。
外宾消费	一个摊位外宾消费金额为 8 400×8.3=69 720 元,其中: 住店+餐饮+交通消费:平均 400 美元/人·天×(6×2)=4 800 美元。 购物礼品消费:平均 400 美元/人·天×(6×2)=2 400 美元。 杂费:100 美元/人·天×(6×2)=1 200 美元。
相关消费	一个标准摊位的相关费用 2 650 元,其中: 物流费用 300 元,仓储 100 元,邮政 50 元,展位特装修 500 元,展览器材 100 元,总计:1 050 元。 展商与参观商银行费用:100 元。 展商与参观商信息费用:广告 500 元,咨询 200 元,书报出版物 100 元,通讯 600 元,总计:1 500 元。

实训 10-1：

阅读下列材料，学习怎样正确预算参展费用。

参加国外展览的费用包括场地费用、展位搭建、展品运输和人员费用四大块，另外还有报名费、会刊登记费、杂费等相对数额较小的费用。

欧洲的展览会公布的场地价格一般是指光地价格，曾经有向博览会直接报名的展商误以为付了场租费就万事大吉了，到了现场才发现自己只有一块没有任何基本装修和道具的光地。AUMA 认证的展览会都还有每平方米 0.6 欧元的管理费用，博览会在收取净场地租金的时候一般还预收每平方米 15～20 欧元的服务费押金。这项预收服务费指抵扣在参展时发生的和展览公司各项费用，如电费、接电费、插座费、人工费、租赁道具费、清洁费等等杂费，一般基于上届展览会平均服务费用标准。德国展览会的所有报价都需加收 16% 的增值税，如果公司自行报名参展索要 20 平方米单价 150 欧元的场地，那么在确认报名后，您收到的场地费付费账单将是 $(150+0.6+20) \times 1.16 \times 20 = 3957.92$ 欧元而不是 3000 欧元。另外，博览会报名费、会刊登录费也是依据各个展览会的标准而有所不同，均需列入成本预算中。

展位搭建是一笔可高可低的预算，如果要节省费用，可以用最简单的装修，如果要体面而有风格，自然花销不菲。如果希望节省成本又醒目实用，参加展团统一施工是最好的选择。而且即使在中国馆内，各个参展商的特殊展示要求我们都可以尽量照顾到。很多有实力的国内公司非常注重参加境外展时的公司形象，不惜花重金从国内送去展架及搭建工人。其实，与在国外寻找适合的搭建公司做装修方案并搭建展位相比，前者的费用支出及所消耗的人力、物力并不少，语言方面的障碍也可通过值得信赖的组展公司得以克服。京慕公司就曾借助自己熟识的德国搭建公司的资源优势，为多家国内大型企业提供了满意的展位设计与装修服务。

随展团运输展品对参展企业来说是比较便捷并节省成本的途径，组展公司报出的展品运输价格，通常分为海运（按照体积：XX 元/立方米）、空运（按照重量：XX 元/公斤）两种方式，包括从指定仓库集货起直至博览会展台的全程运输费、仓储费、报关手续费等费用。展商只要根据自身运输的展品情况结合相应的报价，即可提前计算运输成本。需要注意的是，因为展品类别或参展国别、地域的不同，展览品的关税额度也有各自的规定，组展公司会根据当地海关的要求提前报价，并指导展商如何计算关税开支。

人员费用则是往返交通加境外餐饮、交通及住宿等境外生活开支，组展公司通常会详细列出各项费用的预算情况。

总之，只有真正地了解了参展的费用结构，参展公司才会在自己参展或通过组展公司两者间作出适合自己的选择。

第二节 会展评估

一、会展评估的运作

评估（测评）是根据一定的法则，用数字对事物加以确定。会展评估是对会展环境、会展工作和会展效果进行系统、深入的评价。

会展评估是会展工作的重要组成部分,也是会展策划与实施工作的最后一个环节,一般包括对会展前台工作和后台工作两方面的评估。评估后台工作主要是对会展环境以及会展筹备和组织工作进行评估,在会展结束时完成。评估前台工作主要是对会展人员工作水平和会展效果进行评估,需要在会展结束时以及后续时间跟踪调查评估。

会展评估工作,根据其评估内容的侧重点不同,可以有几种分类方法。从宏观角度看,可分为对会展社会效果的评估和对其经济效果的评估;从表现形式角度看,可分为对会展交易效果的评估和会展本身效果的评估;从时间角度看,可分为对会展即时效果的评估和其潜在效果(长期效果)的评估。

开展会展评估工作的目的,可以从主管部门和参展企业两方面考察。会展业的各级主管部门进行会展评估,目的在于促进会展业健康发展,减少重复办展、无序竞争。对优秀的会展项目重点扶持,推动其做强,形成品牌优势;对评估差的展会严格控制,达到规范市场秩序和保证行业竞争的效果。参展企业关注会展评估,目的在于测量会展效果,为以后的会展活动和其他营销活动提高效率和效益提供经验和建议。

会展评估是一项复杂的工作,必须按照一定的程序科学地进行。

会展评估与其他营销活动的评估是类似的,即按照一定标准,对统计数据和观察资料进行分析和研究,最后得出判断和结论。因此,会展评估一般按照选择标准、收集信息、统计分析、得出结论的程序进行运作。

(一)选择标准

即选定一个评估方案,方案中有一系列的评价指标,且每一个指标根据重要性有不同的分值(权数)。评估标准直接决定评估的结果,对评估标准的要求是权威、客观、明确、具体。

权威:评估标准必须为主办者、参展商及会展主管部门认可,否则难以保证评估结果为各方接受。

客观:评估标准要符合客观实际,不至于过高或者过低。因为评估标准对会展主办者有较强的引导作用,合理的标准可以促进会展业的发展,而又不至于造成浪费。

明确:评估指标必须清楚,说明评估工作的进行方法。

具体:评估标准必须易量化、可操作性强,能有效减少评分时的主观随意性。

(二)收集信息

收集信息是会展评估工作中最耗费时间和精力的步骤。收集信息的主要方法有收集历史资料、现场观察记录、问卷调查、会议座谈等。这些方法可从定性和定量两方面获取信息,而问卷调查是最常用的方式。

1. 收集历史资料

历史资料主要有历届会展的统计资料、竞争对手的资料、报刊杂志的相关报道,以及专业和内部媒体的评估资料等。

2. 现场观察记录

在会展进行过程中,需要组织评估人员对工作项目、工作环节、工作结果等方面进行记录。通过这些记录可以得到,如参观者数量、交通密度、意向成交金额等重要的评估数据。

3. 问卷调查

会展评估中使用的调查问卷,主要包括参观者问卷和参展商问卷。参观者问卷用于了解参观者的基本情况及其对会展效果的评价。其中，由主办者发送的参观者问卷目的在于了解会展整体效果，参展商也会向参观者发送问卷以测量其公司和产品的参展效果。参展商问卷重在了解参展商对会展服务的反馈意见及其对会展效果的评价。问卷调查工作通常用概率抽样的方式进行，可以委托专业的市场调查公司完成。

调查问卷的方式也是多样的，下面是一份参观调查表。

1. 您参观过几届本展览会
　　□2001　　□2003　　□2005　　□2007　　□2009　　□本届
2. 本届展览会期间，您参观了几天
　　□1 天　　□2 天　　□3 天　　□4 天　　□每天
3. 您平均每天参观几小时
　　□1 小时　　□2 小时　　□4 小时　　□6 小时　　□全天
4. 您参观了几个馆
　　□全部　　□A 馆　　□B 馆　　□C 馆　　□D 馆
5. 您来展览会的路程有多远(千米)
　　□10　　□50　　□100　　□200　　□500 以上
6. 您从何种途径知道本展览会
　　□直接发函　　□报刊广告　　□新闻报道　　□内部刊物　　□别人告知
7. 展台吸引您注意的原因是
　　□展台设计　　□产品　　□展台人员　　□资料　　□其他
8. 您去购买的产品是哪些/兴趣范围
　　(详细排列，供参观者打勾选择)
9. 您在公司购买过程中的作用是
　　□决定　　□参与　　□建议　　□不参与
10. 您参观过其他同类展览会否
　　请列举
11. 本展览会下一届将在某年某月某地举办，您是否将参观
　　□是　　□否　　□未确定
12. 您对展台设计有何意见、建议
13. 您对展台人员表现有何意见、建议
14. 您对展品有何意见、建议
15. 参观者姓名
16. 参观者职务
17. 您所在公司的经营性质
　　□制造　　□进出口　　□批发　　□零售　　□经销
18. 公司经营范围
　　(可列表供打勾)
19. 公司成立时间
20. 公司雇员人数
　　□1～9　　□10～49　　□50～99　　□100～499　　□500～999　　□1 000 以上
21. 参观目的
　　□收集信息　　□寻找代理　　□寻找新货源　　□订货
22. 您经常阅读的专业报刊是
　　□报纸 A　　□报纸 B　　□报纸 C　　□期刊 A　　□期刊 B　　□期刊 C
填写日期
签字

(资料来源：魏中龙，段炳德.《我为会展狂》)

4. 会议座谈

会展期间可以组织各种规模的会议,邀请政府部门、商会、行业协会、展览会的专业人士参与座谈,定性地收集专业人士的见解和评价。

(三) 统计分析

会展评估中的统计分析是将所收集到的数据资料统计整理成系统化的、条理清晰的材料,根据所选定的评估方案的标准评分,并分析存在的问题及其原因。通过统计分析,容易得到如潜在顾客数、签订合同金额等指标,但是要得到市场状况、趋势、竞争对手情况则还需要结合其他手段来分析。在统计过程中,要合理运用各种统计工具,也可以委托专业的市场调查公司来处理统计分析工作,本书就不再展开论述了。

典型案例 10-1:

阅读下列材料,从对展会组织管理的评估方面,学习第二届东盟博览会的长处。

广西自治区举全区之力办好第二届中国-东盟博览会。博览会指挥中心各成员单位联合办公,打破部门界限,以任务为中心,条块结合、衔接紧密、调度灵活、运行可靠、统一高效。东盟博览会秘书处在筹备工作中付出极大的心血和汗水,工作卓有成效。

第二届东盟博览会会前做了大量的宣传及客户邀请工作,重视发挥境外商协会的组团参展参会作用,加大境外招商招展力度;更有针对性地邀请专业观众。使本届博览会专业观众也向五大类商品集中,参会人员中专业观众比例扩大,洽谈和成交明显增加。本届博览会协助客商积极开展买卖配对和投资撮合,为国内展会所不多见。展区功能设置更加方便客商,展馆内设置了更多的洽谈区,还常设签约中心,为各国和国内各省市区提供了投资推介、项目签约的平台。专题活动形式创新,内容殷实;重视展会知识产权工作;呼叫中心式客户服务中心国内首创,国际先进;对于众多国家领导人的政治保卫工作十分出色;展会交通疏导总体上比较成功;接待工作考虑到宗教需求,努力提供个性化服务;餐饮多元化,确保提供安全的"绿色食品";展位配套服务总体上能够满足参展商需求。

当然,本届博览会也还存在一些不足之处:境外宣传力度不够大,展区划分有待于进一步专业细分,会展中心的交通疏导尚需进一步突出便利客商等。参展商的评价,见附表1。

附表1 参展商对本届博览会组织管理和服务水平评价

序号	参展商对博览会组织管理和服务水平评价	选择该项的参展商数	占比例%
1	非常好	2	0.65
2	好	46	15.03
3	一般	71	23.20
4	差	146	47.71
5	非常差	41	13.40
		小计:306	

由附表1可见，参展商对于本届东盟博览会的组织管理认可程度不太高，博览会的服务水平有待于进一步提高。

较多的参会客商认为，本届博览会专业化程度一般，见附表2。

附表2　参展商对于本届东盟博览会的专业化程度评价

序号	参展商评价	选择该项的参展商数	占比例
1	非常高	0	0
2	高	39	17.11%
3	一般	110	48.25%
4	低	56	24.56%
5	非常低	23	10.09%
		小计：228	

参会客商总体上认为，博览会需要改进的服务项目依次为宣传推广、现场服务、参展企业质量、展台配套服务、住宿、交通、卫生服务、餐饮、安全服务、旅游、娱乐等，见附表3。

附表3　参展商认为东盟博览会需要改进的服务项目

序号	博览会需要改进的服务项目	选择该项的参展商数
1	宣传推广	286
2	现场服务	278
3	参展企业质量	266
4	展台配套服务	164
5	住宿	103
6	交通	87
7	卫生服务	53
8	餐饮	42
9	安全服务	36
10	旅游	20
11	娱乐	16

（四）评估结果

会展评估结果是反映会展情况的一系列数字、比例和陈述，通常按照会展评估方案的要求提交。

在会展评估的过程中，需要特别注意两点：首先，会展评估要有权威的评估方。评估方必须以中立的身份主持评估工作，做到公平、公正，通常可考虑由政府主管部门或行业协会开展评估活动。第二，要在评估工作开展之前制定合理的工作计划，特别要保证人力和物力投入。

温州市会展业协会于 2001 年 5 月 21 日成立。现有协会会员 60 多个,由温州地区从事会议、展览、广告、展示设备、服务等业务的企业、个人以及与会展业相关的社会团体自愿组成,属非营利性、自律性社会团体法人,是我国成立较早的地方性会展行业协会之一。温州市会展业协会成立以来,为加强行业自律机制,规范会展企业,先后制定和通过了《温州市会议展览业行规行约》、《温州会展评估工作细则》、《展览协调的操作规则》、《温州市展览项目评估评分表》、《申报品牌展览的条件》等相关的行业"游戏规则"。为了把握展览行业的发展趋势,协会建立了全行业的统计制度、年度展览计划申报制度,引导和规范展览行业。最近,协会又成立了监察工作委员会,以履行对行规、行约实施的监督。

协会在全国率先提出了办展温州报批程序,具体程序是:申报年度展览计划(一般在当年 9 月)→办理展会市场准入制(向行业协会填报"办展申请表")→向主管部门报批应含:① 行业协会的"办展申请表";② 前届展会的评估证书;③ 展会策划书;④ 场地租用证明→向工商部门办理展会登记应含:① 主管部门审批表;② 展览评估证明;③ 场地证明;④ 实施方案等→展会操作运行(开幕与闭幕)→闭幕前行业协会现场咨询调查反馈→上报展会统计表、展会小结、展会的自我评估→由行业协会对展会组织评估→本届展会宣告结束。

二、我国会展评估的现状

目前,国家已出台官方的评估文件,各地方也陆续出台或正在酝酿会展业的行业标准。

(一)国家官方评估文件

国家经济贸易委员会于 2002 年 12 月 2 日批准,自 2003 年 3 月 1 日起实施的商业行业标准——《专业性展览会等级的划分及评定》,标准编号:SB/T10358-2002。

《专业性展览会等级的划分及评定》商业行业标准

中华人民共和国国家经济贸易委员会

公　告

二〇〇二年第 90 号

公布《专业性展览会等级的划分及评定》
商业行业标准

国家经贸委批准《专业性展览会等级的划分及评定》商业行业标准,现予公布,自 2003 年 3 月 1 日起实施。该项标准由中商科学技术信息研究所出版、发行。

附件:商业行业标准名称及编号

国家经济贸易委员会
二〇〇二年十二月二日

附件:商业行业标准名称及编号

序号	标 准 名 称	标准编号	代替标准编号
1	专业性展览会等级的划分及评定	SB/T10358-2002	

国家经贸委贸易市场局提供

专业性展览会等级的划分及评定

中华人民共和国商业行业标准 SB/T 10358-2002

专业性展览会等级的划分及评定 Rating Standard for Professional Exhibitions

1. 范围

本标准规定了对专业性展览会等级划分和评定的原则、要求和方法。

本标准适用于在中国境内举办的以经济贸易活动为目的的专业性展览会的等级划分及评定。

2. 术语和定义

下列术语和定义适用于本标准。

2.1 专业性展览会(professional exhibition show, fair, exposition)

在固定或规定的地点、规定的日期和期限内,由主办者组织、若干参展商参与的通过展示促进产品、服务的推广和信息、技术交流的社会活动。

2.2 特殊装修展位(raw space with special decoration)

由参展商自行或委托专业机构专门设计并特别装修的展览位置及其所覆盖的面积。

2.3 展出净面积(exhibition net area)

专业性展览会用于展出的展位面积总和。以平方米表示。

2.4 特殊装修展位面积比(ratio of area for special booth)

特殊装修展位面积总和与展出净面积的比值。以百分比表示。

2.5 参展商(exhibitor)

参加展览并租用展位的组织或个人。

2.6 境外参展商(overseas exhibitor)

以境外注册企业或境外品牌名义参加展览的参展商。

2.7 专业观众(professional visitor)

从事专业性展览会上所展示产品的设计、开发、生产、销售、服务的观众,以及用户观众。

注:这里所指的产品可以是有形的产品(如机械零件),也可以是无形的产品(如软件、服务等)。

2.8 等级(grade)

用于划分专业性展览会质量差异的级别设定,用英文大写字母 A、B、C、D 表示。

3. 等级的划分、依据和评定方式

3.1 专业性展览会的等级评定分为四个级别,由高到低依次为 A 级、B 级、C 级、D 级。

3.2 等级的划分是以专业性展览会的主要构成要素为依据,包括:展览面积、参展商、观众、展览的连续性、参展商满意率和相关活动等方面。

3.3 专业性展览会等级的具体评定标准,按照附录 A 执行。

3.4 专业性展览会的等级是由专业机构依据统一的评定标准及方法评定产生,其评定结果表示该专业性展览会当前的等级状况,有效期为三年。具体的评定方式按专业性展览会评定机构制定的评审程序和评定实施细则执行。

3.5 专业性展览会等级的评定采取自愿的原则,主办(承办)方按有关程序向评定机构提出申请,由评定机构予以评定。

4. 安全、卫生、环境和建筑的要求

专业性展览会举办场馆的建筑、附属设施和管理应符合现行的国家、行业和地方的消防、安全、卫生、环境保护等有关法规和标准。

5. 专业性展览会等级评定条件

5.1 A级

5.1.1 展览面积

5.1.1.1 展出净面积不少于5 000平方米。

5.1.1.2 特殊装修展位面积比至少达到20%。

5.1.2 参展商

境外参展商展位面积与展出净面积的比值不少于20%。

5.1.3 观众

5.1.3.1 展览期间专业观众人次与观众总人次的比值不少于60%。

5.1.3.2 境外观众人次不少于观众总人次的5%。

5.1.4 展览的连续性

同一个专业性展览会连续举办不少于5次。

5.1.5 参展商满意率

参展商满意率的评价按"参展商满意率调查表"的调查结果进行,其中总体评价结论为"很满意"和"满意"的数量总和,应不低于参展商总数的80%。

5.1.6 相关活动

专业性展览会期间组织与专业性展览会主题相关的活动。

5.2 B级

5.2.1 展览面积

5.2.1.1 展出净面积不少于3 000平方米。

5.2.1.2 特殊装修展位面积比至少达到10%。

5.2.2 参展商

境外参展商展位面积与展出净面积的比值不少于10%。

5.2.3 观众

5.2.3.1 展览期间专业观众人次与观众总人次的比值不少于50%。

5.2.3.2 境外观众人次不少于观众总人次的2%。

5.2.4 展览的连续性

同一个专业性展览会连续举办不少于4次。

5.2.5 参展商满意率

参展商满意率的评价按"参展商满意率调查表"的调查结果进行,其中总体评价结论为"很满意"和"满意"的数量总和,应不低于参展商总数的75%。

5.2.6 相关活动

专业性展览会期间组织与专业性展览会主题相关的活动。

5.3 C级

5.3.1 展览面积

5.3.1.1 展出净面积不少于 2 000 平方米。

5.3.1.2 特殊装修展位面积比至少达到 5%。

5.3.2 参展商

境外参展商展位面积与展出净面积的比值不少于 5%。

5.3.3 观众

5.3.3.1 展览期间专业观众人次与观众总人次的比值不少于 40%。

5.3.3.2 境外观众人次不少于观众总人次的 1%。

5.3.4 展览的连续性

同一个专业性展览会连续举办不少于 3 次。

5.3.5 参展商满意率

参展商满意率的评价按"参展商满意率调查表"的调查结果进行，其中总体评价结论为"很满意"和"满意"的数量总和，应不低于参展商总数的 70%。

5.4 D 级

5.4.1 展览面积

展出净面积不少于 1 000 平方米。

5.4.2 观众

展览期间专业观众人次与观众总人次的比值不少于 30%。

5.4.3 展览的连续性

同一个专业性展览会连续举办不少于 2 次。

5.4.4 参展商满意率

参展商满意率的评价按"参展商满意率调查表"的调查结果进行，其中总体评价结论为"很满意"和"满意"的数量总和，应不低于参展商总数的 65%。

6. 专业性展览会等级评定附加项

6.1 管理体系状况

6.1.1 负责专业性展览会具体组织管理工作的主办（承办）方通过 GB/T 19001-2000 质量管理体系认证。

6.1.2 展馆方通过 GB/T 19001-2000 质量管理体系认证、GB/T 28001-2001 职业健康安全管理体系认证。

6.1.3 装修和搭建的主要承办方通过 GB/T 19001-2000 质量管理体系认证、GB/T 28001-2001 职业健康安全管理体系认证。

6.1.4 展览运输的主要承办方通过 GB/T 19001-2000 质量管理体系认证、GB/T 28001-2001 职业健康安全管理体系认证。

（注：专业性展览会等级评定附加项不作为专业性展览会等级评定的必要条件，达到的项目在评定时可以加分。）

附录 A　（规范性附录）专业性展览会等级划分及评定标准

A.1 评分说明				
A.1.1 本标准满分为 720 分				

续 表

	各大项的得分汇兑栏	各分项的得分汇兑栏	计分栏
A.1.2 各等级应达到的最低分数			
A级：546分			
B级：420分			
C级：216分			
D级：108分			
A.2 评分标准			
A.2.1 展出净面积及特殊装修展位面积比	150		
A.2.1.1 展出净面积不少于15 000平方米		75	75
展出净面积不少于10 000平方米			65
展出净面积不少于5 000平方米			50
展出净面积不少于3 000平方米			35
展出净面积不少于2 000平方米			20
展出净面积不少于1 000平方米			10
A.2.1.2 特殊装修展位面积比不少于30%		75	75
特殊装修展位面积比不少于20%			55
特殊装修展位面积比不少于10%			35
特殊装修展位面积比不少于5%			15
A.2.2 参展商	70		
境外参展商展位面积与展出净面积的比值不少于40%		70	70
境外参展商展位面积与展出净面积的比值不少于30%			55
境外参展商展位面积与展出净面积的比值不少于20%			40
境外参展商展位面积与展出净面积的比值不少于10%			30
境外参展商展位面积与展出净面积的比值不少于5%			20
A.2.3 观众	100		
A.2.3.1			
展览期间专业观众人次与观众总人次的比值不少于70%		50	50
展览期间专业观众人次与观众总人次的比值不少于60%			40
展览期间专业观众人次与观众总人次的比值不少于50%			30
展览期间专业观众人次与观众总人次的比值不少于40%			20
展览期间专业观众人次与观众总人次的比值不少于30%			10

续　表

A.2.3.2　境外观众人次不少于观众总人次的4%		50	50
境外观众人次不少于观众总人次的10%			35
境外观众人次不少于观众总人次的5%			20
境外观众人次不少于观众总人次的2%			10
境外观众人次不少于观众总人次的1%			5
A.2.4　展览的连续性		50	
同一个专业性展览会连续举办不少于5次			50
同一个专业性展览会连续举办不少于4次			40
同一个专业性展览会连续举办不少于3次			30
同一个专业性展览会连续举办不少于2次			20
A.2.5　参展商满意率		150	
参展商满意率调查表中对展览会的总体评价结论为"很满意"和"满意"的数量总和不低于参展商总数的85%			150
参展商满意率调查表中对展览会的总体评价结论为"很满意"和"满意"的数量总和不低于参展商总数的80%			120
参展商满意率调查表中对展览会的总体评价结论为"很满意"和"满意"的数量总和不低于参展商总数的75%			90
参展商满意率调查表中对展览会的总体评价结论为"很满意"和"满意"的数量总和不低于参展商总数的70%			70
参展商满意率调查表中对展览会的总体评价结论为"很满意"和"满意"的数量总和不低于参展商总数的65%			50
A.2.6　相关活动		80	
展览会期间组织与展览会主题相关的各种活动			80
A.2.7　附加评定项		120	
A.2.7.1　主办（承办）方通过GB/T 19001-2000质量管理体系认证			20
A.2.7.2　展馆方通过GB/T 19001-2000质量管理体系认证			20
A.2.7.3　展馆方通过GB/T 28001-2001职业健康安全管理体系认证			20
A.2.7.4　装修和搭建的主要承办方通过GB/T 19001-2000质量管理体系认证			15

续表

A.2.7.5 装修和搭建的主要承办方通过 GB/T 28001-2001 职业健康安全管理体系认证			15
A.2.7.6 展览运输的主要承办方通过 GB/T 19001-2000 质量管理体系认证			15
A.2.7.7 展览运输的主要承办方通过 GB/T 28001-2001 职业健康安全管理体系认证			15

(资料来源:《中国会展》)

(二) 地区性文件有

1. 温州会展业协会制定的地方性文件

温州会展业协会已制定的地方性文件有《温州会展评估工作细则》和"温州市展览项目评估评分表",见表10-4。

表10-4 温州市展览项目评估评分表

展会名称:　　　　　　单位(盖章):　　　　　　时间:

序号	评估项目	评 分 标 准	满分	自评分	评分记录	得分
1	展览主题与档次	展览主题突出(3′) 展会举办的连续性(2′) 国际性展览(外商达20%以上)(5′) 全国性展览(区域外占40%)(3′) 区域(本地)展览(2′)	10			
2	展台整体设计与装饰	开幕式(1′) 展位整体设计完美和谐立体感 其中特装面积不少于20%(12′) 特装面积不少于10%(8′) 特装面积不少于5%(5′) 较好地宣传产品品牌(2′)	15			
3	广告宣传力度	召开新闻发布会(3′) 组织展会相关专题讲座及其他活动(2′) 报纸广告宣传每次2′,累计不超过8′ 电视广告宣传每次2′,累计不超过6′ 展场宣传标语、气球(2′) 出版会刊(2′) 其他宣传形式 (如网上发布、路牌、路标等)(2′)	25			

续 表

序号	评估项目	评 分 标 准	满分	自评分	评分记录	得分
4	展场规模与档次	100~150个展位(4′) 151~250个展位(8′) 251~400个展位(10′) 401~800个展位(12′) 800个展位以上(16′) 展品的市场知名度、品种、质量与档次(2′) 展品的科技含量(高科技产品占10%~20%)(2′)	20			
5	展会服务	展位服务优良(展商满意率不低于总量的65%)(5′) 展场文明与卫生环境(3′) 展场保安(1′) 防火、防盗工作(1′)	10			
6	经济、社会效益	专业观众数量(不低于参观人数总和的40%)(3′) 现场成交额(4′) (500万元以上1′ 1 000万元以上2′ 2 000万元以上3′ 1亿元以上4′) 协议成交额(3′) (1 000万元以上3′ 5 000万元以上2′ 1亿元以上3′)	10			
7	总结与统计	在展会结束一周内按时完成各项统计资料(5′) 展会总结(5′)	10			
8	合计		100			
评委会意见:						

说明:
① 得分60分以上合格,85分以上优秀;② 评分记录由评委会填写;③ 本表一式两份。
本表另附:
① 展会工作总结;② 展会统计资料;③ 展商满意程度反馈表;④ 展场照片;⑤ 会刊。

2. 西安会展企业等级评定规定

从2004年起,西安对该市120家企业实行会展企业资质等级评定,希望此等级成为参展商决定是否参展的重要依据。

3. 其他城市的行业公约

上海市有关部门也正在制定上海市会展业行业公约,建立会展评估体系,以及相关的知识产权保护和品牌保护工作。

深圳会展业将制定出自己的"标准",给会展评级定档。据介绍,评级定档将根据会展的买家数量、展览面积、成交额等进行。今后,深圳的展会将划分为 A,B,C 三级,市政府将根据不同级别给予不同的支持政策。

重庆会展行业协会也制定了行业规则。

三、分析比较国内两个会展评估指标体系的内容

(一)《专业性展览会等级的划分及评定》的指标体系

1. 展览面积

1.1　展出净面积

1.2　特殊装修展位面积

2. 参展商

境外参展商展位面积与展出净面积的比值

3. 观众

3.1　展览期间专业观众人次与观众总人次的比值

3.2　境外观众人次与观众总人次的比值

4. 展览的连续性

同一个专业性展览会连续举办不少于 5 次。

5. 参展商满意率

参展商满意率的评价按"参展商满意率调查表"的调查结果进行,其中总体评价结论为"很满意"和"满意"的数量总和。

6. 相关活动

专业性展览会期间组织与专业性展览会主题相关的活动。

7. 附加评定项

7.1　主办(承办)方通过 GB/T 19001-2000 质量管理体系认证

7.2　展馆方通过 GB/T 19001-2000 质量管理体系认证

7.3　展馆方通过 GB/T 28001-2001 职业健康安全管理体系认证

7.4　装修和搭建的主要承办方通过 GB/T 19001-2000 质量管理体系认证

7.5　装修和搭建的主要承办方通过 GB/T 28001-2001 职业健康安全管理体系认证

7.6　展览运输的主要承办方通过 GB/T 19001-2000 质量管理体系认证

7.7　展览运输的主要承办方通过 GB/T 28001-2001 职业健康安全管理体系认证

总分 720。A 级,546 分;B 级,420 分;C 级,216 分;D 级,108 分。

(二)《温州会展评估工作细则》、"温州市展览项目评估评分表"的指标体系

1. 展览主题与档次

1.1　展览主题突出

1.2　展览举办的连续性

1.3　展览的档次(国际性、全国性、区域性)

2. 展台整体设计与装饰

2.1　开幕式

2.2 特装面积
2.3 较好宣传品牌
3. 广告宣传力度
3.1 召开新闻发布会
3.2 组织展会相关专题讲座及其他活动
3.3 报纸、电视广告宣传
3.4 展场宣传标语、气球
3.5 出版会刊
3.6 其他宣传形式(网上发布、路牌、路标等)
4. 展场规模与档次
4.1 展场规模
4.2 展场的市场知名度、品种、质量与档次
4.3 展品的科技含量(高科技产品占20%)
5. 展会服务
5.1 展位服务优良(展商满意率不低于65%)
5.2 展场文明与卫生环境
5.3 展场保安
5.4 防火、防盗工作
6. 经济、社会效益
6.1 专业观众数量
6.2 现场成交额
6.3 协议成交额
7. 总结与统计
7.1 在展会结束一周内按时完成各项统计资料
7.2 展会总结
合计100分。>60分及格;>85分优秀。
(三) 比较和评估指标
共同指标:
1. 展览面积
1.1 展出净面积
1.2 特殊装修展位面积
2. 参展商
境外参展商展位面积与展出净面积的比值。
3. 观众
3.1 展览期间专业观众人次与观众总人次的比值
3.2 境外观众人次与观众总人次的比值
4. 展览的连续性
同一个专业性展览会连续举办不少于5次。

5. 参展商满意率
参展商满意率的评价按"参展商满意率调查表"。
6. 相关活动
专业性展览会期间组织与专业性展览会主题相关的活动。
国家指标中特有内容：
7. 附加评定项
温州指标中特有内容：
1. 展览主题与档次
1.1　展览主题突出
2. 展台整体设计与装饰
2.1　开幕式
2.3　较好宣传品牌
3. 广告宣传力度
3.1　召开新闻发布会
3.2　组织展会相关专题讲座及其他活动
3.3　报纸、电视广告宣传
3.4　展场宣传标语、气球
3.5　出版会刊
3.6　其他宣传形式（网上发布、路牌、路标等）
4. 展场规模与档次
4.1　展场规模与展位数
4.2　展场的市场知名度、品种、质量与档次
4.3　展品的科技含量（高科技产品占20%）
5. 展会服务
5.1　展位服务优良
5.2　展场文明与卫生环境
5.3　展场保安
5.4　防火、防盗工作
6. 经济、社会效益
6.1　专业观众数量
6.2　现场成交额
6.3　协议成交额
7. 总结与统计
7.1　在展会结束一周内按时完成各项统计资料
7.2　展会总结

国家标准和温州标准各自的优势和不足是什么？

业内人士对国家指标的看法

首先是年限问题。仅以《标准》第5.1.4条规定为例,评定A级的展会,"同一个专业展览会连续举办不少于5次"。这样对一些规格高、质量好、专业性强,但举办频率低的展会不公平。比如说,有的展会能满足A级评定的其他标准甚至超过这些标准,但由于是两年或3年举办一届,不能满足连续性的要求,级别就下降了。而有些展会可能是一年举办两届,很容易满足这条要求。

第二是特殊行业的标准问题。再以《标准》第5.1.2条规定为例,评定A级展会,"境外参展商展位面积与展出净面积的比值不少于20%"。有许多行业国家有特殊的规定,如药品行业。国外的医药公司想进入中国,必须花2~3年时间进行国内注册,境外品牌进入中国市场都必须使用汉语名称。如果医药类展会应用该条规定的话,那么所有的医药类的展会都不能进入A级,这与医药类展会专业性强、规模大、服务水平高、专业观众比例高的现状是不相符合的。

第三,《标准》的制定应根据有关部门的规定,告知评定的方法、程序和相关要求。但该标准缺少此类内容。

这三项问题都是针对标准本身提出的。作为一项标准,公平性和可操作性是保证其权威度的前提。当然,展览业的主办单位和管理单位都比较分散,展会涵盖的范围和内容也很广泛,很难用一个绝对合理的条款来评定。可以看出,在制定该标准时,专家还是充分考虑了这一点。比如,"参展商满意率"一项在所有评判要素中所占的分值最高,这大概也是为了平衡各要素的影响。

除了标准本身的问题外,还有标准认可度的问题。这个标准是推荐性的,而非强制执行,它推行的关键就是要看业内对其认可程度。业内认为,一方面目前我国知名的大规模专业性展览会可能用不着借通过《标准》的评定而扬名,因为这些展览会早已在业内形成了很高的知名度和美誉度,其"等级"早就在人们的心里面划定了。而一些新兴的、规模较小的展会也未必会买《标准》的账,去主动进行等级评定,因为这种评定的结果是否能像星级饭店的评定那样,在其开展业务的过程中会有相应的"实惠"? 等级评定对参展商或观众来说又增添了多大吸引力? 这些都是有待《标准》在今后很长一段时间才能检验出来的。

另外,就是谁来执行的问题。由什么机构来用此标准对专业性展览会进行等级划分及评定才能有权威? 这个问题尤为重要,再科学的标准没有一个权威公正的机构来执行只能是种下龙种而收获跳蚤。此标准是由原国家经贸委牵头制定的,而今国家经贸委撤销后,该标准就像个没了娘的孩子,业内能对其重视到什么程度?

当然,不管怎么说,也不能抹杀该标准在会展业所起到的抛砖引玉作用。它的出台有着必然性和重要的现实意义。虽然业内人士对《标准》持有不同看法,但对其出台总体上是持赞许态度的。

四、国外会展评估指标简介

一般来说,可以将国外的评价指标归为三大类:观众质量指标(净购买影响、总的购买计划和观众兴趣因素值);观众活动指标(在每个展位花费的平均时间、交通密度);展览有效性指标(CVR,每个潜在顾客产生的成本、记忆度和潜在顾客产生的销售)。当评价顾客的特征/活动和展商特征/活动时,这些指标都有效。当评价展会的有效性时,观众和展商的指标同样必要。下面我们分别说明这些指标及其所含意义。(参见资料补充:德国某著名博览会的评估标准)

国外指标和国内指标的主要区别在哪里?有哪些国外指标值得我们借鉴?

(一)观众质量指标

1. 净购买影响

最终声称购买、确定购买或推荐购买展出产品的一种或多种的观众比例。

这个指标很重要,而且一直变动很小。美国1987年为85%,1988年为86%,而1989年为84%。

2. 总的购买计划(购买意向)

在参展接下来的12个月内,计划购买一种或多种展出的产品的观众比例。

这个指标一直是个常数。美国1987年是60%,1990年也是60%。

3. 观众兴趣因素值

在被选择的参展公司中,10个中至少有两个以上被参观的观众比例。即至少参观20%的感兴趣展位观众在总的观众中所占比例。

美国从45%(1987年)稍微涨高到47%(1990年)。这是一个从许多不同展会中综合而来的指标。一般地,展会限定的范围越窄,观众的兴趣因素值越高。研究表明,展会规模的大小与这个取值的大小成反比。虽然某展会吸引更多的展商,增加了更多的空间,然而观众的兴趣值却可能会下降,因为参观者不会按比例增长地参观展览。将来在这个领域的研究方向是,预展广告对这个指标的影响,以及在此基础上开展公共关系活动对这个指标的影响。

(二)观众活动指标

1. 在每个展位前花费的平均时间

该指标表示为总的参观时间除以平均参观的展位数。

当产品示范或演示时,这个因素很有用。在过去的10年间,它一直是个常数,为20分钟。有关资料统计发现,在两天展期的展览中,观众一般要花费7.8个小时参观平均21个展位。

2. 交通密度

交通密度的定义是,每100 ft^2(平方英尺)展览面积上的观众平均人数。一般交通密度为3~5时,表明展览是成功的和活跃的。

美国在1990年大致为3.2个,在过去20年中,这个影响因素在3~4间变动。当密度因素达到6时,已经是相当高,这时展馆已经相当拥挤了;而1意味着参展的观众很少。显然,在展销会中观众的指标是重要的,与确定展销会有效性一样重要。

(三) 展览有效性指标

1. 潜在顾客

在参观中,对公司产品很感兴趣的观众的比例。

显然,这是一个预展效果评价指标,对于选择参加哪个展会这个指标很关键。

2. 展览的效率

在公司的展览中,与公司一对一接触过的潜在顾客的比例。

作为美国展会评价的全局指标,在 1990 年这个绩效因素是 62%。在最近 30 年内,这个指标一直相对稳定在 60% 左右。

3. 人员绩效

该指标描述在展位上工作的参展人员的质量和数量。可以使用的指标有很多,应根据展会的目标而选择。

例如,如果公司关注的是潜在顾客,人员绩效指标可能是展位工作人员除以接触的潜在顾客的数目。更进一步,如果展销会定位于销售,人员绩效可以用每个展会代表销售产品的数目来确定。

4. 产品的吸引程度

该指标表示对公司参展产品感兴趣的观众比例。

这个指标可以在与展会人员相互接触时或接触后得到。

5. 记忆度

该指标是参观过产品,并在 8~10 周后仍记得者占参观人数的比例。

美国在 1989 年,总的保持记忆的程度平均为 71%。对于管理者而言,人员绩效低、不完备的企业辨识、差的预展公共关系、跟踪询问不完善,都可能导致低的记忆度。它可以是整个展会、一个产品或展示、产品说明和其他促销手段的记忆度。

6. 每个参观者到达的费用

每个参观者到达的费用(CVR)统计值表示为总的展览费用除以达到展位的参观者人数。

对于许多管理者而言,有效性意味着得到丰厚的回报。因而,成本指标必须是展会评价的一部分。在美国,1989 年这个指标接近 90 美元,在过去的时间里一直稳定增长。

7. 表现优秀的参展公司数

在会展行业内,潜在顾客至少达到 70%,CVR 低于平均水平就认为其表现优秀。优秀参展公司的 CVR 一般低于平均 CVR 的一半。

8. 产生的潜在顾客数

这是一个很容易确定的数据,只要统计在展会中产生的潜在顾客数就可以了。

要求展商记录潜在顾客的基本信息,如姓名、公司、地址和电话号码。

9. 潜在顾客产生的销售

确定展会中的潜在顾客产生的销售。这个指标可以直接确定(如果在展览中销售产品),或者通过在展后的几个月内的销售跟踪确定。

10. 每个潜在顾客产生的成本

每个潜在顾客产生的成本可能是比 CVR 更有效的评价指标。对管理者而言,这可能代表在一个特定展会中对投资更精确的价值反映。

虽然这些指标评价对于展会绩效来说比较全面,但这并不表示评价展会绩效的指标已经全部列出。其他的有效性指标可能根据参展公司的目标而确定。例如,如果公司关注新产品信息的发散程度,那么公司就应该关注一些这方面的数据,如在展览会上散发给参观者的宣传册子数。

德国某著名博览会的评估标准

1. 基本情况
工业分类:
主要产品种类:
费用标准:
性质:
日期:
时间:
门票价格:
申请参展截止时间:
2. 展出总面积
3. 参观者统计分析
总数:
地区分布:(国内和国外)
行业分布:
决定权:全权　％　建议　％　部分　％　无权　％
职位:业主　％　董事、总经理　％　部门经理　％　雇员　％　学徒、实习　％　其他　％
职权:管理　％　订货　％　销售　％　研究、开发、设计　％　生产、组织　％　财务　％　行政、人事　％　培训　％　运输、仓储　％　维修　％　其他　％
参观次数:第一次　％　上一届　％　上两届　％　上三届　％
公司规模:1～9人　％　10～49人　％　50～99人　％　100～199人　％　200～499人　％　500～999人　％　1 000～9 999人　％　10 000人以上　％
参观时间:一天　％　两天　％　三天　％　四天　％　平均天　％
每天参观人数比例:第一天　％　第二天　％　第三天　％　第四天　％

 小结和学习重点

(1) 会展预算的过程。
(2) 组织者预算会展费用和收益的构成情况。

(3) 参展商主要预算项目。
(4) 会展评估过程。
(5) 我国的会展评估国家标准《专业性展览会等级的划分及评定》。
(6) 国外会展评价指标体系的主要内容。

会展预算必须结合办展（参展）具体目标，有计划、有步骤地进行。会展预算的过程包括：明确办展（参展）的具体目标，收集信息，拟订预算，公布预算，征求意见，修正预算等。会展评估是对会展环境、会展工作和会展效果进行系统的、深入的评价。会展评估是会展工作的重要组成部分，一般包括对会展前台工作和后台工作两方面的评估。国家经济贸易委员会于2002年12月2日批准，自2003年3月1日起实施我国会展行业标准——《专业性展览会等级的划分及评定》，温州会展业协会也在全国率先制定会展行业地方标准，两个标准各有侧重。国外会展评价指标也具有一定的借鉴意义。

 前沿问题

(1) 会展成本预测与盈亏平衡分析是进行会展预算时需要关注的。
(2) 科学的会展评估是一项持续系统的工作，也是一项困难的工作。

案 例 分 析

2004中国国际建筑艺术双年展预算

一、经费筹集运作比较分析

1999年6月，在北京举行的国际建筑师协会第20届世界大会，是首次在亚洲和中国举行的世界建筑界的一次盛会，设置国际国内分展览会12个，涉及100多个国家和地区，大会取得了圆满成功。

总筹资金：7 600万人民币

1. 参展费——仅运作了一项商展："新材料、新技术展览"；700个展位，售出560万元。
2. 赞助费——10家企业，每家企业100万元，共计1 000万元。
3. 会议注册费——6 200人，5 000元/每人；另外，1 500元/每学生。正式代表4 000人，学生2 000余人（90%学生免交报名费）。含注册实际收入只有3 000多万元，另外通过行政手段集资3 000多万元。

展会收入：约1 600万元人民币

净收益率：20%

利润分析：

"2004中国国际建筑艺术双年展"将会是继上次盛会后的又一次新高潮。无论从展会设计、团队竞争状态和运行机制上,都优于上次世界建筑师大会的"计划经济体制"型的运行模式。上次大会基本属于政府行为,团队缺乏危机意识,缺乏市场经济竞争意识,被动应付,错失多个良机。根据展会机制运营特征分析,2004年中国国际建筑艺术双年展中国家项目由民间组织配合政府进行市场化运营,经济效益将强于1999年。

二、中国国际建筑艺术双年展单项活动经费概算

(一) 活动启动费用　15万元

(二) 学术会议　30万元

拟邀请国际建筑界、艺术界、文化界专家学者40人出席,时间两天。会场费、住宿费、餐饮费、交通费、出版文集等。

(三) 新闻发布会(场地、餐饮费,与会专家、学者、记者等)　20万元

(四) 宣传费用　50万元

1. 中央电视台、地方电视台各类宣传、论坛

2. 中央电视台、北京电视台专题报道、报刊报道、专业刊物、网站

3. 设计、印刷以及请柬、海报、证书等制作

(五) 展览场租、施工、运输、劳务　120万元

(六) 办公费用　30万元

按16个月计算,含展览活动结束善后工作:

1. 电传、电话、邮件等通讯联系

2. 印制邀请书、通讯、文件、信纸、信封等

3. 办公人员津贴及其他办公费用

4. 筹备会议、接待等费用

5. 调研、差旅

(七) 拍卖活动　25万元

(八) 纪念册、光盘　60万元

(九) 不可预见费　20万元

费用总计　370万元

利润分析:

因中国国际建筑艺术双年展每个单项展览的赞助资金在200万元至600万元之间,实际发生成本金额为单个展览概(预)算的50%,利润率为40%至60%不等。按10个展览的50%的利润平均收入,仅展览活动将可达到利润总额1 850万元(这仅为展览的活动筹集经费的使用,其中包括部分参展费、部分广告费;不包括会议注册费、论坛活动、门票收入、全部赞助费、参与展会经济中介活动收费、展会机构参与地产开发、广告收入等)。

三、中国国际建筑艺术双年展单项活动经费估算

(一) 前期费用　35万元

(二) 办公费用(按35位工作人员,16个月计算)　248.2万元

1. 房租(360 m²)　51.2万元

2. 通讯(电话、电信、邮件等) 28万元

3. 印刷品(信函纸、信封、文件等) 23万元

4. 接待费用(用于内外宾吃、住、行;按内外宾各20人计) 60万元

5. 办公人员津贴(平均1 000元/人·月) 56万元

6. 调研、差旅(国际、国内) 30万元

(三) 学术会议、专题报告会(设5场) 75万元

(四) 评奖活动(3个系列奖及奖金) 150万元

(五) 展场地租用(21 000 m²)及租用设备,外埠展品运输、仓储、水、电等综合费 1 680万元

(六) 由组委会负责的特别装配区(3 000 m²) 450万元

(七) 国际大师的展品包装运输(往返) 90万元

(八) 新闻发布会(场地、餐饮费,与会的专家、学者、记者等) 20万元

(九) 宣传费用 50万元

1. 中央电视台、地方电视台各类宣传、论坛

2. 中央电视台、北京电视台专题报道

3. 设计、印刷以及请柬、海报、证书等制作

(十) 拍卖活动 55万元

1. 进口建材的代理权

2. 家具

3. 建筑艺术品

(十一) 纪念册、光盘(中、英文版) 66万元

(十二) 广告的设计及制作 32万元

(十三) 合计 2 945.2万元

四、中国国际建筑艺术双年展展会资金来源

(一) 展位收入

标准展位(3 m×3 m) 800(个)×15 000元/个=1 200万元

光地(≤36 m²) 1 500元/m²×8 200 m²=1 230万元

(二) 参展单位、人员费用收入

参展人员注册费 4 800(人)×5 000元/每人=2 400万元

论坛、专题报告参会费(3场) (500×3)人×1 800元=270万元

参评单位报名费 350(单位)×8 000元=280万元

(三) 协办单位收费(10家,每家50万) 500万元

(四) 赞助费(10家企业,每家100万) 1 000万元

(五) 受委托"特别展位装配"工程收入 200万元

(六) 合计 7 080万元

(七) 广告收入另计

(八) 会展项目引申效益建立经济实体

1. 建立国际性、权威性的建筑艺术设计平台,经营先进的设计理念。
2. 建立建筑业产业链的配套经济实体,打造生态建筑艺术实业的世界级品牌战略。
3. 建立新材料、新的营造技术的推广中心。

小结

中国国际建筑艺术双年展展会收入4 500万～6 000万元人民币为保守概算。

思考:

1. 中国国际建筑艺术双年展展会的主要筹资来源有哪些?
2. 中国国际建筑艺术双年展展会的主要费用或开支包括哪些项?

练习与思考

(一) 名词解释

会展预算　会展评估　《专业性展览会等级的划分及评定》

(二) 填空

1. 会展预算的过程包括:_____,_____,拟订预算,公布预算,_____。
2. _____是指为筹办会议花费的人力、时间,以及从其他预算中开支的费用。
3. _____是指为筹办展览直接开支的费用。
4. 会展评估是会展工作的重要组成部分,一般包括对_____和_____两方面的评估。
5. 会展评估的过程包括:_____,收集信息,_____,评估结果。

(三) 单项选择

1. 设计施工费是指( )。
   A. 展台费用　　　　　　　　B. 展品运输费用
   C. 宣传公关费用　　　　　　D. 行政后勤类费用
2. 下列不属于组织者预算中的会展收益的是( )。
   A. 拨款　　　B. 参展商注册费　　　C. 门票收入　　　D. 订单收入
3. 我国最早的地方性会展评估标准是在( )实行的。
   A. 上海　　　B. 北京　　　C. 温州　　　D. 广州
4. 下列不是收集会展评估信息方法的是( )。
   A. 收集历史资料　　　　　　B. 收集专家意见
   C. 问卷调查　　　　　　　　D. 现场观察记录

(四) 多项选择

1. 选择会展评估标准的要求有( )。
   A. 权威　　B. 客观　　C. 明确　　D. 科学　　E. 具体
2. 下列项目中,对于参展商预算来说是强化项目的是( )。
   A. 进行效果评估　　　　　　B. 触摸屏等检索设备的使用
   C. 举办客户联谊会　　　　　D. 现场演示

E. 必要的公关费用

3. 下列评估指标中,是国家标准和温州标准共有的是( )。
   A. 展览主题与档次 B. 展台整体设计与装饰
   C. 展览的连续性   D. 参展商满意率
   E. 广告宣传力度

4. 下列标准中,属于观众质量指标的是( )。
   A. 潜在顾客   B. 交通密度
   C. 观众兴趣因素值 D. 在每个展位前花费的平均时间
   E. 净购买影响   F. 总的购买计划

(五) 简答题
1. 简述参展商预算要考虑的三类预算项目的具体内容。
2. 简述《专业性展览会等级的划分及评定》中一级指标的内容。

(六) 论述题
比较《专业性展览会等级的划分及评定》和国外会展评估指标的异同,并分析其各自的优劣势。

部分参考答案

(二) 填空
1. 明确办展(参展)的具体目标　收集信息　征求意见、修正预算
2. 会展间接费用
3. 会展直接费用
4. 会展前台工作　后台工作
5. 选择标准　统计分析

(三) 单项选择
1. A　2. D　3. C　4. B

(四) 多项选择
1. ABCE　2. ACDE　3. CD　4. CEF

参考文献

1. 华谦生. 会展策划与营销. 广州：广东经济出版社，2004
2. 刘松萍，郭牧，毛大奔. 参展商实务. 北京：机械工业出版社，2005
3. 余明阳，姜炜. 博览学. 上海：复旦大学出版社，2005
4. 阎蓓，贺学良. 会展策划. 北京：高等教育出版社，2005
5. 镇剑虹，吴信菊. 会展策划与实务. 上海：上海交通大学出版社，2005
6. 胡平. 会展旅游概论. 上海：立信会计出版社，2003
7. 王书翠. 会展业概论. 上海：立信会计出版社，2004
8. 周彬. 会展概论. 上海：立信会计出版社，2004
9. 马勇，王春雷. 会展管理的理论、方法与案例. 北京：高等教育出版社，2003
10. 向洪. 会展资本. 北京：中国水利水电出版社，2003
11. 魏中龙. 我为会展狂. 北京：机械工业出版社，2002
12. 刘宏伟. 中国会展经济报告. 上海：东方出版中心，2003
13. 克劳德·塞尔旺，竹田一平. 魏家雨，等译. 国际级博览会影响研究. 上海：上海科学技术文献出版社，2003
14. 〔美〕Milton T. Astroff, James R. Abbey. 宿荣江主译. 会展管理与服务. 北京：中国旅游出版社，2002
15. 刘大可，王起静. 会展活动概论. 北京：清华大学出版社，2004
16. 刘大可. 会展经济学. 北京：中国商务出版社，2004
17. 京柏. 会展实践与理论. 深圳：海天出版社，2005
18. 〔美〕Leonard Nadler. 刘祥亚主译. 成功的会议管理——从策划到评估. 北京：机械工业出版社，2003
19. 〔英〕Robinson A. 沈志强主译. 会议与活动策划专家. 北京：中国水利水电出版社，2004
20. 〔美〕Arnold M K. 周新，等译. 展会形象策划专家. 北京：中国水利水电出版社，2004
21. 龙泽. 如何进行会议管理. 北京：北京大学出版社，2004
22. 金辉. 会展概论. 上海：上海人民出版社，2004
23. 王起静. 会展项目管理. 北京：中国商务出版社，2004
24. Deborah Robbe. 张黎译. 如何进行成功的会展管理. 北京：高等教育出版社，2004
25. 胡平. 会展管理. 北京：高等教育出版社，2004
26. 向国敏. 会展实务. 上海：上海财经大学出版社，2005

27. 万后芬.绿色营销.北京：高等教育出版社,2001
28. 余明阳,陈先红.广告策划创意学.上海：复旦大学出版社,1999
29. 潘哲初.现代广告策划.上海：复旦大学出版社,1999
30. 纪宁,巫宁.体育赛事的经营与管理.北京：电子工业出版社,2004
31. 俞华,朱立文.会展学原理.北京：机械工业出版社,2005
32. 胡平.会展营销.上海：复旦大学出版社,2005

《中国会展》杂志(2001—2013)

《中国展会》杂志(2002—2009)

《中外会展》杂志(2003—2013)

"中国展网"等网站

图书在版编目(CIP)数据

会展策划/许传宏主编. —3 版. —上海:复旦大学出版社,2014.12(2021.8 重印)
(复旦卓越·21 世纪会展系列教材)
ISBN 978-7-309-10632-9

Ⅰ.会… Ⅱ.许… Ⅲ.展览会-策划-高等学校-教材 Ⅳ.G245

中国版本图书馆 CIP 数据核字(2014)第 095243 号

会展策划(第三版)
许传宏　主编
责任编辑/李　华

复旦大学出版社有限公司出版发行
上海市国权路 579 号　邮编:200433
网址:fupnet@fudanpress.com　http://www.fudanpress.com
门市零售:86-21-65102580　团体订购:86-21-65104505
出版部电话:86-21-65642845
上海崇明裕安印刷厂

开本 787×1092　1/16　印张 17.5　字数 404 千
2021 年 8 月第 3 版第 6 次印刷
印数 26 301—31 400

ISBN 978-7-309-10632-9/G·1359
定价:34.00 元

如有印装质量问题,请向复旦大学出版社有限公司出版部调换。
版权所有　　侵权必究